最實用

圖解

不必花大錢也能做好行銷

集客行銷術

小資老闆

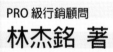

PRO 級行銷顧問
林杰銘 著

書泉出版社 印行

推薦序一

是一個充滿混亂的龐大行銷平臺的時代，有 Facebook、YouTube、Instagram，另外還有各式網站、Email、各種通訊工具，以及數不清的數位應用程式。

我們如何在這個複雜的網路世界中去制定一個策略，讓我們能夠生存，甚至茁壯成功？透過網路世界，我們如何將微觀的地區商業以及宏觀的全球經濟連結在一起？

哇⋯⋯這似乎是一個完整的聲明宣告！

真正的問題是⋯⋯

1. 你為什麼要開始？

向市場傳遞訊息的最具成本效益的方式是善用網路科技。因為它更快、更好、更便宜。

2. 你要從哪裡開始？

Jay 在書裡的第 1 章談到許多網路行銷概念，這給予了相當好的起步觀念和基礎。

3. 你能做什麼？

第 2 章開始談論到如何建立穩定的網路事業根基、第 5 章介紹創建循環流量系統的原則、第 7 章是如何實際運用 Facebook 廣告加速網路曝光效益，並增加收入、第 8 章則是擬定行銷策略強化消費者購買意願的動力。

4. 如何落實行銷策略？

Jay 在書裡分享了如何善用內容行銷和強化品牌影響力的方式。

5. 如何讓人們找到與互動？

在第 4 章說明如何透過搜尋引擎讓客戶主動找到你，以及第 6 章運用社群媒體建立品牌資產。

在 Jay 的新書中，為臺灣的微型企業或宏觀的全球市場，清楚地陳述循序漸進的思考策略。讓每個企業或者每個人，不分種族、不分宗教或信條，無論他們身處在臺灣或是世界的哪個地方，都能成為他們自身領域的中心點，向外發光。

理解了 Jay 的新書，就會帶來這種力量。請好好享受閱讀這本書的樂趣！

Kelly Ritchie
全球賽仕博創辦人、富爸爸集團前顧問

推薦序二

在 網路與智慧型手機普及的推波助瀾之下，現代生活被迅速推進到一個以往難以想像的新境界。2004 年 Facebook 創立，而 Google 也在這一年募股上市，並於隔年併購剛成立不久的 Andriod，2007 年首支 iPhone 問世，之後不過短短十餘年時光，網路成為大部分人在陽光、空氣、水之外不可或缺的生活必需，IT 潮流帶動整個世界快速發展與變動，全球產業型態變化急遽，商業模式也被迫不斷轉型，去適應更新型態的市場需求。

科技工具的進步帶來不同產業的進化，網路服務、IoT、軟體以及雲端的發展，讓更多人可以更容易的向社會提供技能與服務，而自媒體的興盛，更使得行銷成為人人必備技能，即便非行銷相關科系出身，也能透過網路自學，然而網路資訊海量且龐雜，光是過濾篩選，就極為曠日廢時，如今有創億學堂林杰銘先生，以此書分享數位行銷知識與技術，提綱挈領，協助初入門者，一窺網路行銷之堂奧。而任何服務或商品的創設，應該要以使用者、消費者的需求去思考，去建立對使用者來說真正實用的服務或商品。即便匯聚了龐大的網路聲量與媒體注目，良好的服務品質與符合市場需求之商品，才是品牌與企業存在的根基。

我們搭著網路的噴射機，急急奔赴未來世界，來不及搭上機的，則遠遠被拋諸時代後頭，如何順應時代的脈動，是個人也是企業必須不斷面臨的考驗。臺北市長柯文哲說過，未來的世界，知識都在網路上，如果一個小朋友沒有網路、手機、電腦，他根本沒有機會和人競爭，在未來幾乎沒有翻身的機會。也因此，順發自 103 年起即與北市府合作，加碼補助中低收入戶購置電腦，在力行「捐助 20% 淨利做公益」的承諾之外，更重要的是，幫助這些弱勢孩子在未來不會被時代所遺棄，能站上網路時代的風口，擁有新的未來！

吳錦昌
順發 3C 董事長

推薦序三

如果你曾經上過網路行銷課程，有個老師總是戴著帽子，別懷疑那一定是 Jay（杰銘）老師……這就是行銷、這就是品牌。如何讓客戶印象深刻是一件很重要的事，他做到了。

數年前，Jay 來到了我的講師培訓課程中，當時他就是這樣戴著帽子來上課，非常有特色，讓我過目不忘。這幾年了解他在「網路行銷」上的專業，特別是在網路廣告、搜尋引擎優化及網路行銷工具……等等，都有非常專精的經驗。

因此我也經常邀請 Jay 來為我的學生們授課，常常在下課時看見許多學員圍繞在他的身旁諮詢，他都來者不拒，甚至課後還持續的關心學員、有問必答。實在是一位「用心」的老師，跟我當初傳達的「向上向善」理念很是契合。

如今看到他的這本書誕生，欣喜不已，因為又能透過這本書幫助到很多學員，這本書從社群經營、SEO、網站工具、廣告到行銷策略，都給讀者非常棒的資訊，實為網路行銷的寶典。如果你是網路行銷的初學者，這本書會是你很好的起點；如果你是網路行銷的實踐者，那你會在這本書找到更多心法及技巧。誠摯的推薦給您。

林達宏
達陣創辦人＆最有溫度的老師

推薦序四

看了林杰銘先生的這本《圖解小資老闆集客行銷術》後，發現他的寫法跟一般網路行銷入門書非常的不一樣，一般的網路行銷入門書籍，你看完後大概只懂一些皮毛，但是呢，看完了以後你還是不知道要怎麼做，你知道有很多的事情要做，但你就是不知道要如何開始。

對於中小企業的老闆來講，他們因為對網路行銷有很多不了解的地方，在這本書第 1 章就很清楚點出產品才是最重要的，網路行銷不是萬能的這一點，這是非常重要的事情。

那接下來呢，在網路行銷各方面，都有做完整的交代，告訴你在網路行銷上，一般常用到的、應該做的事情有哪些，讓你知道要怎樣做才能把網路行銷的功效最大化。

第 2 章說明了做網路行銷需要考慮有網站，那網站是要用目前現成的電商平臺比較好，還是要自己架站呢？他們有沒有什麼優缺點，這部分都分析得很清楚。接下來網站架好了以後呢，應該要有哪些內容？然後在第 4 章提到應該注意搜尋引擎優化，也就是 SEO。

SEO 方面應該怎麼做才對，對很多人來說，會覺得 SEO 是一件非常困難的事情，可是作者他講得讓你非常容易上手。

第 5 章裡面談到，現在是行動通訊的時代，要怎麼用行動通訊跟消費者做溝通，列出了目前在臺灣大家比較常用的一些通訊軟體，然後告訴你應該怎麼做，都有詳細的交代。

在第 6 章裡面有講到社群該怎麼經營，也有很清楚交代，告訴你 Facebook、Instagram 應該怎麼經營，對你的網路行銷有怎樣的幫助。

在第 7 章裡面會告訴你應該怎麼打廣告，然後有很詳細 step by step 的一個操作步驟交代，讓你也會操作網路廣告；最後第 8 章講到網路整個行銷策略應該怎麼做一個整體的規劃。

很多人知道數位行銷是時代的一個趨勢，但是不知道如何入門。市面上很多網路行銷書籍，對很多入門者來說不是太深，就是看不懂，因此會覺得網路行銷那是他沒辦法理解的事情。而這本是非常好的實戰入門指引書，因此，我在這裡非常推薦林杰銘先生的這一本《圖解小資老闆集客行銷術》。

張文華教授
國立臺北科技大學

推薦序五

常言道：「工欲善其事，必先利其器」，打造一個好的品牌，勢必需要有好的行銷模式，尤其剛開始創業。

這一本《圖解小資老闆集客行銷術》，從消費的心理、品牌、行銷等各專業領域，用最淺顯易懂的文字，加上案例與圖文的講解，這是非常扎實的一本行銷書，更是一本直搗與消費者互動核心的工具書，相信你會得到許多啟發。

張緯紘

戀戀未來交友平臺經理

作者自序

在 現今這個時代裡，無論是個人或企業，不管我們願不願意，網路確實已經改變了我們的生活方式，甚至還在繼續演變著。現在人們對網路的依賴程度非常的高，基於網路所做的行銷推廣也很常見，怎麼樣才能在這個競爭激烈的時代，找到一種適合自家產品的推廣技巧是一個重要課題。

遇到不少老闆總會跟我說，我們產品很好，絕對不是問題，但是我們不會做行銷，需要你的協助、你的建議。這時候，或許會被我潑一下冷水，因為這句話大多出於製造角度的好產品，而非市場角度的好商品。

其實突破什麼技術、用什麼新機臺、Made in TW、國外取經……都不直接等於是好商品，如果跟市場需求、消費者喜好對接不了，誰又會在乎這些事情呢？

當然，很多時候，確實很多企業有著好商品，但卻因為某些原因而處於銷售弱勢或乏人問津，甚至原本的領導地位還被後來者趕超。在網路普遍的現今時代，不懂得善用網路行銷將會錯失很多機會，或者被時代遺忘。

事實上，現在要投入網路行銷的門檻真的不高，幾乎只要願意人人都可以，但是不代表懂得做得好、做得對。這回事就像下廚一樣，只是把菜煮熟跟做出一道好料理完全是兩碼子事。

產品好是行銷的基礎，也是競爭的基本要素，但是請不要自認為只要產品品質沒問題，凡事就能水到渠成。在競爭環繞的情況之下，消費者的選擇變多了，現在酒香也會怕巷子深，不能老是處於被動狀態，等著客人主動發掘和上門了。

現在網路真的很方便、接觸目標受眾容易許多，但是經營、行銷網路化並非只是把產品資訊放到網路上這麼單純，不是有做就能夠有效果，還需要執行到位、規劃完善，不然都只是流於形式的表面工夫！

網路行銷方式有很多，但不是每位行銷專家或書籍所分享的方式都適合所有企業，尤其是小型、微型企業。所以，才有了出版這本書的想法，一本專為小資老闆所提供的網路行銷書籍。

因此，這本書不會談論只有大企業才能採用的行銷手段和成功方式，而是我所知道並適合小資老闆的網路行銷做法與建議，當然也適合業務、專家、教練、soho族……等。

這本書除了提供正確的觀念之外，其中部分章節也會包含圖解流程，讓你知道如何身體力行。在各章節中，都會有重點速記，希望這本書不只是書，也能作為你學習歷程中的紀錄本，邊學邊計劃並且依照計畫而實踐所學，進而創造出實際的成果，衷心地希望這本書能讓讀者朋友於工作和事業上有所收穫與幫助。

目次

第 1 章　概念篇：網路行銷入門面面觀　001

第 2 章　網站篇：建立行銷基地站穩腳步　017

第 5 章　通訊篇：打造循環流量系統　　127

第6章　社群篇：建立品牌社群資產　　　171

第7章　廣告篇：倍增營收加速器　　　227

第 8 章　策略篇：攻心收錢驅動力　　293

第 1 章
概念篇：網路行銷入門面面觀

1-1 網路行銷前必須知道的 3 件事

　　目前幾乎每家企業、老闆都有聽說或早已知道網路行銷的重要性與幫助,那為什麼現在很多企業覺得投入之後卻沒有看到明顯的效果呢?甚至根本覺得毫無幫助呢?我個人發現這種情況不是單純礙於預算上的限制,關鍵是有沒有做到位、是否有相對應的策略,如果只是停留在表面上的執行,而沒有深入了解各種可能性和執行層面,著實很難帶動效益。然而,其中更嚴重的是缺乏對的觀念與心態,俗話說:心態決定一切!學習和執行網路行銷也是一樣的道理,以下是我一開始就要給予心態建立的3個要點。

一、網路行銷不是魔法

　　首先,網路行銷的運行模式就像任何其他傳統行業一樣,是需要投入工作和努力的,並專注於你想看到的結果上。許多人會因為看到某些新聞或聽說,就誤以為網路行銷是一種快速致富、能夠馬上爆單的魔法,這絕對是大錯特錯的認知。許多人看到新聞媒體或耳聞周遭的成功故事後,就以為只要搭上網路媒體,商品就能賣得掉、賣得好,甚至還有人把網路當作是挽救事業的最後救命丹,這完全有了過分的期待與不對的依賴。

　　事實上,網路行銷只不過是行銷模式、工具之一,雖然它確實迷人又有效,但想要擁有成功的事業,需要先有正確的心態。我喜歡用餐廳來說明我的觀點。

　　假設你想要在所在地的鄉鎮開設一家新餐廳,問題是:

　　1. 這是一件容易輕鬆沒有任何風險的事情嗎?

　　2. 你的餐廳可以不做任何事情,或以最小的努力快速賺到很多錢嗎?

　　對於上述問題的答案肯定是:「No!」任何數位行銷方式也都是如此,它可以讓你有好的回報,但前提是掌握對的方法、投入努力、堅持不懈不放棄。

二、磨練技能與分工合作

　　成功運行任何行銷活動之前,你不僅需要知道行銷知識,更需要有能實際運用執行的技能,你不需要自己學會所有行銷工具和操作技巧,而是先找到符合優勢又有助於實現目標的方法!每種網路行銷手法都有其存在性,不過全部都想做的後果就是你會累死自己或團隊夥伴,除非你有錢、有勢、有充足資源能分工同時做好每一件事。否則沒累死也會導致每件事都做不好,因為專注力被分散了。

　　對老闆、創業者來說,能夠分配在行銷上的時間是有限的,所以請務必挑選相對適合又重要的方法進行學習和落實。如果情況允許之下,請把其他重要卻不擅長的技

能、工作委託給其他夥伴或外包給專業人士，他們往往可以花更少的時間或成本，卻做得比你更好。假如你選擇把所有事情一次攬在自己身上，你可能會得不償失。

當然，對於小資老闆來說，可能沒有足夠資源可以外包或招募專業人才一步到位，此時更需要先靜下心來，做好計畫且逐一執行。另外，需要有培養人才的心態和安排，無論是自己或其他成員亦是如此，凡事都能夠透過學習而知道與學會的，但是心急是吃不了熱豆腐的。

三、投入資金乃勢在必行

假如你正處於草創起步時期，你可能有非常窘迫的預算和資源，但這絕對不該是造成無法做好行銷或藉口的來源。事實上，很多最成功的企業、品牌一開始都是如此，幾乎都是隨著時間不斷地投資於事業上（如：技術、設備、人力資源等等……），不斷地強化優勢、擴大團隊，逐步增加營運的獲利，而非一步到位。

想做好行銷，一定或多或少需要投入資金來運作，事業必須投入資金是相當正常且必須的，不要再幻想什麼免費或零風險了，或者比價來比價去，最終只是做出價格低的錯誤選擇，這不是創業家、行銷人該有的心態。

回到剛剛提過的餐廳例子，你能期待不必有任何投資，卻能成功營運一家餐廳嗎？網路上是有很多免費的資訊會這麼告訴你：如何零風險創業、免費網路行銷技巧、不為人知的暗黑手法……。然而請記住，即使你是自行摸索、看書、求問而學會任何行銷技巧，你仍然會需要付出成本，如：網域、主機費用、工具費用、廣告費……等，想要什麼都不花錢又把事情做到位的可能性幾乎為零啊！

總之，你根本就無法完全不投資任何一毛錢，卻擁有一個成功的事業。免費要付出的代價永遠最貴，所以別再迷信於免費是最好的了，至少我的創業經驗是這麼告訴我的！

網路行銷前必須了解

1　網路行銷不是魔法

➡ 網路行銷為行銷工具之一。
➡ 須投入工作和努力。

2　磨練技能與分工合作

➡ 先挑選適合又重要的方法進行學習和落實。
➡ 條件允許下，其他重要但不擅長的技能、工作委託夥伴或專業人士。
➡ 對自己或是其他人員，須有培養人才的心態。

3　投入資金乃勢在必行

➡ 透過不斷強化優勢，擴大團隊，而非一步到位。
➡ 網域、伺服器、平臺費用、廣告費……皆會產生成本。

網路行銷常見的錯誤認知

現在要學習網路行銷比幾年前要容易得多，因為關於數位行銷這回事已經有太多太多的相關資訊了，你唯一的限制，是你的心與行動！然而，在爆炸性資訊中不全然都是正確的，問題正是其中也有很多誤導性的建議，那或許是以善意為出發點，只是它不一定真的具有參考性價值。在大多數情況之下，許多觀點和意見並沒有什麼不對，但以下是非常具有問題的認知或偏差心態。

一、網路曝光越多越有效

導流曝光是網路行銷很重要的環節，也是實現銷售目的的關鍵，但如果只是一味地追求曝光，這不見得是一件能看到成果的好事。

在早些年的時候，網路曝光容易、獲取流量成本很低，再加上企業網路E化比例不高，各產業普遍網路競爭程度不高。所以即便沒有很好的資源、技術、創意，都容易有成效，大量曝光往往更輕易獲得更好的業績。不過，現在的情況早就有所不同了，獲取流量越來越不容易、成本也逐漸攀升中，市場上同質產品更是多樣化，消費者有非常多的選擇，競爭程度早已不是以往能夠比擬的了。

無法否認的是，網路曝光量越大，對於提升知名度是越有幫助的，但說實話，一般企業在還沒有獲得穩定成長的情況下，單純追求大量曝光可能只是加速耗費銀彈和死亡的做法。只是要明白的是，知名度提升不等同於會被消費者認同、產品銷售量就會變好。

二、網路行銷效益好、見效又快

這樣的認知看起來似乎沒有什麼錯誤，不可否認的是，有些企業、商品確實在短期之內獲得了很棒的網路行銷效益，但是這並不是常態事件或容易達成的事情。網路行銷跟其他行銷方式一樣，不是單一環節的操作手法，而是跟許多方面環環相扣、息息相關的。俗話說，機會是留給準備好的人，在沒有充足的準備和資源投入的情形下，千萬不要以為網路行銷能快速見效，更不要莫名地打從心底認為可以花小錢快速賺大錢。

三、運用網路新技術就能有效

我這麼說並非是要否定網路科技的重要性，相反地，正是因為網路科技持續發展之下，網路行銷才會愈趨成熟，更加需要被企業所重視和應用。必須說清楚的是，在大多數情形之下，網路行銷得搭配工具、軟體和掌握技術才能做得更好、更省力。不

過，網路行銷並非只關乎技術，許多人常常會認為把網路行銷交給公司最懂電腦的人準沒錯，其實這根本沒有絕對關係。

　　另外一點就是無止盡的追求技術或軟體，認為這樣就能夠有更好的效果，反而本末倒置失去該專注的焦點。更糟糕的情況是存有投機取巧的心態，聽信他人說法或話術，買了所謂的神奇軟體，想要開著電腦掛機就能自動提升流量、帶來訂單，結果是花了更多冤枉錢，付出更多的無謂代價。

網路行銷的錯誤認知

以下列出具有問題的認知或偏差心態（現代爆炸性資訊中，不全然都是正確的）

 網路曝光越多越有效

早期	網路曝光容易，獲取流量成本低
現代	市場同質產品更多樣化，競爭高 ➡ 一味追求曝光，加速耗費金錢和死亡

 網路行銷效益好、見效又快

▶ 短期獲得高效益，並非常態

▶ 網路行銷是和許多環節息息相關

 運用網路新技術就能有效

▶ 網路行銷須搭配工具軟體和掌握技術

▶ 投機取巧，追求技術和軟體，耗費金錢

網路行銷看似是非常迷人與有效的行銷手法，並且老是被認為是神奇救命丹，能夠為企業帶來倍數級成長的銷售業績，但事實上這根本救不了一個有問題的企業。我不是說網路行銷根本沒用處，而是必須建立於一定基礎之上才有辦法確實有效，以下所提3件事，不僅關乎執行的成效，更與企業的經營有重大關係，所以請務必先認清，並將以下這3件事情做到位、到點。

一、打造能滿足市場需求的商品

別把商品看得太狹義，商品不是非得要看得到、摸得到的物件，而是能夠實現創造價值、傳遞與交換者，皆可稱之為商品。然而，大多數新創事業無法存活下去的頭號原因之一，就是產品無法滿足市場需求或出現紕漏。微軟在2007年大張旗鼓推出Windows Vista，而且距離上一版已超過數年之久，看來應該熱銷席捲市場不是嗎？但取代驚喜的是失望與批評，原因正是該產品兼容性、安全性和性能的問題都令人不滿意。在微軟的官方網站上還這麼記錄著：

「2007 年 3 月 Windows Vista 應用程式相容性更新」是解決 Windows Vista 中一般應用程式相容性問題的軟體更新套件。當您嘗試在 Windows Vista 安裝並執行某些又版遊戲或應用程式時，可能會遇到系列一或多個徵狀：
- 遊戲、應用程式或韌體可能無法正確安裝。
- 遊戲、應用程式或韌體可能會造成系統不穩定。
- 遊戲、應用程式或韌體的主要功能可能無法正確運作。

（截圖引用於 microsoft）

大多數產品可能都沒有這樣的明顯缺失，但問題往往都是沒有顧及到消費者，總是覺得自家產品或想法超棒而決定投入其中，等產品做出來之後才開始找客戶，不知道客戶在哪裡而煩惱，甚至為了賣出爛產品而想破頭。

此外，你不需要打造完美產品之後才開始，你需要的是一個可行性產品，再不斷地優化迭代，Apple的iPhone就是一個最好的例子。因為完美根本就不存在，永遠有更好的一面值得人們去追尋、去打造。

二、精確定義理想客戶到底是誰

行銷最核心的問題之一就是要了解你要賣給誰，如果根本不明白這個問題的答案，在諸多方面也很難執行到位。常犯這個錯誤的人經常有一個共同點，就是他們總

是認為自家產品適合世上每一個人，可是事實並非如此，這根本是天大的誤會，甚至是瘋狂的想法。

所以，你要明確知道賣給誰，誰會買你、選你，與消費者需求連結在一起，才有可能成為一門生意，也是事業成功的第一步。接下來，你需要做的才是把訊息傳遞給潛在客戶，並實際轉換成消費者，甚至變成忠誠客戶，再使他們不斷地回頭購買與推薦。

因此，你需要知道你的理想客戶有什麼特質，像是人口統計資訊、興趣、購物習慣、潛在問題、喜好、習慣出沒地……等等。如此一來，你的產品不僅有創造的依據和驗證的管道，更不會孩子生出來不知道爸爸是誰，而眾裡尋他千百度，驀然回首卻依然沒法度。

唯有當你真正知道目標族群有哪些特質之後，你才會知道他們缺什麼？他們疑惑什麼？他們希望得到什麼？你的流量也才能夠精準，才能把錢花在刀口上，否則網頁做得再好、產品再棒，可能還是徒勞無功。

千萬不要期待不對的人來到網頁、粉絲專頁會產生預期般的行動，碰運氣不是老闆該有的心態。

執行行銷的成效與企業經營三大基礎

1

打造能滿足市場需求的產品

➡ 實現創造價值、傳遞與交換，皆可稱之為商品
➡ 以消費者出發的可行性產品

2

精確定義理想客戶到底是誰

➡ 行銷對象？
➡ 目標族群特質？和需求產生連結
➡ 將訊息傳遞給潛在客戶

三大基礎

3

致力於改善產品和留住現有客戶

➡ 凡是和產品有關的面向都屬於產品，皆為消費者考慮的因素
➡ 針對現況進行調整
➡ 先賣再買，先有客戶後有產品

三、致力於改善產品和留住現有客戶

　　小資老闆更需要掌握到對的方法來執行網路行銷，很大一部分的原因正是為了在有限的資源之下能創造最大效益，但是如果不去精進產品與做好企業管理，意義可能是不大的。

　　要使企業獲得真正的成長，不是光靠一些看似或聽似神奇的網路行銷手法就行，可持續發展的長青企業就必須有擴展性商品，否則如果輕易斷貨、品質管控不穩定、服務不周到、網頁設計不佳或購買取貨不方便……等，這絕對都會扯後腿。

　　在網路世界裡，凡是跟產品有關的面向都是產品，因為都是消費者會加以評估考慮的因素，而不是單一方面只看產品本身來決策的。

　　另一點就是擁有回頭客，這一點跟商品本身有極大關聯，往往也密不可分，同時也是創造口碑的重要因素。試著想一想，如果你使用了一些方法之後，新客戶不斷地新增，但你根本無法留住現有客戶，這樣的情況有辦法使你的事業實現真正的增長嗎？不斷開發新客戶卻也不斷流失的情況，難道你不會身心俱疲嗎？

　　Facebook是我認為一個非常好的案例，基於提升用戶量而不斷改善用戶體驗，進而增加用戶數又留住了現有用戶。下方是2005至2012的用戶增長情況：

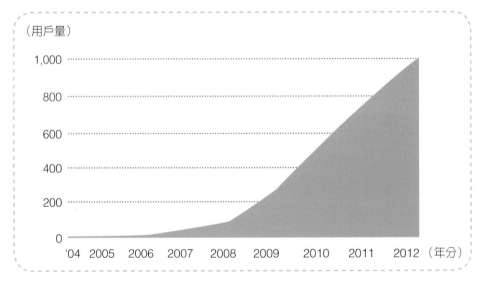

　　網路行銷絕非一次性工作，如果你想要一個可持續發展的事業，不斷完善、持續精進才是關鍵。

洞察消費者與市場，開創人生新選擇

Q爸是暖心艾浴的創辦人，產品是坐月子洗澡免熱煮濃縮包。

因為老婆第一胎生產後家人無法協助坐月子，所以決定直接住月子中心和訂月子餐，那時才知道原來坐月子洗澡也有眉角。那段時間，下班第一件事情就是趕到月子中心，並拿著傳統青草包為老婆煮洗澡水，心想再累也沒有老婆辛苦，同時也發現這種做法確實有點麻煩、沒效率。在金融業打滾多年的他，在老婆生產第二胎時，因緣際會發展出坐月子洗澡的免熱煮方便包，老婆也是該項產品的第一位使用者，或者說是試用體驗者！

Q爸說，在創業的前半年其實根本不知如何做行銷，真的快撐不住了，原本想回職場上先兼著賣暖心艾浴包，心有不甘之下，決定先找我做諮詢再說！在諮詢過程中，我發現暖心艾浴包確實有市場需求，產品特點也能解決傳統坐月子洗澡一直都存有的問題，針對他的現況給予調整做法，像是建置網站、廣告投放優化、產品延伸策略、體驗活動設計……等。

對於怎麼讓準客戶孕婦去體驗產品一直是個問題，因為懷孕期間是不適合使用的，後來想到讓家人代為體驗，因為暖心艾浴包本身也適合長輩泡腳、女性生理期保養使用，而且這樣也可以順勢推廣給延伸的目標族群，進而帶動更多銷量。

確實在體驗活動推出後，光是免熱煮這一個特點就讓很多孕媽咪、家人相當喜愛，更別說親身使用後的感受，並帶動客戶分享推薦，業績也就慢慢上升到一定水準，後來也開設了實體店面，讓附近客群可以到店內採購與體驗產品！

其實，很多人一開始並沒有注意到產品本身就是行銷的一部分，如果產品好，自然容易拉動客戶進來，並有連鎖效應，所以一開始產品設計就是行銷的最佳起點了。

針對現況進行調整

雖然老闆都會想求快求立即見效，但行銷確實很難一步到位，立竿見影。但針對現有問題卻可以立即做出反應與調整，靈活彈性、執行動作快是小企業的一大特性，主要著重於產品面優化、如何做推廣和客戶關係管理。不能一直用舊有方式卻期待會有不一樣的結果，經營與發展事業不是埋頭苦幹就能有好結果的一件事，而是必須知道問題並有配套解決方案。

推消費者一把

有時候，產品不是真的有問題，而是潛在客戶會擔心害怕、猶豫不決而下不了決定，不是他們不需要、不喜歡，這種情況就需要推他們一把。所以為暖心艾浴設計了免費體驗活動，為的就是推動潛在客戶更進一步，畢竟他們沒有風險，而我們確信有一定的轉換率，因此免費體驗不是真的不求回報。

暖心艾浴包在購買前，潛在客戶往往也會有很多疑慮，把常見問題都放在網站中，是一種省事省心的做法，但即使如此還是很常遇到其他問題，不過Q爸都會非常有耐心的一一回覆，給予相當暖心貼心的售前和售後服務。

先賣再買，先有客戶後有產品

生產產品和囤貨一直都是常有的問題，因為大多數人的想法都是必須先有產品才能銷售有利潤，這種做法不僅一開始必須先投入一定的製造成本，而且一旦銷量不如預期就容易造成囤貨、過期、倉儲成本⋯⋯等潛在問題。

對於小資老闆來說，這種傳統做法和思維是會提高風險的，出場率自然會更高。相對地，應該採用先賣再買，先有客戶後有產品的做法。也就是先賣出產品再付出成本，將產品給予客戶，這樣就能最大化降低不必要的風險與浪費。

當然，這樣的做法必須有非常好的管控與效率，否則可能會讓客戶購買後要等貨很久而造成反感，甚至取消訂單。暖心艾浴就是採取這樣的銷售策略，也能讓消費者拿到最新鮮的貨品，這完全是雙贏做法。

1-4 網路行銷不該做的 3 件事

　　行銷的目的其實就是為了轉換，直接白話的說就是為了賺錢營利。沒有銷售轉化，行銷的意義就隨之失去了。不論是購買、訂閱、瀏覽、流量，從根本上說，影響和實現銷售轉換只有兩個基本要點：正確的人和正向的體驗。

　　行銷既要帶來對內容、產品真正感興趣的人，另一方面，又要當這些人來到網站時，他們需要有正面的體驗，促使他們順利轉換，兩者缺一不可。行銷手法和流程的優化，歸根究柢就是對這兩者的不斷改善。

　　現在，我想先說說企業主投入網路行銷卻換來無效的常見原因，這些原因是我過去親身經歷或周遭的血淋淋實例，所以請不要再發生在你身上。

一、不主動推廣曝光

　　沒有任何曝光要如何啟動「銷售轉換」呢？沒有流量就沒有訂單絕對是肯定的，網站跟實體店面是存在著一些差異的，其中一個差異就是網站不存在路過、經過這回事，你必須要製造機會讓它發生。

　　很多人會認為做網站等同於做網路行銷，並且天真認為有人會主動送上門來，接著乖乖掏錢購買商品！我知道你可能不會，但這種情況我真的遇過、聽過無數次了！總會有一些朋友會問我：「Jay，幫我看看我的網站出了什麼事好嗎？我花了很多錢做了一個網站，但根本沒有任何一張訂單啊，我是不是被騙了？」他們的情況往往就是我以上所說的，幾乎沒有一個例外的，就是根本不去曝光網站，沒有流量或流量太低要怎麼成交呢？

　　流量要怎麼來？產生流量的方式真的有很多，但是要根據自己的需求和特性做好分析，不是所有的方式都是適合你的。重要的是找到自己目標客戶會出現的地方在哪裡，流量大不如流量精準，將有限資源發揮出最大化效果。

二、忽略視覺設計感

　　產品展示圖、文案、網頁設計是影響轉換率的重要因素，但很多人會不小心就忽略了它，而把重點只放在流量上。視覺畫面會建立第一印象，並且會直接影響到訪客對產品、品牌的感受程度，這一點在大部分產業都是共通的。

　　要記得，網路世界的推廣範圍雖然更大更廣，不過體驗度是遠低於實體世界的，因為既摸不到更無法直接感受、試用、試穿，塑造感知價值和視覺畫面就會變成一件非常重要的事。很多時候，感覺是什麼比事實更重要！

因此，不要只是求有就好，而是應該把它做得吸引人、讓人們可以體會到價值，進而實在很想擁有它和購買它！這對比較高價的產品來說尤其重要，質感低等於價值感低，價值感低就等於購買慾望低。另一方面來說，低價產品若能塑造出高價產品的感受，這豈不是能讓你的產品感覺更超值、更好賣嗎？

案例

我有一位學員提供汽車鍍膜服務，講求平價就能享有超跑頂級鍍膜服務，汽車鍍膜後能提升漆面光澤，不只能解決漆面問題、處理細紋傷痕，更能大幅降低車漆磨損！但是，當你看到下面圖片後，能夠說服你、取得你的認同嗎？會讓你感覺到這家鍍膜服務的頂級功力嗎？

左邊這張圖片雖然不是非常糟糕，但能夠感受到的應該只有平價吧。右邊這張圖片是同一家鍍膜品牌「鎰術」後來所做的視覺優化，你可以同時比較這兩張圖片帶給你的感受是什麼？

在訴求一樣的情況之下，第一張圖根本很難清楚判別服務的專業與質感。相較之下，第二張圖的視覺展示力道頓時加強了許多，並且可以感受到鍍膜後的漆面亮度。

所以無論產品價格高低如何，你都應該把你的產品做最好的呈現。若有模特兒，別忘了好好挑選，人就是會以貌取人，也會影響產品的呈現度。有人說，這是一個講求顏值的時代，雖然這句話不是絕對的，但人們確實喜歡美的事物。

因此，不管是廣告圖、還是網頁中的圖片，清晰明確並保持吸引力都是很重要的。針對產品圖的部分，以下這些方式和角度是經常被廣為使用的技巧，這對不同行業來說都是受用的。

▶ 多方位、多角度展示　　▶ 產品細節質感　　▶ 聚焦產品特色

▶ 各顏色、各款式　　▶ 真假或競品比對　　▶ 模特兒展示　　▶ 實際使用情況

三、使用錯誤誘導或誇大

你我應該或多或少都有過被誘導的經驗，比如看到廣告寫著：一折！然而，當你興奮進入店面或網頁後才發現是一折「起」，而大部分商品都不過九折而已，瞬間大感失望。這雖然說不上是詐欺，但這就是典型的故意誘導或隱瞞，感覺的確也不是太好。

在網路行銷世界，故意誘導的方法更是不乏各種手段：誇大標題、虛假圖片、假免費活動、網頁跳轉……等等。這些故意誘導手段都能夠有效引誘人們採取行動，以實現導流量曝光的目的。

但是誰喜歡被騙或被隱瞞呢，點擊之後如果發現跟他們所想的根本不一樣，或者根本無法得到他們想要的，有多少人能夠心平氣和，或不留下任何壞印象呢？這樣做不僅無法有效提高銷售率，更可能會傷害你的品牌形象。

請注意：故意誘導雖然可以有效增加流量，但故意誘導本身是不容易產生轉換結果的，而且你的網頁跳出率也會大幅增高，負面影響遠勝於好處，可說是有百害而無一利。

創造網路垃圾資訊永遠不等於創造行銷價值！

行銷轉換兩個基本要點

1 正確的人：對內容和產品真正感興趣的人

2 正向的體驗：正面的體驗促使轉換消費

網路行銷不該做的三件事

✖ 不主動推廣曝光

▶ 必製造機會曝光，網站不存在路過經過的機會　▶ 資源有限，流量須精準

✖ 忽略視覺設計感

▶ 視覺畫面會建立第一印象　　　　　　▶ 讓人們體驗到價值感＝購買慾望
▶ 圖片重點清晰明確且保持吸引力

✖ 使用錯誤誘導或誇大

▶ 可能傷害品牌形象　　▶ 增加流量≠增加銷售量

1-5 網路行銷不只是有粉專和架網站

　　無論你從事的產業是什麼，拓展業務都是創辦、經營公司的生存法則之一，而提到網路推廣時，很多人馬上會想到的常常是社群行銷，或者說是Facebook行銷。對，網路社群媒體確實是建立和潛在客戶溝通、互動、品牌形象的最佳手段之一，同時也是獲取新客戶的好方法，在臺灣也是非常主流和主要的平臺，幾乎有不可被動搖之地位。但網路行銷不是成立一個Facebook粉絲專頁或網站，再把產品資訊一一放上去，然後等著收訂單的一件輕鬆事。

　　因此，網路行銷不只是有一個網站或粉絲專頁就行了，在很多情況之下，這樣做是遠遠不夠的。這個道理就像是租了一間店面，然後把產品放到店面中，但是除此之外什麼都沒做是一樣的。試問，只是這樣做會有足夠的魅力吸引人流嗎？生意會持續地好嗎？會有好的客戶口碑嗎？我想這些問題的答案肯定不言而喻，人人自知。

　　網站與Facebook都只是網路行銷的一項工具，你要非常清楚你的事業藍圖是什麼、需要哪些工具協助你更容易發展事業、建立銷售系統，進而才能有效從中選擇和規劃。網站能夠充分做更多的事情，像是：更全面地介紹企業與產品、SEO搜尋引擎最佳化、提升企業形象、強化品牌意識、廣告追蹤與優化、累積數據與內容資產、系統化管理、建立自有媒體……等等。很明顯地，只是有粉絲專頁或Line@是不夠全面的，每種工具都具有不同的特點與缺點，無法單純倚賴一種工具同時達到多種目的與功能性。

　　簡單來說，擁有好網站可以達成更多競爭對手所不行做到的事，並且可以跳脫平臺的限制。不過，這需要做足對的事情，才會有更大的可能性能從茫茫網海中脫穎而出，同時也需要搭配後續的經營管理與調整優化。

　　假設你真的願意投入並用心經營網站，它會是你最棒的行銷基地，日後它也會為你帶來回報。這個過程我常常比擬為養小孩，你需要餵養、照顧關心、教育、陪伴……，這個過程是無法速成的。

那些工具適合你？

▶ 網路社群媒體是建立和潛在客戶溝通、互動、品牌形象的手段之一

▶ 網站與網路社群媒體都只是網路行銷的工具之一

▶ 無法單純依賴一種工具同時達到多種目的與功能性

網站能充分做更多事情

▶ 例如：更全面地介紹企業與產品、SEO搜尋引擎最佳化、提升企業形象、強化品牌意識、廣告追蹤與優化、累積數據與內容資產、系統化管理、建立自有媒體……等等。

▶ 友好的網站可以達成更多競爭對手所不行的事，並且可以跳脫平臺的限制。

▶ 網站需要後續的經營管理與調理優化。

Date _____ / _____ / _____

第 2 章
網站篇：建立行銷基地站穩腳步

2-1 　為什麼你應該要有網站？

　　或許有人會告訴你，執行網路行銷不一定需要擁有網站。是的，這句話雖然不完全錯誤，但是擁有網站可以有更多優勢，能比沒有網站的對手達成更多其所不行做到的事，並且可以跳脫許多平臺的限制。許多人現有的網路渠道可能只有Facebook粉絲專頁，這並沒有問題，但以許多情況來說，只有粉絲專頁確實不夠用。

　　不過，光有網站還是遠遠不夠的，這個道理就像你只是把產品放到了網路上，但是除此之外什麼都沒做是一樣的。專業設計、動線分明、載入速度、手機版、購物流程、內容價值、電子報系統……等等，你需要做足對的事情，才會有更大的可能性能從茫茫網海中脫穎而出，這往往還需要後續的經營管理與調整優化。

　　假設你真的願意投入並用心經營它，日後它將會為你帶來回報，這個過程我常常比擬為養小孩，你不僅需要呵護他，你更需要培育教養他，而這個過程是無法心急和速成的。有自己的網站你可以主導許多事情，但這並不表示你不能使用其他平臺，相反地，你大可利用各大拍賣平臺和購物平臺的優勢來提高你的產品知名度與品牌知名度。

　　某些平臺或許需要額外付費，但是如果該平臺也擁有你想要的目標族群，付費使用也未嘗不可。同時，你可能也需要評估情況和適可而止，尤其你是一名小資老闆更是如此，因為資源往往是有限的，評估情況與量力而為還是必須的。

　　在許多情況之下，你只能從中選擇對你最有利的平臺來開闢另一條路。不過，投入社群平臺往往是不該輕易忽略的選擇，像是：Facebook、YouTube、Line@……等等，更何況它們都是免費的。

為什麼你應該要有網站

好處	網站	粉絲專頁
有助於提升企業形象	V	V
協助潛在客戶找到企業	V	V
對 SEO 更有利	V	×
可以做會員管理	V	×
收集更完整的訪客行為數據	V	×
可以累積企業網路資產	V	×
更完善的電子商務功能	V	×
不用受平臺的限制與管理	V	×
增加專業權威性與可信度	V	×

本節重點速記：請動手寫下本節你所學習到的重點或心得吧！

2-2 自行開發網站到底值不值得？

　　假如你不是玩票性質在經營事業，也已經真正意識到網站對你的用處，那麼對於小資老闆而言，到底自行開發網站比較妥當，還是應該使用拍賣平臺（Yahoo拍賣、露天拍賣……等）、購物平臺（Yahoo超級商城、PChome 商店街、momo摩天商城、蝦皮商城、樂天市場……等）或網路開店平臺（EasyStore、91APP、meepshop……等）所提供的服務呢？

　　這個問題其實沒有什麼絕對答案，因為各自的情況並不相同，但普遍來說，我認為使用網路開店平臺是更適合作為行銷基地的方案。拍賣平臺是最容易、門檻最低的方式，甚至進駐上架是免費用的，不過功能性與掌控性也是最低的。對於消費者來說，拍賣平臺有點像在逛夜市一樣，品質參差不齊，對於建立品牌的幫助非常有限，最糟糕的是淪為比價的戰場。而購物平臺擁有流量資源和網路客戶，如果拍賣平臺像夜市，那麼購物平臺就像百貨商城一樣，雖然商家也是琳瑯滿目，不過卻都有一定的知名度與品質保證，對消費者來說是更值得選購、信任的來源。雖然各方面比拍賣平臺來得好，但是相對進駐門檻就比較高，通常會有基本的抽成費以及每月費用，甚至還需要配合平臺的行銷活動與支付相關費用。

　　獨立開發網站雖然可以更加符合自身需求，也能隨時調整與優化網站功能，因應趨勢變化的反應速度是可以掌控的，彈性遠高於網路開店系統，但初始製作費用較高，完成製作也需要一段時間。不過長期下來，使用費會比使用網路開店平臺更划算，因為後期只需支付部分費用（主機、網域、維護更新）。微型企業、小資老闆非常需要顧及到網站上線速度，時間拖得越久其實較不利，也需要用最省錢的方式先達成小目標，除非資金充足、家大業大，否則在洽談上非常需要注意細節，不然會被牽著鼻子走。

　　有人會說，獨立開發網站比較省錢，這一點長期來說是沒錯的，但前提自己要是內行人才能夠成立。絕大部分，很多老闆本身根本不懂得如何要求網站製作公司，更不知道什麼樣才是合格可用的網站，往往都是只看外觀設計喜不喜歡、價格滿不滿意。這樣的評估方式往往會導致日後發生許多卡關的事情，然後需要再進行功能更新，甚至會因為費用需要再投入而無能為力。所以，長期下來也不一定更為省錢，更無法為老闆省事省心。此外，獨立開發網站需要自行維護與管理，雖然大多會交由網站製作公司維護，不過這又會多一筆開銷，長期性累積所費不貲，而且每月代管發揮的作用常常不是太高。

　　若是想要省錢得自行管理，但就是不怕一萬只怕萬一，萬一發生網路資安或網站問題時，根本就不懂得要如何處理解決，此時要找人處理又是一筆費用，甚至還會必須砍掉重練。

假如你並沒有以上這些常見問題，並且具有技術能力、有特別的理由與規劃，那麼獨立建置官網會更適合你，否則採用網路開店平臺會是較為合適的選擇。因為網路開店平臺雖然也需要付費，但遠比製作獨立網站更快速、耗時更少，同時也外包了網路資安問題，整合金流、物流所需功能，甚至還會有專人可以提供協助與解答，這其實是許多小資老闆很需要的一項服務，雖然這樣的服務不一定盡善盡美、服務周到，但至少初期不會成為孤兒只能自行撞牆摸索。

你適合哪一種

	優點	缺點
拍賣平臺	進入門檻最低、功能操作簡易，適合新手、資源有限者選用。	電商長期發展很不利，很容易淪為價格戰的地方。
購物中心	曝光引流很有利，可以借力平臺的流量和行銷活動。	需要倚賴平臺的規範與配合各種行銷活動，甚至降低利潤。
開店平臺	上線速度很快，可以綁定自己的品牌網域，成為獨立品牌電商。	會受限於平臺發展與功能，而且使用費率可能也會調漲。
獨立官網	使用自由度最高，網站功能可以依照自我需求客製化，並且能快速應對更新。	製作、使用費可能是當中最高的，而且需要多次溝通定案，後續維護更新要自行處理。

本節重點速記：網路行銷不一定要有網站才能開始，但請務必思考清楚網站對你的存在性，有哪些事情需要有網站才能做到、你的需求是否需要網站的協助？同時，請思考你的品牌官網是想採用獨立製作，還是使用網路開店平臺，這部分也可以結合2-3單元，同時了解與評估。

2-3 如何有效選擇對的網路開店平臺？

目前有很多的網路開店平臺能夠挑選使用，協助經營者用更快、更簡單的方式完成網路開店的事務。然而，這同時也是一個困擾，因為太多選擇，很多人反而不知道該選哪一個才好，要同時進駐又不太可能，因此經常有一些人做出錯誤的決策。

如何選擇合適的網路開店平臺，確實是一個看似簡單又令人困惑的事，在市場當中有些主打操作簡易、費用便宜、外觀設計多、不抽成交手續費……等等，如果僅基於其中一個或兩個特點或官方說詞來選擇，可能會做出後悔莫及的錯誤決定。網路開店平臺的支付成本雖然普遍不高，但一旦選擇錯誤，之後要變更的成本是很高的，這不只是金錢上的耗損這麼簡單，伴隨的隱性損失還有更多等著你去承擔。

選擇平臺需要考慮很多事情，這主要取決於對你來說什麼是重要的，因為每個平臺的特點都有所不同，沒有最好，只有相對合不合適。以下我會針對選擇網路開店平臺需要考慮的問題進行探討，當你從這些面向進行思考時，將能有助於你挑選出最合適的網路開店平臺。

【考量點一】平臺費用符合預算嗎？

這是非常現實又實際的考量，不同的網路開店平臺有各自的價格與收費方案，對於有預算考量的小資老闆來說，這是非常重要的篩選條件。比較方案上你需要澈底了解價格和功能的不同，如此才能得知最佳的選擇，只是單純看價格很容易顧此失彼。此外，你還需要了解是否有其他相關費用，例如：管理費、金流費用、附加功能費、其他服務費……等，購買前了解得越仔細越好，沒看到或不確定就主動發問，從中也能體驗到官方客服的品質。

【考量點二】設計版型是否滿意？

一個成功的網路商店不是單純能放上產品資訊就好，功能面才是最重要的關鍵之一，否則想在網路做好行銷推廣將容易綁手綁腳、舉步維艱。

首先，最明顯的功能面考量就是網站設計，因為對於陌生消費者而言，特別需要引起注意力、建立信任、好的使用體驗，而設計的好壞正是影響關鍵。網站設計不只是版型看起來漂亮，也需要注意是否有充足的功能可以方便調整版面內容，這會讓你在使用管理上更加得心應手，也不需要微調都得聯絡官方客服人員才能完成，這是非常沒有效率又耗時的事情。大多數網路開店平臺都只有預設的主題模版可以選擇套用，而某些平臺還會有開發人員可以協助你打造專屬設計版型，若你有客製化版型的需求，這就是你需要事先了解與確定的事情。

　　此外，設計動線、購買流程和行動裝置的瀏覽體驗也都是設計面的考量因素，多方面進行了解評估會更有助於做出對的決策，同時你必須自己當作消費者進行實際測試使用，而不是只看表面。

【考量點三】網站功能與整合性是否完善？

　　任何網路開店平臺往往無法獨善其身、集所有功能於一身，所以常常需要整合其他網路行銷工具來彌補不足之處，以便讓各項工作能運作得更順利。例如：能否使用自有網域？能在網站上放置語法、代碼嗎？有沒有網站訂閱、寄送會員電子報的功能？是否有SEO Meta設定功能？有無超商取貨付款？網站載入速度是否順暢？……等功能。

　　試著把你所要的功能列出一張清單，並排定重要優先順序，再比較各家網路開店平臺所提供的服務，哪一個符合條件度最高，這部分最好不要妄想能全部都做到你要的，功能需要越多時，達成的可能性越低。有些網路開店平臺會提供免費方案或短期試用，這對於購買決策是非常有利的，但有些只提供付費方案，根本無法先實際試用，但若花些時間做好評估，還是遠比草率決策或聽官方一面之詞好得多。

眾多的電商平臺如何選擇

一、平臺費用符合預算嗎？
- 了解不同的方案和費用。
- 有無其他相關費用。

二、設計版型是否滿意？
- 偏好的設計風格。
- 是否有完善的編排功能。
- 是否需要客製化版型。

三、網站功能與整合性是否完善？
- 是否能整合常見的行銷工具。
- 網站功能是否能滿足使用需求。

四、有沒有官方客服協助你？
- 能有效率解決問題。
- 客服的進行方式？
- 哪些協助要付費？

五、能幫助推廣你的產品嗎？
- 平臺有哪些輔助方案？
  如：付費版位廣告、聯合活動促銷等。

六、它能跟你一起成長嗎？
- 平臺是否能因應趨勢做出調整？
- 有沒有推陳出新的網站功能？

【考量點四】有沒有官方客服能協助你？

不要只想靠自己完成所有的事情，在某些時刻你可能會需要幫助，小資老闆其實更需要整合資源，並做到使用卻不擁有，而且某些情況下選擇尋求協助的確更能有效率地解決問題。

官方客服就是使用卻不擁有的整合資源做法，所以在決定使用任何一個網路開店平臺之前，一定要了解官方能提供什麼樣的協助，哪些情況是免費和付費，心中先有個底，也可以避免之後鬧得不愉快，或者預留備案。

你還需要了解客服的進行方式，因為每個人能接受、喜歡的方式所不同，例如：撥打客服專線、線上即時問答、提交聯繫表單……等等。

【考量點五】能幫助推廣你的產品嗎？

很多時候，選用網路開店平臺的原因不是功能性最好最全面，而是比自建官網更容易管理與推廣產品，換句話說，初期可能不用擔心不會曝光的問題。

大多數的購物平臺都會有行銷活動進行商品曝光與吸引消費者，網路開店平臺雖然普遍不會這麼做，但你可以了解網路開店平臺是否有相關的輔助方案或做法。像是整合廣告代碼、在官網報導曝光、專業行銷諮詢、學習講座……等，這些資源都能有助於你的網路事業可以更快上軌道和成長。

【考量點六】它能跟你一起成長嗎？

以短期而言，這看起來並不是選擇網路開店平臺的重要考量，但我認為這是決定未來的關鍵因素。現階段許多的重要功能面、技巧以往都是不太需要的，甚至根本不被考慮，因為許多事情和趨勢都不是當下能預測得到的。相對地，某些功能與做法也早就該被淘汰或優化了。

網路行銷、電子商務是一個變化發展快速的世界，假如一個網路開店平臺的成長性太慢，甚至根本不願意日益增進功能性的時候，那麼你注定將面臨落後對手腳步的窘況。這就是為什麼我認為這個問題很重要的原因，很多時候，不是你不願意的問題，而是受平臺限制不能做的問題。

透過了解以上6個問題，可以避免不必要的問題發生，也能挑選對的平臺做對事，你可能會發現最知名的網路開店平臺不見得就是適合你的，最貴的也不見得最符合實際需求面。所以，再回歸到問題：如何有效選擇對的電商平臺？這根本沒有絕對標準答案，而是得由你的目標、需求來進行選擇與做出正確判斷！

案例

平臺只是媒介，洞悉你需要什麼才是最重要的

早期網路開店並不流行做官網，當時架設官網資金亦不夠多，所以寶貝窩選擇以進駐平臺方式來增加品牌知名度，取得讓商品有更多曝光的機會。

寶貝窩從2005年在奇摩拍賣開始經營與銷售，那時奇摩拍賣是免費使用的，在一切看似順利發展之下，2007年卻遭到奇摩拍賣突來的停權，那時就像一間門市活生生被要求停止營業一樣。

寶貝窩因為有了這個教訓，更確信雞蛋不要放在同一個籃子裡的原則。在那段時間，除了重新開啓奇摩賣場之外，也進行另一個平臺的進駐。也因為如此，臺灣很多電商平臺都參與過、也離開過，更了解如何選擇一個適合自己的平臺，真正重要的不是平臺本身有多大，而是要問自己需要的什麼、想達成什麼目的（下方是寶貝窩在蝦皮的賣場）。

在選擇平臺之前，先問問自己你為何要跟這個平臺合作，除了賣產品之外，還有什麼是你需要的呢？平臺就像實體的各大百貨公司一樣，他們需要很多廠商進駐才能增加多元化的商品，也才能吸引更多的消費者來到這個平臺消費，但千萬不要天真的覺得進駐電商平臺賣東西就等於網路行銷哦。我想你應該看過百貨公司很多櫃位沒有什麼人的景象吧，而網路平臺也一樣會有這個現象產生，如何讓自家商品能吸引平臺PM的注意，讓他們願意推薦自家商品放在重要版位，也是一個重要課題。

網路時代，打造品牌官網才是行銷根本

網路蓬勃發展之下，消費模式開始改變了，消費者不一定會到知名購物網站買東西，網路行銷讓產品不需要倚靠知名平臺，購物網站也能成功銷售出產品。建議還沒做官網的朋友們，一定要建立一個專屬自己和會員的家，這才是最適合企業的行銷基地。

打造客戶黏著度，掌握客戶名單金庫

1. 透過官網活動，從其他平臺導入客戶

自己的官網，愛怎麼做活動就能怎麼做活動，所有一切你說了算。不過，一開始官網還沒什麼消費者知道的時候，可以運用限定優惠活動來吸引原本只在特定平臺購物的老客戶們，讓他們換一個地方做消費。

2. 客戶名單要掌握在自己手中，不要倚賴平臺過活

一個公司的經營最重要的是客戶，而老客戶更是不能忽略的重點，這部分可以選用官網來設定會員分級制度，讓老客戶有被尊寵的感覺，讓老客戶願意主動介紹新朋友，這會比花錢打廣告更有效果。平臺上成交的客戶名單，往往不一定會成為你的，對於平臺來說這是它的金庫。相對的，當店家要拿客戶名單進行宣傳或投放廣告時，卻會發現沒有客戶名單可運用。你能得到的只有客戶資料，經常是姓名、電話、地址。但老實說，這用處並不是最大的。

3. 將廣告花在官網身上

就算進駐了平臺後，也是需要打廣告才會有人被吸引進來，但廣告都是要花錢的，為何不要花在自己身上呢。花在平臺身上，不僅拿不到完全的會員資料，還幫平臺打知名度。與其如此，錢要花在對的地方，投資在自己的身上才是更聰明的選擇。

案例

寶貝窩如何選擇適合自己的網路開店系統（https://www.commietw.com）？

架設官網不一定要找網站製作公司，選擇市面上的網路開店系統也是一種方式，除了多看、多比較之外，當然還是要回到自己本身，你需要的官網是什麼樣子？

　　寶貝窩官網就是採用網路開店系統，如果這也是你的偏好選擇，以下提供幾個寶貝窩的選擇重點供大家參考：

❶ 系統後臺是否能分析數據、追蹤成效 ☑

❷ 不應該有流量限制及收取成交手續費 ☑

❸ 金流、物流的串接是否完善 ☑

❹ 行銷活動的機制是否多元化 ☑

❺ 開店系統客服是否有後續服務 ☑

本節重點速記：請思考你需要哪些網站功能、要做到什麼，建議列出完整清單，同時也要一併考量到預算問題，接著評估是使用網路開店平臺較為合適，還是自行開發網站更為周全？

2-4 如何選擇對的網域名稱？

　　網域是網路事業的核心之一，而且它也很便宜，如果你不願意投資一個網域，恐怕你還沒有做好心理準備。最基本的做法是，即便你決定先使用免費網路開店平臺來建置網站，也一定要使用自己的網域來推廣。相信我，這對你日後的發展非常有幫助，因為人們是跟著你的網域跑，而不是你選用的網站系統。

　　如果你已經決定要擁有自己的網域，以下是你需要了解和執行的部分。

　　域名（Domain Name）已經成為網路上的品牌、網上商標保護必備的產品之一，每個域名亦是獨一無二的存在，絕無重複（如同現實生活中的地址一樣）。以一個常見的域名為例說明，google.com網址是由兩部分組成，「google」是這個域名的主體，而「com」代表的是一個國際域名，也是頂級域名。

選擇域名只要抓住以下幾個要點，其實就不會覺得很複雜或頭大了：

1. 域名類型的選擇：.com/.tw/.com.tw 為首選。如果你想要的域名都被買走了，建議才選擇其他的域名類型，這是不得已的下下策。千萬不要因為撿便宜而用一些非常少見的域名類型，除非別有目的或用心。

2. 包含品牌意涵：如果你是以建構品牌或自家產品為出發點，那就採用品牌名稱為主體，並且這是最不容易「撞名」的方式。如果已經被使用過了，可以採用英文拼音，這雖然會比較不容易被記憶，但依舊比亂取域名來得好太多了。

3. 盡可能簡短好記：名稱的選購除了要有意義，並符合品牌概念、形象之外，建議也不要過長或冷門，因為太長或冷門的字詞都不容易被記憶與輸入。假如硬要給個字數範圍，建議盡量控制在10個字數以內，除非真的有其必要性。

　　總之，購買域名需要考慮的就是：選用主要域名類型，保持簡短、好記，並富有意涵！

3 個耳熟能詳的企業例子

企業名稱	網域	品牌意涵
Google	google.com	googol 是 10 的 100 次方，意思是在網路上可以獲得巨量資訊。但陰差陽錯的拼寫錯誤，於是將錯就錯，將公司定名為 Google。
樂高	lego.com	Lego 代表玩得開心（leg godt），Lego 也是拉丁語收集的意思，可以說有收集各種積木並玩得開心的意思。
7-11	7-11.com	象徵從早上 7 點營業到晚上 11 點，而且營業日期全年無休，當然現在營業時間改成 24 小時了。

　　現在有數以百萬、千萬以上的網站，如果你的網域名稱又臭又長，沒有人會輕易就記住你的網域。我知道，現在越來越難找到好的網域，尤其是.com，但以上是一個很重要的準則，再難都要找出來，因為好的網域是非常有價值的投資，也是積累網路品牌力的重要元素，它絕對值得你耗費一些心思與精力。

　　購買域名可以至 godaddy.com或gandi.net選購，這是我個人最偏好的網域買賣平臺，時常有購買優惠，後臺操作介面也非常完善。若你想用國內平臺進行購買，則可以選擇HiNet、PCHOME、捕夢網，其他選擇就不在此一一列舉了。

選擇網域名稱的重點

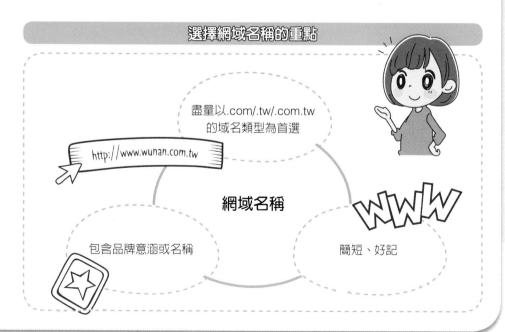

http://www.wunan.com.tw

盡量以.com/.tw/.com.tw 的域名類型為首選

網域名稱

www

包含品牌意涵或名稱

簡短、好記

029

從廣義上來說，訪客被引導到達的任何一個頁面，都可以稱為是著陸頁（Landing Page）。但提到著陸頁時，往往都是針對特定目的，試圖引導訪客採取具體行動的設計頁面，具體行動可能是訂閱電子報、加入會員、參加活動或購買產品⋯⋯等等。

著陸頁通常與一般形式的網頁有所不同，著陸頁最大的特點就是聚焦於說服訪客做你期望讓他們做的行為，甚至訪客只有採取行動和離開頁面的選擇。因此，很多時候著陸頁會採用一頁式設計，這是為了讓訪客不會因為左、右側欄位而分心。

一頁式著陸頁就像右圖這個產品頁（http://www.hbbalance.com），完全只以該產品為內容主軸，逐漸引導訪客觀看、了解與促成購買行動，網頁中你會發現沒有任何其他不相關的物件，這樣就能最大程度降低干擾訪客瀏覽過程的機率。因為只有在充分了解、認同產品的前提下，購買行動力才會顯露出來。

所以，引導流量時，不需要總是以網站首頁為主，也不應該總是這麼做，而是要明確將訪客引導到著陸頁。因為著陸頁具有以下這兩大特點：

一、目的性更強

著陸頁都是為了追求直接轉換而存在的，普遍你不會看到有過多的選擇和其他資訊，這也是跟傳統網頁最大的差別。正因為目的性是單一專注的，人們不容易被其他商品或按鈕分散注意力。

二、轉化率更高

因為目的性更強，所以轉化率更高。如果你給選擇的太多，反而讓訪客容易不專心，不知道重點在哪裡。著陸頁最主要的設計目標是，引導有興趣的訪客不斷地由淺入深地閱讀，並直接成交。

在網路進行推廣時，除了要懂得善用著陸頁的概念之外，根據網路消費習慣統計，網站版面配置也會影響消費者的購買決策，但這卻被很多人所忽略，以為網站轉換率只關乎於產品或廣告設定。

這也是為什麼同樣100人到訪，有的網站可以賣出10件產品，有的網站1件產品也賣不出去。網站設計得好，你賣一萬元的產品，別人也會購買；網站設計得不好，你賣1,000元的產品，別人心裡可能還會覺得貴，有時候這真的是感覺問題。試想一下，一樣的牛排放在高級餐廳跟放在路邊攤，誰能賣得比較高價呢？

一般網頁與著陸頁

	一般網頁	一頁式著陸頁
設計	包含選單、各種分類、側邊欄、產品	為單一產品或內容而設計
內容	會有眾多內容聚在一起	內容訴求更單一明確
訪客	訪客屬性可能較為混雜	訪客意圖單一化
優勢	更為周全的網站架構	單一轉換效果更好

2-6 著陸頁的五大不敗元素

　　著陸頁存在的唯一目的就是行銷、銷售，著陸頁的應用也不僅局限於特定產品或產業，但問題來了，你要如何實際運用著陸頁在你的事業上，並有效發揮成效？這個小節中，我想談談著陸頁的五大元素，藉此讓你可以更清晰明白著陸頁的設計重點，並有確切的執行方向。

一、獨特銷售主張（USP）

　　獨特銷售賣點是讓產品擁有明顯特徵和顯得特別的策略，而且這是潛在客戶、消費者所在意和需要的買點，同時可以在眾多競爭對手中脫穎而出，獨特銷售賣點可能是對手沒有提出、做不到，或者做得沒有你好的部分！你的產品有什麼樣的獨特定位？如果沒有，你需要重新思考，別以為你的產品很棒、很好，別人就理當會買單；假設有，你也需要在網頁上明確傳達有什麼特點與好處，不說別人真的不見得可以直接感受得到。

　　這方面請試圖打破以產品為主體，改以客戶為最基本的核心層面，說說客戶透過你的產品能獲得哪些具體好處吧。最經典的案例之一莫過於達美樂披薩：「達美樂，打了沒？2882我餓我餓。現炸、新鮮、熱呼呼披薩，保證30分內送達，否則免費請你吃！」

　　以上這段廣告臺詞雖然已經有一段時日了，但我仍然記憶猶新，訊息明確又好記！一個好的價值主張就是要為了客戶而考量，並讓他們明白為什麼要在乎和選擇你。近期我在購買眼鏡時，注意到了Owndays這家眼鏡品牌，一入店內便聽到：「你好，歡迎來到Owndays，眼鏡結帳完最快20分鐘可以取件。」獨特的銷售主張最好就是能像這樣，一句話就說得清楚明白，並且是對消費者有極大好處或能滿足需求點。

　　因此，確立獨特銷售主張後，便可用於網店與實體店的，這樣也能保持品牌一致性和強化記憶。

二、視覺行銷

　　俗話說一張圖勝過千言萬語，在著陸頁尤其如此。視覺化行銷不但可以增加訪客的注意力，也能幫助人們更好地理解訊息。這通常有兩種方式可以應用：

照片

　　大腦處理圖像比文字更快速，並且對於產品或服務的感受情緒是很有幫助的。但是，圖片必須跟你的產品產生連結性，並且要清晰專業，否則不用或許還會更好呢。

影片

如果你的產品或服務相當複雜，建議透過影片幫助你的潛在客戶可以更充分獲得了解。不過影片不一定需要很長，也不用特別解釋它的原理或設計，而是著眼於它有什麼好處並與獨特銷售主張連結。

三、銷售文案

文案可以說是獨特銷售賣點的補充說明，通過標題得到客戶關注後，接著你必須提供更詳細的介紹，或直接破除他們心中存有的疑慮與任何問題。重要的是它要能讓潛在客戶明白，你可以先傳達好處，然後才說功能面，因為好處描述才是解決客戶問題的關鍵，而功能描述只是闡述解決方式。一面是為什麼消費者要在乎你，另一面則是要說服證明你確實能協助消費者。

四、社群證明

人們想知道他們並不孤單、不會被騙、你值得信任，並且證明你的確有像自己說的這麼好，第三方是最能避免老王賣瓜自賣自誇的有效方式了。社群證明就是一種增加第三方認同感的應用方式，像是加入新聞媒體採訪、網友推薦、客戶見證、合作機構、專業人士背書、認證檢驗、正面評論數、代言人……，這看似簡單常見，卻有助於增加轉換力道。

五、行動呼籲

行動呼籲是著陸頁最重要的因素，少了它絕對是大敗筆，而且不要只是使用「提交」或「購買」作為按鈕訊息。相反地，你應該要發揮文案觸發技巧，制定一個具有強烈號召性的行動按鈕，例如：立即搶購、免費索取試用。

行動呼籲是轉換成功與否的關鍵，換句話說，這是你想要別人與你交換價值的最終結果決定，你如何設計它是非常重要的考量因素，包括：顏色、文字、位置、大小。當你的轉換目標是擷取潛在客戶資料，而且是第一次接觸潛在客戶時，表單形式一定要簡單，如果你搞得像是在做身家調查，問：出生年月日、電話號碼、地址和血型、學歷、公司……等，往往不容易讓人有耐心一一填寫，除非價值很高或被視為有其必要性。

著陸頁設計重點

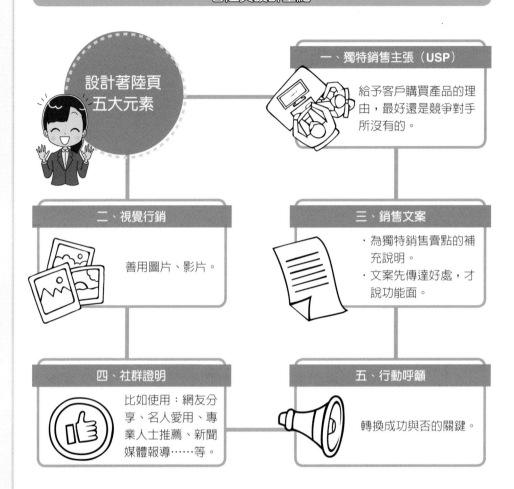

設計著陸頁五大元素

一、獨特銷售主張（USP）

給予客戶購買產品的理由，最好還是競爭對手所沒有的。

二、視覺行銷

善用圖片、影片。

三、銷售文案

· 為獨特銷售賣點的補充說明。
· 文案先傳達好處，才說功能面。

四、社群證明

比如使用：網友分享、名人愛用、專業人士推薦、新聞媒體報導……等。

五、行動呼籲

轉換成功與否的關鍵。

本節重點速記：針對不同的目標你是否有設計相對應的著陸頁，這對於之後的推廣工作非常重要，可以再次檢視或安排計畫執行。寫下你目前的想法或心得吧！

2-7 行動上網讓你隨時隨地做行銷

行動裝置已經成為我們日常生活中不可或缺的一部分，無論國內外都有如此明顯的現象。早在2016年，Google的消費者洞察報告研究就已指出，臺灣地區智慧型手機普及率高達82%，每天上網比例高達96%，其中有99%的年輕人會每天上網。

所以，如果你提供的產品或服務是他們想要的，他們會希望能夠透過手機看到、找到、購買他們需要的一切。但是，假如你的網站不容易在移動裝置上閱讀，那麼就有大麻煩了。

因為大多數用戶將會快速離開你的網站，甚至再也不回來了。眼下僅有一個網站是不夠的，至關重要的是，網站還必須有一個對移動裝置非常友好的設計。

因此，即使你不認為需要為你的企業製作一個App，你的網站至少要擁有手機版網頁，而且App對很多中小微型企業來說，的確也不是很必須。

「友好性」對App和手機版網頁來說，都是非常重要的一件事，因為移動裝置的螢幕比電腦桌面螢幕小很多，因此設計上需要迎合使用者心目中的需求，也就是講究所謂的使用者體驗。測試友好性的方式非常簡單，拿出你自己的手機或平板電腦，實際查看你的網站就能知道了。評判的準則你可以參考以下這3點，我認為這3點是非常需要具備和考量的：

一、網站內容是否適合螢幕大小？

你要確保內容的呈現大小是適中的，並且可以不必縮放就能直接完整讀取，這一點對內容圖片化來說，更是需要注意的重點。許多網站確實有手機版，不過因為內容圖片化而導致閱讀有障礙，主要原因通常是設計編排以電腦為主，但縮放到手機版面時，卻會顯得文字過小、排版太緊湊。

二、網站讀取是否夠快？

行動上網用戶的注意力和耐心普遍比較差，網站內容請避免使用Flash，因為不僅許多裝置不支持Flash，它也會嚴重拖垮網站速度。相反地，適時使用圖片和影片是更合適的方式，也可以有效提高網站的外觀和視覺力，只是使用數量也必須做好管控。

三、可用性是否沒問題？

移動裝置目前有數百個不同的螢幕尺寸，所以你的首要任務之一是要確保你的手機網頁能夠自動調整成任何尺寸的螢幕畫面。操作使用性也必須方便、容易，例如：不會造成意外點擊、橫向和縱向都能流暢的展示、表格欄位間隔適當。

網頁相容行動裝置的重要性

臺灣地區

智慧型手機普及率	82%
持有行動裝置每天上網的人	96%
年輕人每天上網的比例	99%

0%　　　　　　　　　　　　　　100%

如何測試網站友好性

方法一　　使用自己的行動裝置查看網站。

▶ 網站內容是否適合螢幕大小　▶ 網站讀取速度　▶ 可用性 / 操作容易

方法二　　　Google測試工具

▶ 在Google測試工具的幫助下，只需要幾秒鐘就可確定網站是否有良好的行動上網體驗，使用方式也非常簡單。先到Google所提供的測試網頁——https://search.google.com/test/mobile-friendly，輸入網址後就會看到以下畫面：

 本文重點速記

實際使用測試工具測試你的網站是否能吻合行動裝置上網的特性，若尚未有網站或手機版功能，請開始著手規劃與執行。

2-8 別讓網站速度拖垮銷售力度

　　網頁開啟速度通常是轉換率優化過程中經常容易被忽視的事，而且還是影響層面中不小的關鍵點。緩慢的網站開啟速度會影響銷售轉換率，這個理由很簡單，沒人有耐心等候慢慢來這件事。近幾年已經有許多研究證實了這一點，2007年亞馬遜（Amazon）曾發表一個相關研究，數據顯示網站每延遲100ms就會導致銷售額下降1%。相對於當年，現在網站速度的影響程度絕對有過之而無不及，這表示你的網站讀取速度越緩慢，網站跳出率可能越高，流失客戶的機率也就越高啊，這一點反映在行動裝置上更是明顯的情況！

　　再者，對於SEO搜尋引擎最佳化而言，網站速度也是一個重要的評估因素。關於這一點，你可以試著想一想，當你飢腸轆轆進入一家餐廳要點餐時，卻連菜單都沒看到，甚至服務人員也遲遲不見蹤影時，你的感受是什麼呢？你又會採取什麼行為？那麼，該如何做才能提高網站開啟速度？這部分有很多工具可以幫助你完成測試，但請不要自己上網猜測。因為上網設備和網路速度都會影響猜測結果，這並不客觀和全面，而且網站瀏覽人數也是影響網站載入速度的一大因素。

　　假設你目前的網站開啟速度並不理想，那麼其實你要進步是相對容易很多的，因為可能是你忽略非常重要卻又容易做到的事情，你可以從以下所提到的要點分別自我檢視和進行改善：

網站主機

　　許多人會因為貪小便宜而使用相對便宜的網站主機，但不幸的現實是，一分錢一分貨，而且這的確會大大影響網站開啟速度！

圖片大小

　　光是圖片儲存格式就會影響圖片大小，在一般情況下，你應該使用JPEG 格式作為照片儲存格式，再者才是選擇 PNG，GIF 則是最後考量。而除了選擇合適的大小尺寸與格式之外，壓縮圖片也會讓圖片檔案來得更小。

　　圖片是最能簡單改善速度的來源，因為圖檔越大載入速度就越慢，這在使用數量越多時越明顯。所以，圖檔需要使用多大就用多大的圖片，千萬不要把過大的圖檔拿來使用，你應該直接剪裁成合適大小後再上傳使用。

語法數量

　　網站中有越多的語法，網站速度就會越被拖累，這部分除要視其必要性減用刪除

之外，還可以通過合併壓縮來改善。假設網站中有五個CSS 和 JavaScript，通過結合可以減少網頁所需要的HTTP 請求，自然就會跑得更快一些。

網站功能

網站檔案過大也是網站開啓緩慢的主因，而且會產生巨大的影響。畢竟我們無法輕易改變使用者的頻寬和裝置問題，重點只能放在網站優化上，盡量將頁面檔案大小控制在1MB之下是比較理想的，而最值得採取優化行動的部分就是圖片和影片，因為這往往就是頁面檔案過大的罪魁禍首。

網站速度不佳可能會影響⋯⋯

不利於搜尋排名的結果
影響網路銷售轉換率
增加網站的跳出率

檢視與改善要點

☐ **網站主機**
▶ 盡量選擇在地主機商
▶ 選用規格合宜的主機

☐ **圖片大小**
▶ 剪裁合適的圖片尺寸
▶ 壓縮圖片

☐ **語法數量**
▶ 不要使用過度不必要的網站功能
▶ 可以整合或壓縮語法

☐ **網站功能**
▶ 使用Gzip網站壓縮
▶ 使用網站快取或CDN

另外，也可以使用Gzip網頁壓縮，使網站檔案更小，網站快取功能和CDN（content delivery network）也都能使網站載入速度更快。

另外，你可以採用Google所提供的網站測速工具PageSpeed Insights進行測試（PageSpeed Insights：https://developers.google.com/speed/pagespeed/insights/）。

如何使用：到PageSpeed後，輸入你的網站網址，然後點擊「分析」。

PageSpeed Insights

讓您的網頁在所有裝置上都能快速載入。

https://imjaylin.com/

分析

接著你會看到行動版和電腦版的分數及改善建議。

速度	最佳化
Unavailable	Good
	86 / 100

無法取得這個網頁實際成效的相關資料。PageSpeed Insights 仍可分析這個網頁，找出可能的最佳化做法。採用這些最佳化做法或許能讓這個網頁的速度加快。請參閱以下建議。 瞭解詳情

網頁統計資料

根據 PSI 預估，這個網頁需要多 5 次來回行程才能載入禁止轉譯的資源，且需要 0.6 MB 才能完全轉譯。中間值網頁的轉譯作業則需要 4 次來回行程和 3.4 MB。所需來回行程與位元組數越少，網頁轉譯速度越快。

最佳化建議

清除前幾行內容中的禁止轉譯 JavaScript 和 CSS

▶ 顯示修正問題的做法

請務必同時檢查行動版和電腦版，這樣才能確保網站在每種裝置上的個別情況，因為這兩種裝置往往會有落差。要注意的是，網站載入速度只是網站優化的重點之一，所以千萬不要陷入追求分數的泥淖中，一味追求分數的提升，網站將只能捨棄諸多功能。

因此，你必須學會在兩者當中取得平衡，既可以保有必須具備的網站功能性，又不讓網站跑得過於緩慢，取其平衡才是比較好的做法，過與不及都不太恰當。

另外，你還可以使用Google的測試工具快速了解網站實際的運作時間——https://testmysite.thinkwithgoogle.com/。

https://imjaylin.com

4s

Loading time on 3G: Good

10%

Est. Visitor loss
(Due to loading time)

Find out how to speed up your site to keep more visitors.

Google 工具

網站測速工具 PageSpeed Insights

▶ http://developers.google.com/speed/pagespeed/insights/

網站運作時間測試

▶ http://testmysite.thinkwithgoogle.com/

行動版和電腦版
皆須測試

本節重點速記：使用Google測試工具實際測試你的網站速度，並參考建議，視情況進行改善調整。

2-9 協助潛在客戶完成購買產品

即使網站訪客對你的產品感興趣，並且將商品加到購物車中，他們仍然可能不會在當下就完成購買流程。因此，如果希望讓網站順利獲得更多轉換，優化結帳流程是非常必須又重要的一件事。

英國網路研究機構Baymard Institute統計了多份研究報告後指出，購物車放棄率高達69.23%。這項情況並不是只發生於歐美地區，其中一份報告是來自SaleCycle，該單位研究顯示，2016年第一季度全球購物車放棄率為74.32%，亞太地區購物車放棄率則為75.9%。

這數據確實高得嚇人，因為購物車放棄率是來自潛在客戶已經將商品加到網站購物車當中，卻沒有順利完成購買就揚長而去。雖然這是遺棄的行為，但同時這也表明他確實是潛在客戶，真正對你的產品感興趣，否則根本不會有添加商品至購物車的行為。

當潛在客戶放棄購買結帳時，其實他們已經表現出比大多數訪客有更多的興趣。事實上，他們告訴了你一個寶貴的祕密：他們想愛你，或者可能會愛你。

但是有一些事情讓他們猶豫而阻礙了行動，當你找出問題是什麼之後，請優化改善它，將可以獲得更好的轉換率，自然也能獲得更棒的利潤。

因此，這其中仍然是帶有希望的，也就是購物車放棄率並不完全等於無法成交率。換句話說，是有方法可以讓曾經將商品加入購物車的潛在客戶回心轉意的。

以下5點是你可以用於思考和改善購物車放棄率的方式：

1 運費金額超過事先預期。
2 還沒準備好現在就購買。
3 不想為了購買而註冊會員帳號。
4 沒有想要的收貨和付款方式。
5 有購買疑慮尚未被解決。

改善購物車放棄率的方式

運費金額超過事先預期
► 可設計優惠方案

還沒準備好現在購買
► 可擬定配套策略
促使消費轉換

不想為了購買而註冊會員帳號
► 提升社群一鍵登入

沒有想要的收貨和付款方式
► 了解客戶喜好
使用電商平臺

有購買疑率尚未被解決
► 貼心周到的客服諮詢

一、運費金額超過事先預期

　　這也可以說是意外成本，畢竟有些商品加了運費之後會顯得非常不划算，或者讓潛在客戶不想支付而放棄購買。這點很難完全解決，畢竟物流就是有成本，能夠降低的程度非常有限。這部分可以試著設計滿額免運方案，推動得宜可以大幅降低放棄率，同時也能增加消費額度。當商品金額較低不容易達到免運費門檻時，可以透過交叉銷售、促銷活動、買越多越便宜……等，來引誘增加購買金額或數量，不過前提是門檻本身就不能過高。透過免運門檻測試，也能進一步得知購物車被遺棄的原因是什麼，以及提升更好的轉換率。

二、還沒準備好現在就購買

這種行為有可能是想先了解與其他廠商的不同，再從中做出最好的選擇，儘管你根本無法阻止客戶於購物前進行比較和比價，但是如果你可以先做好競品分析和SEO，確保你有更好的競爭優勢和搜尋曝光度，你的勝出率將會非常高，並讓他們願意回過頭來找你。如果你沒有價格上的優勢，但對品質有絕對把握，可以提供滿意保證。然而若有最優惠的價格，可以向客戶承諾買貴退差價。總之，做好市場研究將有助於擬定最有利的銷售策略。

另外，還有一個可能就是想先將商品存在購物車中，作為要購買的準備，這行為的背後原因不盡相同。然而，這部分可以透過顯示庫存數量、限量贈品、活動倒數……等機制來提升購買行動率。再者，還可以發送購買優惠代碼進行賄賂，促使潛在客戶在短時間之內做出決策，但得願意犧牲小利。

三、不想為了購買而註冊會員帳號

這個問題其實跟購買流程繁複也有連帶關係，只是這一點相對容易解決。那就是不要硬性要求買家購買前一定要註冊會員，而是提供加入會員或直接購買的選擇。

美鼓打擊（https://www.bdrum.com.tw）提供了兩種完成購物的選項（非會員和會員），針對新客戶告知成為會員的好處，並透過結帳流程自動加入成為會員。這種做法就不需要事先申請加入會員後，再登入購買商品，不僅方便得多，也會更為快速。

加入會員	會員登入
非會員結帳區：	會員請由此登入
◉ 加入會員	電子郵件
加入會員可享有更快速的購物，可隨時查看訂單狀態和訂購紀錄，以及更多的會員專屬服務。	電子郵件
	密碼
繼續	密碼
	登入
	忘記密碼

如果你真的想要增加會員數或礙於網站機制的限制，可以提供會員優惠價，藉此加強註冊帳號的意願，最好也提供社群一鍵登入註冊的機制，讓訪客不必填寫過多資料而失去耐心。

註冊會員	會員登入
您需要先登入或註冊後才能繼續。	
f 使用Facebook登入	

四、沒有想要的收貨和付款方式

收貨方式像是超商取貨、宅配、來店自取，付款則是刷卡、分期、超商付款、轉帳、貨到付款……，不同族群確實會有不一樣的偏好。這或許有點棘手，因為這取決於你可以或願意提供哪些運送方式、付款類別，盡可能了解目標客戶的喜好並全面滿足他們。當你使用網路開店系統時，金流問題相對容易解決，因為網路開店系統幾乎不會面臨這項問題，只要你願意承擔交易手續費，其實就能提供多種購買付款方式了。物流方面最主要的考量通常是作業方便性與物流費用，這點最好能從中取得平衡點，而且最好能配有超商取貨，這是目前很普遍且對消費者很方便的取貨方式。

五、有購買疑慮尚未被解決

提供貼心周到的客服諮詢，將有助於解決購買前的疑難雜症，同時也能獲取非常值得參考的意見和數據，雖然這會增加工作量，但這麼做確實可以掌握消費需求，進而提升購買率和添加溫度感。除了電話之外，現在有網路工具可以協助你完成這項工作，例如：Facebook Messenger和LINE@都是免費且非常好用的線上客服工具，使用量和方便性都非常地高。

即使針對5大問題進行優化了，能挽回、贏得客戶的心也是有限的，你可以再進一步搭配行銷廣告，也就是針對曾經接觸過的訪客進行再次行銷，並吸引完成轉換。對於曾經把產品加到購物車卻沒有完成結帳的人來說，再行銷廣告非常容易再次引起他們的注意力，這可以引導他們再回到你的網站，並促使完成結帳購買。當然，這部分你可以設定時間，以免過度騷擾和浪費廣告預算。

本節重點速記：從本節所提到的5個重點去檢視網站，思考是否有調整優化的空間，針對目前的問題、情況，請思考並寫下目前可以做些什麼！

第 3 章
內容篇：用內容行銷加乘品牌影響力

3-1 什麼是內容行銷？

　　若要定義這個名詞，我會說這是一種戰略性行銷方法，重點在於創建和推廣有價值、相關且和品牌一致的內容，藉此吸引並獲取目標受眾的關注、分享，進而改變或增強目標受眾的行為，並能促進轉換成能讓企業獲利的客戶與留住客戶。這是一個持續的過程，並且企業應該著重於擁有自媒體，也能變成一種企業資產。

　　這表示內容行銷是一項長期戰略，重點在於透過向目標受眾提供高質量的內容來建立穩固的關係和信任。與一次性廣告相比，內容行銷更能夠帶來持續性效益和有效連結目標受眾，而且更能夠獲得目標受眾的主動關注。內容行銷可以是通過分享資訊、教育、娛樂或專業解說來推廣商品或企業，同時也幫助人們所需價值和改善生活的行銷方式。所以，內容行銷不只是單純的產出內容，更非任何文字、圖片或影片就是內容，這是非常常見的誤會。

　　當然，就如你所知道或聽聞過的，內容行銷一直被各大品牌熱烈地採用和推崇，很多人還誤以為內容行銷是近期才開始的行銷方式，但真的不是。早在1732年，有一位名叫Benjamin Franklin的人出版了他的第一版雜誌：*Poor Richard's Almanack*。他為什麼要出版雜誌？他只是單純喜歡寫作並表達自己的想法，或者只是想要有自己的作品？

（圖片引用於https://www.amazon.com/Poor-Richards-Almanack-Other-Writings/dp/0486484491）

或許包含這些原因，但他會這樣做，是因為他想宣傳自家的印刷業務，他認為最好的推廣方法就是印製他自己的雜誌，藉此鼓勵其他人選擇在他那裡印刷。這樣類似的情況在國內外不勝枚舉，而近期我最喜歡的是Blendtec在YouTube上所發表的「Will It Blend？」系列，他用了另一個角度來呈現自家果汁機的特點有什麼，不僅不會覺得有濃濃的廣告排斥感，更會對影片內容留下深刻的印象（有興趣者可觀看此內容系列其中之一的影片：https://youtu.be/KWqw5SpITg8）。

L'Oréal在他們的 YouTube 頻道中不只是介紹產品，而是提供了很多自家相關產品的使用方法，教人們如何變得更美更漂亮，進而連結產品和帶動銷售業績（可觀看此網址——https://www. YouTube.com/user/lorealparisnyc/featured）。

透過Blendtec和L'Oréal的例子，可以知道能夠打動人的內容不只是搞創意、耍幽默，而是需要有好產品作為後盾。換句話說，內容行銷不是去譁眾取寵，而是透過不同的角度與方式，把產品呈現給需要的人。

要讓企業深入人心，不能再跟過去一樣，只靠擁有產品等著人們上門消費，或單純買廣告增加知名度，還需要透過內容賦予企業價值、產品靈魂、說故事添加情感……等來引發更多關注與共鳴。行銷要做到的不是自己說產品很好，而是讓潛在客戶覺得你的產品很好。

所以，內容行銷雖然不是什麼新鮮事了，令人可惜的是，目前臺灣還是只有少數比例的企業願意投入或好好執行內容行銷。不過這卻是一種能有效推廣品牌、吸引更多潛在客戶，並培養客戶關係的長久之道。當然，當對手都不還願意做或還沒看到潛力的時候，正是切入的好時機。

 活動　 電子書　 圖片　 文章

創建和推廣有價值的內容，吸引目標受眾並轉換能讓企業獲利的行銷方式。

 影片　 資訊圖表　 測驗　 直播

　　了解了什麼是內容行銷之後，這是遠遠不夠的，如果不知道為什麼要做、該做，其實會採取行動的機會是非常渺茫的。人們購買行為有非常典型的四個步驟：注意到→研究搜尋→評估考慮→購買→分享推薦。傳統廣告對於讓人們注意到某個產品或企業是非常有幫助的，但之後的影響力並不明顯，甚至因為消費者每日會接觸的廣告過多而逐漸削弱，能獲得的效益越來越差。而內容行銷是提高被注意到、被了解，並教育目標受眾的絕佳方式，並且能針對不同的購買階段進行內容行銷，也能同時整合多種媒體、工具的力量，像是粉絲專頁、LINE@、電子報……等等。此外，只要內容有價值，就能夠創造在購買前就分享推薦的機會

　　事實上，這種行銷方式對搜尋引擎最佳化（SEO）也非常具有優勢，因為內容簡而言之就是提供資訊，而提供資訊正是搜尋引擎的主要工作。所以，當你能定期產出內容時，網站就有更高機會能獲得更好的搜尋排名。

具體而言，對於使用內容行銷有3個關鍵好處：

　❶ 增加銷售機會

　❷ 節省廣告成本

　❸ 提升客戶忠誠度

　　簡單來說，內容是現在和未來的行銷核心關鍵，永遠不過時。沒有好的內容，要做好其他行銷也是不可能的，即便是廣告都需要好內容才能贏得更多關注和提升轉換率。所以，無論你使用哪種行銷策略，內容都應該成為其中的一部分，而不是單獨存在的，包含網站、粉絲專頁、LINE@、YouTube……等，都需要好內容來餵養，才能經營得好。

內容行銷可以改善客戶服務

　　如果你認為創作內容僅僅是為了吸引潛在客戶，那麼就大錯特錯了。一個好的內容行銷策略還包括客戶服務，例如：使用教學、常見問題解答、最新資訊。可應用面向包括：文章、圖片、影片、播客、資訊圖表、測驗、活動、電子書、電子報、直播、線上研討會、廣告文宣……等等。因此，內容行銷不只是單純產品內容介紹或分享資訊，你必須要先了解誰是最有可能成為顧客的人？他們面臨那些問題或挑戰？需要什麼協助？什麼產品能幫助他們？呈現產品賣點的更好方式是什麼？

你的銷售團隊或客戶經理很可能比其他人更了解潛在客戶的痛點，如果都沒人確切知道情況，也許你需要安排一些時間和資源進行調查。內容行銷不需要巨大預算才能夠開始，而且幾乎任何規模的企業都可以利用內容行銷來獲得銷售優勢。而且在不久之後，無論是網路行銷還是傳統行銷，只要你想優化成效，我們都不得不投入去做好內容。那麼，為什麼不從現在就學習或開始做呢？

企業應該重視內容行銷

內容行銷	VS.	廣告媒體
任何規模企業都適合應用	行銷預算	需要有一定的預算才能投放
能更有效傳遞價值觀、理念、資訊，影響消費者觀感與心智	消費者認同度	消費者不會單方面接受廣告訊息與直接買單
較難掌控曝光度大小，也難以複製其成功性	提升品牌知名度	預算充足之下，容易在短時間內創造大量曝光度
短期難看到明顯效益，但具有長期行銷效益	推廣時效性	時效性的長短，依照廣告預算多寡而定
提升網站品質、瀏覽體驗，獲得搜尋引擎認同	提升自然搜尋排名	不論投放多少廣告，都不會直接影響自然搜尋的結果
可以整合多種渠道，依照不同需求自訂行銷活動	自主性	格式、內容、版位、預算受限於平臺

3-3 搭建平臺開始你的電商自媒體

　　想要擁有自媒體，我會非常建議要有專門的發布內容的基地，也就是部落格。

　　許多企業主不會認為建置部落格是必須的工具，甚至覺得這會浪費無謂的時間。但與其說是部落格，不如說是自媒體平臺，也是實踐內容行銷的方式之一，這不僅有助於SEO、分享流量、建立品牌影響力，並且是長期有效的投資。每個企業都應該走向媒體，而每家企業也都能成為媒體，只要你有人們想看的、感興趣、覺得有用的內容，就能踏上這條通往美好未來的行銷道路。

企業經營自媒體的好處

　　很直接的原因就是減少對付費廣告的依賴，早期大多數初創公司的網路行銷模式都非常單一化，其中3個關鍵不外乎是：

❶ 建立銷售網站

❷ 上架產品資訊

❸ 投放網路廣告

　　雖然這是一個很常見的推廣方式，但是一旦停止在廣告上投入預算，或者由於廣告成本的增加，問題就會開始浮上檯面。因此，企業必須要有能獲得流量的替代方式，俗話常說，不要把所有的雞蛋放在同一個籃子裡。網路行銷也是一樣的道理。問題是，經營自媒體雖然通常無法像AdWords或Facebook廣告那樣直接快速見效，不過卻可以成為獲得網站流量的另一種方式，而且是企業最佳投資之一，更不會被時代所淘汰。所以，要想利用部落格養成自媒體，你必須提前做好計畫，並且越早投入越有利。

　　多年來，無論是新創公司和上軌道的企業，我總是會給予相同的建議，就是不要把所有的行銷預算都花在廣告上，一定要提撥部分預算在內容行銷上，為的就是不受付費廣告的控制，還能樹立品牌獨特性。網路正在迅速變化，廣告成本亦隨著增加，競爭激烈的情形在所有市場都上演著，能夠創造好內容的企業，在未來將能占據很大的市場優勢。

提高品牌意識和建立信任

　　在購買之前，潛在客戶需要確信自己不會冒風險，因此在點擊「立即購買」按鈕之前，他們經常會做的一件事情就是搜尋相關資訊。如果你有為自家企業建立網站，並且搭配內容行銷和SEO，就會非常容易搜尋到你的網站與吸引訪客觀看內容，這除了可以間接推廣你的品牌之外，還有助於建立信任感，進而打造企業自媒體。

如何開始你的企業自媒體？

打造自媒體除了可以善用社群媒體之外，部落格也是非常需要的工具，這部分有許多方式可以達成。如果是獨立架設的網站，那麼要添加這項功能絕對不是難事。使用的若是電商平臺，那麼你可能會需要額外製作或使用BSP（Blogger Service Provider），像是痞客邦或Blogger。或者採用目前被使用最多的CMS系統之一：WordPress（wordpress.org），根據統計，全世界25%左右的網站都是採用WordPress 建置，這個比例還在持續上升中。原因無他，就是因為WordPress 的優勢太多了，像是：免費開源系統、後臺操作介面易上手、有強大的外掛能實現各種功能、版本更新頻繁，升級簡單快速、能隨時變更網站外觀設計……等等。然而，無論你採用什麼工具，請務必綁定自家網域，而不是為別人的網域作嫁，這是養成企業自媒體的重要元素，例如使用：blog.example.com或example.com/blog。

市場教育影響購買率
能整合多種行銷方式
積累內容資產價值
自我操作掌控力高
降低對廣告的依賴性
增加產品感知度
流量精準度高
更符合經濟效益

好處　　缺點

無法SOP標準化
消耗人力資源
無法快速見效

本章重點速記：你目前是否有部落格？如果還沒有，思考打算如何進行並採取行動。

3-4 內容行銷如何做？踏出你的第一步

　　內容行銷著重於先幫助用戶解決問題，培養用戶信任，有信任基礎後，再引導購買產品。甚至有信任度、認同度的時候，用戶會自動地選擇買你的產品，而非選擇你的競爭對手。內容行銷聽起來很不錯，但要如何開始？以下6項既是基本要素，也是執行的關鍵。

一、確立執行目標

　　必須再次強調，內容行銷不是單純為了自己的喜好或能做什麼而生產內容，相反地，它需要為了一個核心目標而去執行。例如：

- ▶ 提高品牌知名度
- ▶ 增加品牌信賴度
- ▶ 建立潛在客戶名單
- ▶ 將訪客轉換為顧客
- ▶ 向上銷售／交叉銷售

　　記得不斷地問自己，什麼樣的內容或這樣的內容能協助達成這個目標嗎？如果你發現計畫中的內容根本不會有利於實現目標，那麼就應該再重新思考和計劃。

二、內容價值方向

　　價值是內容存在的理由，當你不明確時，這3個問題或許可以協助你找出價值方向何在，甚至每一次的計劃都思考一次。

❶ 受眾目標是誰？有什麼特質？受眾不應該是所有人，要盡可能具體，然後盡可能地了解這個人。

❷ 傳遞什麼內容給目標受眾？針對不同的受眾，給予相對應的內容去滿足他們所需要的，內容和受眾都需要劃分。

❸ 受眾期望的內容和結果是什麼？越是理解上面兩個問題，越能夠達成這一點。

三、內容創作

　　在你決定目標和方向後，你需要開始寫原創、有趣或有用的內容，不要只是一味的模仿別人。你要設想什麼樣的內容是你最擅長的、最專業的，並且最能發揮品牌特質。內容行銷的核心關鍵就在於了解客戶需求，將內容變得與受眾息息相關，並被受眾所接受和推崇，否則就無法被主動關注，更無法有商業價值而創造利潤。因此，請思考你的潛在客戶會想看什麼樣的內容？他們往往享受什麼樣的事情？他們會分享

嗎？問過哪些問題？有哪些挑戰？你需要做更深入的研究，並把想法、研究所得變成實際的內容產出。這雖然無法一蹴可幾，會花費你不少時間，但好內容的影響力是非常強大又長久的，如果你做得對、做得好，它不僅可以幫你帶來更多曝光和吸引顧客，也可以一用再用。不過它也沒有絕對會成功的公式可以照抄，因為它永遠不會是千篇一律，也無法如法炮製，但它絕對值得一做且永不過時。

四、分析競爭對手

沒有分析競爭對手，任何行銷策略可能都會是不完整的，你需要知道競爭對手在做什麼，才會知道怎麼做才能戰勝他們。分析競爭對手可以幫助你了解什麼樣的內容是目標客戶所喜歡的，也能讓你研究如何產生更棒的內容。

五、主動宣傳推廣

內容行銷的關注點不只是在內容本身，而是行銷內容化，透過內容引起關注、傳播、增強印象和導購。雖然說好內容會自帶推廣力道，但當你創作出內容之後，不能真的只是很單純地放到網站或任何平臺中，你必須要盡可能地主動做推廣。內容發布後，你可以透過粉絲專頁、LINE@、電子報……等進行分享傳播，或交叉傳播。例如影片傳到YouTube後，把影片嵌入網站中，也能擷取一分鐘片段上傳至Instagram作為宣傳片，同時也一併善用其他你所擁有的社群媒體或部落格，甚至花費廣告預算，讓內容有更大的曝光度。推廣力道是內容行銷成功與否的其一關鍵，因為若沒有人知道，再好的內容也發揮不了任何作用，達成不了任何目標。

六、數據分析與調整

將內容推廣出去後，你還必須檢視數據進行分析，有所依據才能夠讓你有所學習和積累經驗，這樣才能夠於下一次有所調整和優化，而不是一味地埋頭苦幹。可以從獲得的訂單、閱讀量、流量和回訪數……等分析，這些指標會告訴你是否獲得成長，需不需要改變目標、計劃等等。

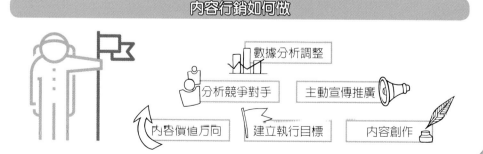

內容行銷如何做

數據分析調整

分析競爭對手　　　主動宣傳推廣

內容價值方向　　建立執行目標　　內容創作

3-5　發想內容不要只想靠靈感

　　如果你能解決受眾的問題，你就會給他們一個很好的印象，因而人們就更願意重訪你的網站或粉專，並且他們也更願意向他們的朋友推薦你的網站。

以內容生產來說，可以分成以下 3 種方向：

❶ BGC（Brand Generated Content）：這是由官方自己生產內容，並且非常有利於企業成為消費者心目中的領導品牌或權威產品。

❷ PGC（Professionally Generated Content）：由專業方生產內容的方式，企業可以借助代理商、行業專家、明星、新聞媒體、部落客……等外部來源進行內容產出。

❸ UGC（User Generated Content）：由用戶生產內容，也能創造網路口碑效應，除了產品獲得喜愛而自願分享外，通常透過活動設計是更容易引發此行為的模式。

　　預算有限的情況下，初期一定先從BGC做起，透過優質內容擴大影響範圍，慢慢有PGC和UGC內容。那麼，一開始企業方該如何找到創造內容的想法呢？

　　對於某些企業來說，找到受眾的問題是相對容易的，因為他們已經有一批客戶群或粉絲，輕而易舉便能夠想到、問到問題或需求。不過，如果你正在起步也別灰心放棄，就算沒有任何靈感，只要願意依照以下5種方法進行尋找，一定也可以順利找到切入點的。

一、提供解決自己問題的方案

　　找到問題的方法之一，就是針對自己的問題，以我的經驗來說，當我遇到了某一個問題，別人往往也會遇到同樣問題。所以，不要因為你解決了自己的問題就結束了。相反的，你應該把它分享出來，這樣其他人也能得到幫助和受益。不過，使用這個方法的前提是與你的品牌、產品相關，自己的身分也能切換為家人或員工身分進行。如果能順利從朋友、家人、員工的交談中獲取有效資訊，其實你會得到很多問題和挑戰，這也是非常有用的資訊來源。

二、直接向你的客戶提問

　　不要害怕向你的讀者、粉絲、客戶們提問，了解他們有哪些需求、哪些問題、哪些困擾，最直拔的方式是最快達成的捷徑，因為他們本來就是主角。執行這個方法的前提是，你必須已經有認同你的客戶們，並且他們也會很樂意給你相應的回饋。

孔雀餅乾曾經舉辦一場Facebook吃法募集活動：孔雀餅乾，我的餅乾。

這是採納用戶提供的想法，然後由官方聘請藝人楊祐寧完成建議吃法的內容生產方式。這除了可以跳脫企業本身的思考限制，也能和消費大眾拉近距離、產生互動與高度共鳴，這一系列的影片（http://bit.ly/2IIV2ad）也額外引發某些網紅翻拍，為孔雀餅乾創造更多知名度與品牌聲量。

三、站在別人的肩膀看世界

這個方法很適合於那些沒有太多資源和想法的新手，只要你找出幾個與你產業、產品類似的論壇、部落格、網站、粉絲專頁，然後仔細地從中發現對手做了那些事，為人們提供了哪些價值資訊，其實就會得到很多想法了。要注意的是，有時候這個方法會派不上用場，因為內容行銷在部分產業相對被落實的程度很低，同時這也代表只要你願意從現在開始這麼做，你有很高的機會能獨占鰲頭。

四、網路書店是好想法集中地

網路書店是一個用於市場研究的好工具，網路書店也能讓你直接搜尋有興趣的書籍或分類，並且能立即看到書籍的大綱。所以，你必須了解你所處的產業有哪些相關主題書籍，如果有非常多的選擇，可以先從暢銷書著手，然後看看消費者給予的評價如何，再了解他們寫了什麼，這些線索和意見都能讓你準確地找到人們真正喜歡的是什麼，而不是你的自以為或猜測，最後整理出打動消費者的關鍵點。

除了看看有多少書籍曾被出版過之外，你還需要注意近期是否也有出版。因為或許是過往很受歡迎，但現在卻不是那麼被大眾所熱愛。人們就是善變，時代也會不斷地進步，而我們就是要順流而下輕鬆借力，而不是選擇逆流奮戰。努力是對的，但要聰明的選擇在對的地方努力！

五、查看網站搜尋字詞

當你的事業運作一陣子之後，你已經可以很充分知道客戶群有哪些問題，並藉此加強與客戶之間的關係。但是當你沒有去理解他們需要的是什麼和問題時，你可以看看他們是為什麼、又是如何來到網站上的。你可以透過Google Analytics或者網站內建功能查看搜尋資料，大多數時候，那些被搜尋最多的關鍵字或詞組，就是人們的問題所在。

擬定內容計畫採取行動

大多數人都已經知道內容行銷的好處與重要性，不過常常沒有制定計畫或戰略。通常只是簡單地為網站或粉絲專頁發文更新，以為盡可能去更新就夠了。事實並非如此，如果你想創造有效益的內容行銷，真的需要規劃內容和制定行動計畫。

運用本節所分享的技巧並搭配上一節的規劃擬出實際內容,上一節的規劃只是初步的框架,本節需要有更明確的完整內容。

發想內容的方法

先從自己和身邊的人了解
可能會碰到哪些問題。

直接向你的客戶提問。

參考相關產業平臺,對手為
人們提供了哪些價值資訊。

在網路書店查找消費者對於
相關產業的討論。

查看網站被搜尋最多的
關鍵字詞。

3-6 内容行銷的多元打法（**Part I**）

　　大多數人會認為內容只是在講述文字，事實上，文字只是一部分。內容行銷不是去做新聞性專欄，它需要多功能性和交互性資訊。不論你要採用文章、影片、圖片、錄音檔的方式呈現內容都是可以的，以下是你可以參考用於撰寫內容的建議方向。

一、免費資源

　　大多數市場都有很棒的線上資源可以使用，你可以為你的讀者做好收集資訊的服務，且教他們如何使用這些資源或工具。例如：做簡報的懶人素材包、免費線上學英文的5個管道、履歷撰寫技巧與範本⋯⋯等。

　　例如我個人網站中的這篇文章就是免費資源的統整與介紹——七大最受歡迎的免費網頁製作平臺（https://imjaylin.com/top7-website/），並且為我的網站帶來不少長期的流量。

二、祕訣和祕密

　　寫一些在你的市場中可以把事情做得更好的小祕訣，或者是很多人忽視卻又重要的事情，又或是很少人知道的祕密、技巧，再搭配好標題，往往會有非常好的效益。例如：7分鐘強化記憶的技巧、提味的料理小配方。

　　下方是吉他補給網站中的其一祕訣性內容，可以參考此網址—— https://www.guitar.com.tw。

瞬間把吉他和弦成功壓好的10個秘訣

吉他初學者，在練習按壓開放和弦（Open Chord）時，常常會按不好，通常是因為按弦的方式、姿勢不佳所導致的。所以彈吉他時請特別注意幾種常見的錯誤按弦方式：

» 作者：Alan | 點閱：153,032 | 迴響：125　　　　　more »

三、教學示範

　　教學文非常有助於幫助人們如何做好某件事，一般是很受歡迎的內容模式，而且非常適合採用圖文或影音方式呈現。當人們在網路上搜尋時，通常都是要找到克服問題的方法，而教學內容其實就是在協助解決人們的問題。例如：PS零基礎人像修圖教學、滑板豚跳新手教學、運用料理包輕鬆做出美味咖哩飯。

內容行銷文章撰寫方向

為讀者收集、整理
線上免費資源

提供人們解決問題
的方法和技巧教學

可使用文章、影片、圖片、錄音檔方式呈現

如何更有效、更簡單、更快速、更方便的訣竅或方法

展示產品或
其應用方式

提供此行業或產品
的相關專業資訊

內容行銷的多元打法（Part II）

四、專業資訊

這雖然相對比較生硬，但其實是很適合建立可靠形象的內容類型之一，這通常是為某些特定主題提供更詳細的解釋說明。例如：談論起源、歷史、製造原理、種類介紹、優缺點，甚至可以是和本行非直接相關的專業內容。

例如：享譽全球知名的《米其林指南》（The Michelin Guides），米其林本身並不是餐飲相關行業，而是賣輪胎的，但因為《米其林指南》而讓米其林輪胎更為有名、廣為人知；另如LV從1998年就開始推出《城市指南》，但LV本身並不是旅行社。

五、案例分析

通過案例分析或研究，你可以從中提供學習經驗或相關的實用技巧，並幫助受眾了解使用產品能帶來哪些好處，這同時也是一種客戶見證模式，並增加可信度。這不一定是非常生硬的傳統案例，像是美髮業可以分享美髮作品，並說明為什麼要這樣設計，這樣同時就可以帶入專業的美髮觀點，更能讓潛在客戶感受到設計師的用心獨到之處。雁Geese Model（https://geese-model.com/）就在其網站中不定期分享設計師的髮型作品，同時帶入流行觀點與搭配建議，例如：10款夏日髮型、2018燙髮大改造……等，都是此方式的內容呈現。

以上這5種類型雖然只是內容創作的一部分，卻是非常好的切入點和起步模式。

另外我還有一個小技巧可以協助你最大限度提高內容行銷的可能性，這是透過再利用的方式來達到做少得多，像是重新包裝和回收利用來達到舊內容新產出，以下這兩種是我經常使用的方式。

- 由大到小：例如電子書內容也可以變成多篇文章、影音變成文章或mp3、資訊圖表變成簡報或粉專貼文……等，這樣做會讓內容生產事半功倍，也讓內容可以不斷輸出又能節省資源。
- 從小到大：相同的原理可被反向應用，例如：文章、貼文、問與答……等。這些內容可以透過重新整理包裝成影片、簡報檔、資訊圖表或電子書，這能讓原本的資訊被統整後變得更具完整性和豐富性。

內容行銷文章撰寫方向

情感

娛樂

★ 微電影　　★ 遊戲活動
★ 線上直播　★ 病毒內容
★ 競賽抽獎　★ 業配內容

影響
★ 企業故事　★ 認證獎章
★ 客戶見證　★ 合作夥伴
★ 產品評論　★ 媒體新聞

教育
★ 直效廣告　★ 趨勢報告
★ 研討會議　★ 產業情況
★ 案例分析　★ 資訊圖表

轉換
★ 產品頁　　★ 折扣優惠
★ 常見問答　★ 產品說明
★ 產品展示　★ 產品價格

理性

導流　　　　　　　　　　　　　　導購

　　還記得前面我提到人們購買行為有非常典型的4個步驟嗎？分別是：注意到→研究搜尋→評估考慮→購買→分享推薦。上面這張圖則有不同目標和效益的應用類型建議，每個象限不是只有那些做法，相信當你執行到某個程度之後，一定會有更多想法和創意。

　　比如搜尋「買慢跑鞋」，表明這個人購買慢跑鞋意的願度是很高的，而搜尋「慢跑鞋推薦」，則表明仍然處於研究比較階段。當用戶還只是處於研究搜尋階段，你可以先設法解決他們的問題來引導購買，像是提供優劣勢比較、不同款式風格、價位，也可以採用開箱文、產品評論……等做法。

3-8 內容行銷的 多元打法（Part III）

案例

為顧客創造價值才是內容行銷的核心

臺灣羽織早期是以幫忙別人生產布料為主，在2008年開始改為自產自銷模式，從事網路行銷也是近幾年才開始，在拼布產業中雖然不是最早期進入網路市場，藉著累積經驗和掌握對的方法，可以說是經營得有聲有色、後來居上。「創造顧客價值」一直是臺灣羽織經營和走下去的動力，並成功創造一群有黏著度的瘋狂粉絲，現在到Google搜尋拼布或拼布手作等相關字詞，都能夠在第一頁發現他們的蹤跡喔。

臺灣羽織除了在多種渠道駐點布局之外，在內容行銷上也一直非常用心，這是一個很明顯的勝出點，也是在該產業的一大優勢。針對每一款材料包，都會拍攝一段影音教學，協助客戶可以更輕鬆完成，這樣的教學影片除了提供給準客戶之外，每次發表在粉絲專頁中，也都能創造高觀看數和分享率！

用內容打造品牌影響力，贏得顧客的心

1 透過粉絲專頁活動，拉近距離提升互動

在粉絲專頁裡，臺灣羽織舉辦一個叫做「羽織材料包」的好康回饋活動，顧名思義這個活動是讓銷售出去的產品，再一次跟客戶做互動和回饋的連結點，也是讓客戶有一個可以展現屬於他們創造作品的地方。透過拼布作品的分享，讓線上單一面向的銷售行為，變為雙向的互動，也讓顧客有更高的參與感，當然也能得到額外的贈獎禮物！所以，不要誤以為內容只是生產文章、拍拍影片，或者一定要由企業官方來做，讓消費者參與其中的內容行銷會更有意思的。

② 每週一次社團直播，與客戶來一場心靈交流會

臺灣羽織除了有粉絲專頁外，也經營了Facebook社團（羽織手作社團），每週都會有一次直播，在直播裡面除了做一般性抽獎活動之外，也會分享心靈上的資訊，進行內在深層的交流。這樣不僅可以讓客戶參與直播，有機會獲得一個回饋小禮物，也可以更加認識臺灣羽織的精神——貼心與溫心，並藉此互相拉近距離、鞏固情誼。右圖即是羽織手作社團的每週直播畫面。

③ 客戶的作品就是最好的內容來源

記得，內容行銷是企業的一大發展重點，但內容生產不一定要完全靠自己獨力完成喔。臺灣羽織會在眾多客戶的作品中，篩選出完整、漂亮、用心的作品，並將客戶的作品與心得放在官網裡。這除了可以讓網站有更多內容之外，也能增強第三方見證的強度，並且讓入選作品的客戶感到開心和滿足。

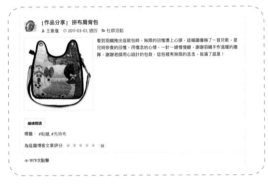

臺灣羽織知道網路行銷沒有捷徑，只有透過做好每一件小事，持續創造要給予顧客的價值，秉持堅持並且將心比心的態度，就能讓顧客由認同你的價格進而認同你的價值！

本節重點速記：思考本節資訊如何使你的內容行銷可以做得更好，把目前想到的直接寫下來。

好內容也需要搭配吸睛好標題

內容是網站的核心，而標題正是啟動核心的潤滑油。這裡所說的標題既可以是文章標題、廣告標題，也可以是電子報中的標題。廣告之父David Ogilvy這麼說：「人們閱讀你網頁上的標題，比網頁上的其他內容都要高出五倍。」而研究顯示，一篇文章能否吸引讀者去點擊閱讀，標題占了70%的作用。

人們上網時，大多不會像線下活動般靜下心閱讀，大家都是處於尋找、瀏覽、離開的快速過程中。一個訪客來到你的網站，你可能只有3至10秒鐘的時間能吸引訪客決定要不要留下來繼續閱讀內容。在這3至10秒鐘的時間內，不要奢望訪客能先耐心看完再說，唯一的機會就是透過吸引人的標題，點燃訪客產生想點擊標題一探究竟的好奇心或衝動。

一個好標題要達到三個作用：

1 引起注意
2 傳達完整資訊
3 引導用戶繼續看下去

另外，好標題除了要吸引訪客青睞之外，還要吸引搜尋引擎的關注。那麼，要怎樣做才能同時達到這兩個要點呢？好標題必須包含關鍵詞，這樣才容易引發用戶關注度以及讓搜尋引擎理解。當然，不要為了吸引注意力而讓標題跟內容相去甚遠。

有些標題為了達到吸睛的目的，而使標題誇張化、虛假化，使用了和內容相關性很低的標題，這是欺騙讀者的行為，後果只會適得其反。就算讓人感覺有創意或幽默，但這都不是常態下能一直做的事情。

相反地，你應該要採用具體、明確的描述性標題，這才是搜尋引擎跟用戶想要的。以下是撰寫強力標題的5種應用方式：

1. 闡述好處 —— 受歡迎的標題往往有一些特定的特點，直接表明好處來撰寫標題，可以說是簡單卻異常受用的法則之一。例如：全球趨勢，多學一種外語職場競爭力增三倍；這樣做就能讓你恢復一口亮麗潔白的牙齒。

2. 引起好奇心 —— 人的好奇心理是很強烈的，你可以採用會使讀者產生強烈好奇心的方式，進而引發想繼續看下去的慾望，這樣的標題很容易成功。譬如：如何、怎樣、奧祕、祕密、攻略、祕訣、為什麼……等詞語。適當地使用可以寫出誘人的內容標題，這些雖然都是習以為常的字眼，卻都是能引起人們好奇心的關鍵字。

3. 數字化標題——比如：5個什麼、3種什麼、10大好處是什麼，這類標題也很容易吸引大家的注意。實際寫法如：6個提升網路曝光度的竅門，保證現學現賣、10款夏日髮型，美麗變髮人氣首選。

4. 借力法則——可以借用名人、名校、企業、學習、國家等地位力量，提高標題吸睛度。例如：鋼琴團體班熱烈招生中，你就是下一個周杰倫；哈佛最受歡迎的人生探索課題，讓你不再迷茫。

5. 請君入甕——藉由把受眾的期望和需要直接帶入標題中，讓對的人自動對號入座。例如：爸媽逼你結婚？尋找好對象根本不必瞎操心；老屋翻新有一套，歐風家具徹底改頭換面。

在標題中也可以適時地使用這些字詞，如免費、分享、捷徑、簡易、優惠、快速、優異、技巧、最好的……等關鍵字詞。

當然，撰寫吸睛標題方法還有很多，例如：如何開頭法、保證法、提問法…等用法。但我認為最好學習的方法還是實戰，你可以將喜歡的標題記錄下來，再想想能夠如何實際應用。雜誌、報紙和網路新聞都是很好的學習管道，這3種媒體來源的下標方式都非常能夠抓住消費者的口味，或引發觀看率。

複製是走向成功最短的捷徑，模仿是新手最好的老師，整合是不斷前進的階梯。經常瀏覽、學習、思考、整合，慢慢地，對於標題的寫作就會越來越有想法了。下一次，不論你在網路或是報紙、雜誌上看到什麼樣的資訊，嘗試特別注意你正在閱讀內容的標題。看看你能不能識別出別人下文案標題的模式，並思考如何使用某些單詞和句子結構應用在你的標題之中。不斷地這樣做，相信你便能從實戰中得到更多撰寫文案標題的想法與真正地增長能力。

好標題的作用

只有3秒～10秒可以吸引訪客決定是否要停留

引起注意
↓
傳達完整資訊
↓
引導用戶繼續看下去

撰寫標題的應用方式

直接表明好處

採用具體、
明確的描述性標題

引起讀者好奇心　　數字化標題

本節重點速記：重新檢視你的標題是否有改善的空間，並採取實際的行動。

內容行銷如何
賣貨增加銷量（Part I）

企業需要銷售產品才能看到收入增長，但這不是核心重點。因為如果無法為客戶提供實質性服務，無法緩解他們的痛點和挑戰，並為他們提供可靠的解決方案，事業就不會更成功地發展下去。內容行銷不只是能增加品牌知名度和認知度，更不只是提供免費內容，卻對銷售毫無幫助的方式，相反地，內容行銷可以說是不賣而賣的最佳代言人。

內容行銷能夠帶動銷量的原因之一，是因為用戶會認為自己不是在看一個廣告而是一篇文章、一段影片、一張圖表、別人的推薦、產品的用法和好處……等等。在心理排斥感更低的情形下，自然更容易受到影響、建立信任和接受訊息而消費。

一、釐清購買問題有助於拓展銷售

這是以客戶為中心的內容行銷方式，可以說是售前服務或疑問解答，當內容可以解決購買前的相關評估點，自然可以有效提升購買率。像是以下這些問題：

▶ 產品A與產品B哪個比較好？

▶ 產品保固有多長時間？

▶ 組裝容易嗎？需要更換零件嗎？

▶ 換貨需要支付運費嗎？

▶ 不適用可以直接退費嗎？

這部分可以和銷售部門、客服部門合作，因為他們是最常與客人服務的工作夥伴，往往對客群是最了解的人，他們可以協助專門為客戶和潛在客戶編製問題內容，為他們解決相關疑問或障礙。

二、提供解決方案而不是產品說明

客戶在尋找的永遠是量身訂製的解決方案，而不只是介紹產品。內容要能產生銷售額，必須在購買行為發生前就有所幫助，並能迎合客戶的需求，譬如：介紹如何使用產品或服務的內容。像是1111人力銀行主要是協助企業找人才、提供求職找工作的服務性商品，在其網站中，除了有許多企業刊登職缺之外，更有針對求職者的解決方案內容。

例如：九大職能星（https://assessment.1111.com.tw/cstar/index.aspx）協助求職者找到最合適自己的職涯類型。另外1111人力銀行還有開設許多不同的內容專欄，包含：職涯規劃、進修中心、職場新聞、履歷健診、薪資公秤、加薪祕訣……等。唯

有求職者在平臺中有所獲益與成長，用戶才得以存留和增長，進而帶動更多企業端客戶前來求才。

三、在上下文中展示相關產品

　　內容行銷是通過有價值的資訊來建立信任和關係，但這並不表示不能在內容中討論產品。相反地，理當在內容中提及相關產品或服務。假設你想要推廣一系列維生素C產品，你可以發表一篇：〈3種提高免疫力避免感冒的方法〉的文章，並在其中提到服用維生素C，然後就可以順帶連結到維生素C產品頁面。

内容行銷如何賣貨增加銷量

線上客服
釐清購買問題
常見疑問解答

了解客戶需求
提供解決方案
突出產品好處

保持與內容的關聯性
推薦相關商品
提供解決方案

增加品牌信任度
客戶見證
第三方背書

回饋老客戶
以客戶為主軸
分享客戶歷程

3-11 內容行銷如何賣貨增加銷量（Part II）

四、增加品牌信任度內容

內容可以協助達成銷售的另一功用就是增加可信度，因為當人們準備購買產品時，企業信譽將幫助人們擺脫最後的恐懼和疑慮。如果經常發布內容不會與潛在客戶建立信任關係，不過這並不足以大幅增加可信度。為了展示產品、企業的可信度，內容可以包含：客戶心得分享，談論客戶們如何使用產品，以及如何對他們產生幫助。即使是另一個網站發布的內容、開箱文、使用推薦……，都可以幫助提高產品的可信度。像是美之源（https://www.amylovebeauty.com/）在網站中就放置客戶見證，也一併連結部落客推薦分享文。

或者在內容中強調製造方式、合作廠商、展示評價、新聞報導、得獎紀錄、檢驗報告、名人推薦……等等。試著想一想，有哪些方式可以降低潛在客戶的購買恐懼，提高對產品的信任程度呢？下圖是美之源放在品牌故事中的聲明與承諾，這除了可以表達品牌自身的理念之外，也宣告了產品價值和品質。

> **100%純天然成分，通過SGS檢驗**
>
> **無化學成分、無防腐劑、無重金屬、無香料**
>
> **產品可被生物自然分解**
>
> **不使用動物測試**
>
> **遵循公平貿易Fair Trade原則**
>
> **商品已投保富邦產品責任險新臺幣一千萬整**

五、讓客戶成為焦點的內容

雖然以上重點都是放在把潛在客戶轉化為客戶。在銷售之後，你可以做些什麼使客戶變成忠誠客戶，甚至是品牌擁護者，這也是一種經營戰略。如果你已經有顧客群，可以通過公開感謝他們，並以有趣的方式獎賞他們，將他們轉化為品牌擁護者是非常有機會的。可以試著透過客戶故事來講述產品的好，而不是自賣自誇；或者舉辦客戶回饋活動，讓現有客戶可以獲得好處，感受到企業的誠意，甚至因為活動機制而

再次回購。假設在行銷預算有餘裕的情形下，可以像1111人力銀行一樣，採取付費邀稿方式來產出內容

　　另外，我曾經使用過的方式則是以產品作為價值交換，一方面可以省下邀稿預算，同時也能以產品回饋客戶，這種方式既可以有助於產出客戶體驗內容，也更能讓消費者養成持續使用自家產品的習慣。

（可參考此活動網址http://bit.ly/2GULFBr）。

本節重點速記：試著思考目前你可以使用哪些方式來生產具有導購性質的內容，現階段可以馬上執行何種方法以及如何落實的計畫。

如何快速評估內容行銷成效（Part I）

　　儘管內容行銷已經被許多企業一次又一次地證明了它的必要性和可用性，但是並不代表現階段做法確實已到位或令你滿意，因此透過某些數據進行評估是非常需要的，這樣才能得知是否需要調整、學習到了什麼。

　　數據是用戶與內容或產品產生交互行為後的評估關鍵（下頁圖一）。為了確定執行的表現，以下3個指標是非常簡化，卻也非常容易能判別價值和效益的關鍵指標，非常適合想快速掌握重點的經營者。

一、關鍵指標 1──網站流量

　　想確定內容是否有按照預期計畫落實的時候，流量是非常可靠的指標之一。儘管內容行銷的成功不應單靠流量作為主要依據，但它確實能得知內容與受眾產生連結的能力，也能知道內容被知道的程度處於什麼樣的狀態。

　　如果問題不是推廣力道不足，而是它沒有足夠的吸引力來增長網站流量和銷售產品的時候，也許應該重新評估主題或進行更多測試。因此，不應該只是注意網站整體訪客數量的多少，還要一併注意其他重要的流量相關指標，例如：

▶ 個別頁面流量：這將幫助你決定用戶最感興趣的是內容是什麼，以及是否一直在做對的事情。

▶ 流量來自哪裡：如果流量很少來自某些來源，以及來自某種來源的流量非常的多，你可以選擇專注於那些更好的，以便獲得更多的流量，或者更關注那些你所缺乏的，試圖補足缺乏流量的來源，但不要本末倒置。

▶ 流量的品質：一般而言，流量越大就等於越好，但其實不盡然，因為如果推廣力道夠強是可以爆衝流量的，但卻無法控管品質的高低。流量品質可以從停留時間、跳出率、平均瀏覽頁數、回訪率進行了解，這其實更能夠佐證內容是否到位。

　　如何評估流量：如果直接將內容發布到網站上，只要有安裝Google Analytics分析工具，要知道流量是很簡單的，當中也可以看到更多相關數據，例如：訪客數、流量來源、停留時間、跳出率、訪客的年齡層、使用裝置比例……等等。

圖一　數據是用戶與內容或產品產生交互行為後的評估關鍵

100人 進超市	看了 200件商品	40人看了 一件就走	100人共 逛了10小時	30人 消費購買

超市／客人

網站／訪客

100位 網站訪客	瀏覽 200個頁面	40位訪客 只瀏覽一頁	100人共 訪問100小時	30人 消費購買

點擊量＝100次

瀏覽量＝200次

跳出率＝40%

平均訪問＝10分鐘

轉換率＝30%

圖二　如何判別內容行銷的三大指標

指標① 流量

如何判別內容行
銷的三大指標

指標③
轉換

指標②
互動

3-13 如何快速評估 內容行銷成效（Part II）

二、關鍵指標 2 —— 社群互動

雖然流量會幫助你確定有多少人看過，但這些數字並不能保證互動率的好壞，人們願意在社群或通訊工具分享，比只是單純閱讀網頁內容更加值得參考，也更能夠表明訪客的認同程度。社群互動是非常重要的部分，有多少人喜歡和分享內容，會告訴你內容受用戶所喜愛的程度落差，人們不會按讚或分享自己覺得一般或不怎麼樣的內容。

在發布內容之後，這並不是結束，創建內容只是內容行銷的一部分，你需要確保內容資訊能讓目標受眾接觸得到，而最佳推廣方式之一就是社群媒體。當你把內容發布或轉分享到社群平臺之中，這也會有助於加強互動率。

如何評估社群互動率：社群是增加互動率的好朋友，所以網站上一定要有社群分享按鈕，讓人們可以輕鬆簡單地與他人分享你的好資訊，從中你也可以非常清楚地知道被按讚、分享的次數。另外，也可以考慮是否要置入Facebook留言框，這可以更容易讓人們可以直接留言討論，增加在Facebook曝光的機會。

三、關鍵指標 3 —— 轉換

對於企業來說，內容行銷最重要的回報就是轉換，包含：增加名單、會員數、新顧客、維繫舊客戶……等，某個內容的轉換次數越多，表示產生的價值就越高。

轉換率也是內容是否有發揮並達成目標的至高指標，如果內容可以有效帶來流量，但卻沒有如期達成你要的目標，那麼這依舊需要檢討和改善。

如何衡量轉換：這部分可以從Google Analytics目標轉換得知，同時搭配網址標籤功能，細分追蹤不同流量來源的轉換效果，這樣才能找出目標與分配資源。當你採用付費媒體進行推廣時，請安裝廣告追蹤代碼進行追蹤，就能更方便地知道轉換效益。

針對不同目標和渠道需要特別關注不同的指標

目標	衡量關鍵指標
品牌意識	流量：有多少人看到內容 新訪客：有多少新訪客？ 連結數：連結網站／頁面的數量有多少？
互動率	社群：有多少人對內容按讚和分享？ 留言：有多少人留言或評論？
客戶回流／忠誠度	重複客戶：有多少客戶重複購買？ 流失：有多少訂閱者取消？
名單獲取	有多少名單獲取率和多少比例的潛在客戶變成客戶？
銷售	轉換率：完成目標的比例是多少？ 終生價值：新客戶多久會再買？平均買多少？

本節重點速記：利用本節的指標搭配3-10單元進行數據收集和分析，寫下你所學習到的重點吧。

邁向數據行銷時代，診斷內容的分析工具

隨著網路科技的發展，對數據的了解和應用越來越重要，雖然中小企業目前要實現大數據的應用還有一段非常大的距離，不過數據收集與分析理當要成為行銷決策的重要依據。網路行銷會被稱為一門科學，也正是因為有數據為基準的緣故，數據行銷時代的來臨，讓行銷不再只能憑經驗、憑感覺做決定，用數據作為行銷的評斷因素，更可以避免花冤枉錢、浪費時間和做白工。採用數據行銷不僅可以對過程有所掌握，對結果也更能夠進行測試和優化。

最為推薦的網站數據分析工具是Google Analytics，也是此小節要介紹的工具。Google Analytics真的很難被中小企業忽略，而且這還是一個很棒的免費工具（雖然數據量到某個程度需要付費，但非常夠用了）。即使只是使用免費版，它依舊可以幫助我們有效收集網站數據和追蹤訪客行為，藉此有數據參考而得以改善行銷做法。對於網站經營、內容行銷來說，我們都想要產出訪客會想駐留的頁面、看了會想買的內容、創造高度曝光的分享率，而Google Analytics正好可以幫助我們做到這些事情。

Google Analytics有非常多的功能，在此小節中，我只會剖析重要部分以及常用功能，假如你想全面了解這方面的資訊和應用，你可以參考官方的影片教學：Google Analytics的YouTube教學頻道（https://www. YouTube.com/user/googleanalytics）。想要診斷出內容的好壞、識別訪客喜好？以下這些基本分析功能一定要掌握到手。

Google Analytics 帳號申請與追蹤代碼安裝

1. 先到網站（https://www.google.com/intl/zh-TW_ALL/analytics/index.html）建立帳戶。

Google Analytics (分析)   搜尋這個網站   🔍

首頁 功能 學習 夥伴 說明   登入 或 建立帳戶

哪些管道對客戶產生了影響？

您可以瞭解行銷管道如何共同運作，以帶來業績和轉換。瞭解詳情

2. 建立帳戶並登入後臺後，依序完成右方的
   資料填寫和選擇。

3. 接下來，再點選「取得追蹤ID」按鈕。

4. 然後你會看到需要添加到網站的追蹤ID和網站追蹤代碼，可以依網站功能選擇採用
   ID或代碼完成追蹤設定。

Google Analytics 重點功能與分析指標（Part I）

一、誰是最熱門網頁

在報表選單點選「行為」，並往下拉列表，選擇「網站內容」，再選擇「所有網頁」後，你將會看到所有網頁的個別分析數據，並且可以排序讓你一目了然最熱門的網頁。相對的，也可以知道不太受歡迎的網頁。

在行為報表中可以查看不重複瀏覽量，這項指標比瀏覽量更值得參考。在每個網頁的網址右側你會看到一個圖標，這可以讓你直接快速開啟原本網頁。透過不重複瀏覽量，你可以知道哪些是最多人看的內容頁面，可以有助於在未來計劃創作更多相關內容。這部分也請一併參考平均停留時間、跳出率和離開百分比，這會讓你對數據的分析判斷更為精準。

二、跳出率和離開率

根據Google Analytics的定義，跳出率是指訪客進入某網頁後，在特定時間內只瀏覽了該網頁就離開的訪客百分比；離開率則是在網頁瀏覽過程中，某頁面被作為離開結束瀏覽的比例。也就是說，在訪客一次完整的瀏覽過程中，某頁面成為「拋棄頁」的機率（可參考官方說明頁面中的例子：https://support.google.com/analytics/answer/2525491）。

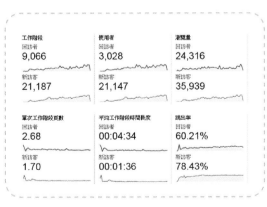

跳出率和離開率在本質上，並不完全代表一個負面的評價，雖然比率越低是一件好事，但依舊需要查看其他指標加以判斷才行。行為中的所有網頁，可以得知每個網頁的跳出率和離開率，點選「目標對象」中的「總覽」，也能查看到「平均跳出率」。這個部分你可以透過「新增區隔」設定做更進一步的分析，這裡我以新舊訪客做比較。

三、檢視特定日期數據

　　在畫面右上角有一個日期選擇功能，你可以設置時間，觀看特定時間內的報表數據，即使是想看過去2~3年的數據也可以。如下方所示：

　　假設你希望可以看到更久之前的數據，需要至帳戶資源下的「資料保留」，將原本預設的保留時間26個月，手動改成「不會自動過期」。

3-16 Google Analytics 重點功能與分析指標（Part II）

四、目標對象

這個功能可以讓你更加了解訪客屬性，包含：年齡層、性別、地區、所使用的瀏覽器……等，這可以驗證目標受眾所擁有的特質到底是什麼。在「技術」中能夠了解訪客使用哪些瀏覽器和作業系統，即便無法一一針對每種瀏覽器做到盡善盡美，至少你可以優化最多訪客使用的瀏覽器，這樣至少可以照顧到最多訪客的瀏覽體驗。

「行動」則是可以了解到底有沒有人使用行動載具瀏覽你的網站，也能夠知道使用最多的機種，而且對於該不該投入資源在手機版頁面上，你也會更加心知肚明。

在Analytics報表中，你可以從目標對象→行動→總覽看到網站訪客使用電腦或移動裝置的比例，在「瀏覽器和作業系統」與「裝置」中，更能仔細了解其細分數據。

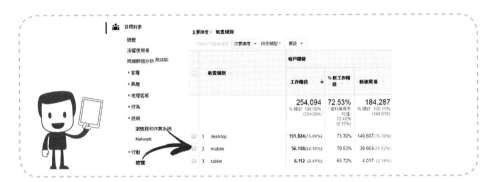

五、來源 / 媒介

Analytics可以讓你清楚明白流量的最大宗是來自於哪裡，像是哪一個社群平臺或網站的引流效果最好。在「客戶開發」中選擇「所有流量」，接著再點選「來源 / 媒介」，你就可以看到哪些是最主要的流量來源了。

	工作階段 ↓	% 新工作階段	新使用者	跳出率
	30,253 % 總計 100.00% (30,253)	70.03% 資料檢視平 均值： 69.94% (0.13%)	21,187 % 總計 100.13% (21,159)	72.97% 資料檢視平 均值： 72.97% (0.00%)
1. google / organic	16,278(53.81%)	78.97%	12,854(60.67%)	77.91%
2. (direct) / (none)	6,370(21.06%)	74.73%	4,760(22.47%)	71.55%
3. facebook.com / referral	1,767 (5.84%)	33.62%	594 (2.80%)	66.10%

這部分可以搭配「網址產生器」進行網址標籤，透過標註網址功能，可以更細分化追蹤流量成效，得知更清楚和辨別不同用途的表現數據。使用方式可以參考官方的說明網頁（https://support.google.com/analytics/answer/1033867）。

六、社交

各大社群媒體是推廣引流的好工具，但有時候它們所能夠帶來的成效是高低不同的，此時可以透過「社交」中的「總覽」進行了解，這將有助於做最有效的放大和捨棄無用的工作。

當你點擊來源之後，還可以看到流量被發送到哪些網頁，透過這項數據功能，也可以判斷出哪些主題內容是比較能夠在社群中發揮效應的。

七、推薦來源流量

如果你的網站已經有一些推薦流量，最好能定期花時間分析這些來源，這非常有助於建立更多流量的機會。例如，如果某網站已經連結到你的某網頁，你可以主動與對方聯繫直接提出合作邀約，這樣就可以把推薦流量轉為更長久、更穩固的合作關係。也可以知道不同推廣渠道的各自成效如何，像是外部網站、業配文章、社群媒體……等。想要找到推薦流量來源，請先前往「客戶開發」，然後再點選「所有流量」中的「參照連結網址」。

Google Analytics 重點功能與分析指標（Part III）

八、目標轉換

目標是Google Analytics非常推薦使用的功能之一，因為它可以幫助你了解不同網頁的轉換效益，畢竟這是最重要的商業指標。所以，每個網站都應該設定轉換目標，例如：

▶ 瀏覽特定網頁
▶ 讓訪客留下名單
▶ 銷售產品或服務
▶ 註冊成為會員
▶ 與你聯繫洽詢

以上這些只是目標的一些例子，實際上取決於網站的類型和需要。

目標設定方式：在Google Analytics後臺點擊「管理」圖標，然後點擊「資源檢視」中的「目標」。

接著再點擊「新增目標」。

內容篇：用內容行銷加乘品牌影響力

第三章

選擇符合你需求的範本或自訂，不同範本之間基本上是相同的，所以不必太過糾結。

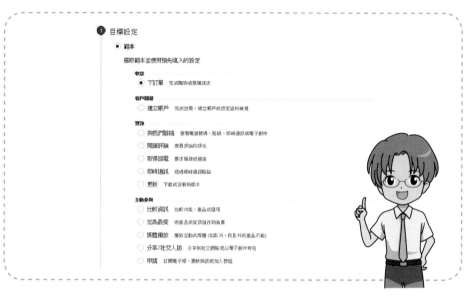

　　填寫目標名稱，以便在多個目標轉換下可以判別。類型則選擇目標網址，除非不想採用網址進行轉換統計追蹤。

　　完成目標設定並回到Google Analytics查看報表時，你將會看到一個新的轉換下拉選單和網頁價值，並查看不同流量來源的目標轉換次數。

分析數據的提醒事項

Google Analytics不只是分析網站中最受歡迎的內容數據，其實也可以給我們網站使用者體驗好壞的線索。像是跳出率、網站載入時間、平均網頁停留時間、離開百分比、網頁活動分析，以上這些都是可以判斷的有效依據，但請不要只觀看特定指標來妄下斷論。

跳出率就是一個經常被誤解的因素，因為跳出率只是表示訪客來到某個頁面後沒有觀看更多而離開的比例，需要搭配其他指標一同判斷。比如：當你發現網站觀看時間太短、頁面載入時間過長，此時跳出率才是呈現有問題的狀態。當然，跳出率越低自然是越好的狀態。

假如這是你第一次接觸使用Google Analytics，這對你來說可能會覺得有點「頭痛」，縱然如此，你也需要開始這麼做。有一句話說得很好：「你不需要很厲害才能夠開始，而是要先開始才能夠變得更厲害。」

此外，數據可以幫助你洞察訪客對內容的喜好與諸多好處，但也請不要過度倚賴數據，千萬不要以為收集了很多數據就等於投入了數據行銷的行列。

數據行銷的應用並非只在於收集數據本身，而是在人的身上。換句話說，數據行銷真正的功夫是在人的身上，同樣的數據給不同的人看，將會有不同的解讀、不同的結論與判斷。數據本身不會說話給答案，而是需要人的經驗積累來進行客觀和全局的判斷。

本文重點速記

實際申請Google Analytics 帳號和安裝代碼，並開始練習熟悉此小節所介紹的相關功能。

Date _____/_____/_____

第 4 章
搜尋篇：讓客戶主動找上你

4-1 搜尋引擎運作原理概念

搜尋引擎的運作方式是複雜的程序，在搜尋用戶輸入任何要查詢的資訊之前，就必須做大量的準備工作，以便我們搜尋特定關鍵字詞時，可以馬上查到相關結果。

準備工作包括什麼？簡化來說，有兩個主要工作，第一階段是發現資訊的過程，第二階段是組織資訊，以便用於之後的搜尋顯示。這在網路搜尋中被稱為Crawl（檢索）與Index（索引），再根據演算法給予排序，以便搜尋用戶查詢時可展示提供。

簡化這個複雜的作業過程，其實就是搜尋引擎會透過抓取工具（亦可稱為搜尋爬蟲蜘蛛）進行工作，爬蟲蜘蛛會主動拜訪網站，並透過使用不同的技術，試圖找出他們有多少網頁，無論是文字內容、圖片、影片或任何其他格式（CSS、HTML、JavaScript……等）。

訪問一個網站時，除了記錄頁面數量之外，爬蟲蜘蛛還會跟隨任何連結（網站內部連結或者外部網站連結），從而發現更多的網頁。他們會不斷地試著這樣做，也追蹤網站的變化，以便知道是否要添加或刪除頁面，或何時更新資料。

所以，要讓Google最快發現你的網站，必須有另一個已經被索引收錄的網站連結到你的網站，這就是最快被注意到和被抓取的方式。

當然，很多時候，當你建立好網站之後，根本沒人會理你和知道你的存在。不用擔心，Google蜘蛛很聰明，它只是會需要更多時間來發現你的存在。重要的是，你的網站結構和品質必須是優良的，否則也容易事倍功半。

當你的網站被抓取、分析並索引於數據庫後，你的網站就可以在Google或其他搜尋引擎中被搜尋到了。因此，搜尋並不是單純發生在網路中的行為，而是在搜尋引擎的數據庫進行查找後顯示。

Google的搜尋結果頁會顯示10筆與搜尋關鍵字最相關或合適的網站資料（包括圖片、影片），我們將這些結果稱為自然搜尋結果。如果你點擊第二頁或其他頁，也能發現這樣的情況，並能查看更多其他結果。

而在上下方則是付費廣告，目前上方最多四個，下方最多三個。這些關鍵字廣告的價格大不相同，取決於關鍵字的競爭程度，不過無論價格多少或消費多少，採用付費廣告的網站都無法直接影響自然搜尋結果。這正是為什麼需要懂得SEO的關鍵，也是懂SEO的好處。

網路上已經有數不清的網站了，每天又會有新網站誕生，你可以想像這是一個非常巨大的工作量。

如果你對實際的運作想更進一步了解，可以觀看Google的簡易解說影片（https://youtu.be/BNHR6IQJGZs）。

以下是Google提供的搜尋結果頁畫面與相對應名詞：

標題	**Funny cat** pictures with **captions** - example.com
	www.example.com/cat-captions.html
摘要	Find ALL the cat pictures in the world. Sort and search by type of cat. Upload your own photos and **caption** them too! Weekly competition for funniest **cat** ...
網站連結	**Extra grumpy cats**　　　　Lolcat **caption** competition
	Submit and rate pictures of　Submit the funniest **caption**
	extra grumpy cats ...　　　　and win a prize! ...
在網站內搜尋	[　　　　　　　　　] **Search example.com**
網址	**Music gigs, concerts**	San Francisco Music Guide
	www.example.com/events/san-francisco.html
	Upcoming music gigs and concerts in San Francisco. Find out what's on with our live ...
活動 - 複合式摘要	Thu 11 Dec　Pavement, at the Fillmore ... - The Fillmore, **San Francisco**
	Sat 13 Dec　Roy Ayers at Cafe du Nord ... - Cafe Du Nord, **San Francisco**
階層連結	24th century **Communicator** and Universal **translator**
商品 - 複合式摘要	www.example.com › ... › Communication Devices
	★★★★★ Rating: 4.5 - 11 reviews
	Made out of the highest quality crystalline composite of silicon, beryllium, carbon 70 and gold. Manufactured to top Starfleet standards: never get out of range of your transporter ...

搜尋引擎準備工作

第一階段	檢索（Crawl）
第二階段	索引（Index）

搜尋引擎工作順序

 爬蟲蜘蛛發現網頁

 將網頁建檔於索引資料庫

 分析搜尋字詞和資料相關性

 透過搜尋演算法給予排序

向訪客展示分析結果

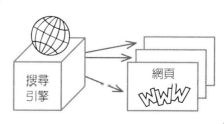

搜尋引擎　　網頁

4-2 為什麼搜尋行銷對企業很重要？

在日新月異的今日，無論是企業還是個人，要有網站已經比以往還要容易了，這已經顛覆了過往的觀念和情況，而這同時也是問題所在，因為網站太多而導致沉沒機率比以往更高了。

如何確保網站可以在茫茫網海中脫穎而出？如何確保網站如同虛設般存在？如何讓潛在消費者主動找上門？網店不僅能被找到還有銷售力？這些問題都是一開始就需要思考和規劃的，而不是遇到問題才開始構思。

有網站只是開始，這完全不等於能順利透過網路銷售產品，想要獲得曝光有許多方式，而其中有效並能連結潛在客戶的方式就是：搜尋引擎。

在當今競爭激烈的市場中，搜尋引擎的作用比以往更重要，搜尋引擎每天要為數百萬用戶提供服務，尋找問題的答案或解決問題的方法。如果你有一個網站、部落格，可以藉由搜尋引擎讓潛在客戶主動找到你，這將幫助你的品牌效益有所增長和達成目標。

懂得如何善加使用搜尋引擎是一個行銷上的優勢，因為它是非常強大的網路平臺。換句話說，搜尋引擎是與產品或相關感興趣的潛在客戶連結的強力工具。

潛在客戶是已經對你的產品、品牌感興趣的人，被推動或拉動的高低取決於你的網站優化程度。所以，如果你的網站缺乏優化，你會錯過非常可惜的精準流量以及購買轉化。

搜尋引擎行銷主要包含兩種方式，一是關鍵字廣告，二是SEO。廣告雖然有效，但SEO依舊不可忽略，因為它對企業有以下好處：

▶ 大多數用戶更有可能選擇搜尋結果頁面排序更靠前的網站，而且用戶信任搜尋引擎所給的結果遠高於廣告，並且能增加對該企業的信任度。

▶ 搜尋引擎優化不僅僅是關於搜尋排名，也會一併提高網站的用戶體驗和可用性，因此有更高可能性將流量轉換為銷售、訂閱等行為。

▶ 通過搜尋找到網站的用戶，也有很大可能性會在Facebook、Line或其他媒體上分享網站、產品資訊。

▶ SEO可以讓你領先於競爭對手的網站曝光度，更有可能有更多的客戶，並有更多的銷售。

▶ 搜尋引擎的運作機制越來越聰明，雖然表示無法輕易投機作弊，但這也表示即使你只是個人或微型企業，只要掌握到訣竅，仍然可以得到比大品牌更好的排名。

▶ 搜尋引擎會提供搜尋用戶最相關的內容，因此引導到網站的流量不只是曝光，而是對服務或產品真正感興趣或有需要的潛在客戶。

當人們「Google」時，如果你的網站在第一頁，它可以提高你的可信度，但是，這只是難題的一部分。

如果潛在客戶是正確的，在這個正確的時機，你需要給出正確方案，你必須要能進入潛在客戶的腦袋中，使用他們慣用的語言、感受他們的痛苦、給他們提供一個解決方案。一旦你這樣做，你的勝出率將大幅提升。

SEO方法用得對，排名可以很持久，甚至長達多年以上，而且不需要像廣告一樣持續花錢才有效。所以，我一向認為這不是一項花費，而是一項投資。

SEO 和關鍵字搜尋廣告的優勢比較

SEO 勝	廣告 勝
SEO 是長期投資報酬率高，曝光度、流量效應持續期長	能夠立即增加流量和看到結果
友好的排名對品牌度更加分，能長期占領網友心智	網站不被搜尋引擎喜愛，也能夠持續出現在搜尋結果頁上
相對於點擊而言，SEO 成本是固定的	被點擊才有收費，否則曝光都是免費的
不用受官方內容審核	不用受演算法和時間的煎熬
能夠保護品牌聲譽	可以做搜尋再行銷
能夠獲得 70%的搜尋流量	能夠有穩定的流量

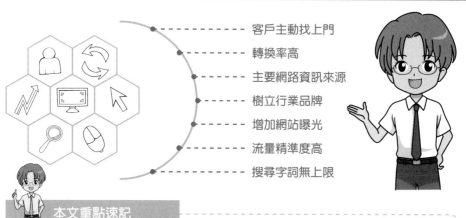

- 客戶主動找上門
- 轉換率高
- 主要網路資訊來源
- 樹立行業品牌
- 增加網站曝光
- 流量精準度高
- 搜尋字詞無上限

087

本文重點速記

可以試著思考SEO和搜尋廣告的配比問題，你希望網站流量來自於兩種來源的比例是多少，或者你的廣告預算可以讓你擬定怎樣的計畫呢？

4-3 什麼是搜尋引擎最佳化？

什麼是搜尋引擎最佳化（Search Engine Optimization）？這又被翻譯為搜尋引擎優化，更常被稱的名詞是：SEO。這名詞看起來有點不是那麼地白話，簡單來說，這是一種打造更完美網站，並提供價值滿足用戶和搜尋引擎，進而透過更好的自然搜尋排名提升網路行銷效益。

當你使用搜尋引擎時，具有良好SEO的網站在搜尋結果頁中，會有更高搜尋排名，而那些優化程度較差的網站，則將有更差的搜尋排序，甚至不容易被找到。但是，重要的是不要混淆廣告和自然排序，雖然說付費廣告會出現在自然排序的上下方，但是廣告卻不會影響自然排序結果，並且會被標記為廣告。

所以，SEO並不是透過付費購買廣告就能獲得改善的遊戲規則，為了在搜尋結果頁有更好的排名表現，你必須理解和迎合搜尋引擎期望做好什麼事情。

因此，SEO是小資老闆非常好的勝出機會，也就是自然搜尋排名跟廣告預算多寡沒有絕對關係，而是取決於是否掌握到對的優化做法和技巧。

SEO需要做些什麼？能夠勝出的原因是什麼？是調整網站結構嗎？是改善內容品質嗎？是提升搜尋排名嗎？是強化用戶體驗嗎？是增加銷售轉換率嗎？

YE3，我必須說都是，這既不是單一性答案，也不是單一性好處。因為搜尋引擎優化其實包含了網站、搜尋引擎和搜尋用戶這3個要素。這就是為什麼找認為SEO是

每個想藉由網路拓展業務的企業都該重視的原因，當你能做好這件事之後，去投放Facebook廣告、經營社群、使用數位行銷工具……等，才能看到顯著的效果或發揮更大的效益。

雖然排名演算法仍然是個商業祕密，但這並不表示沒有確切的執行方式或技巧，以我這幾年來的操作經驗得知這是有跡可循的，並且是能有效複製的行銷手法。正如上面所提到的，搜尋引擎的運作不是一個靜態的過程，而是有規則和邏輯的過程。

簡略來說，Google 搜尋演算法可以分成兩個主要類別：

① 站內優化：站內優化因素包括許多技術問題，例如：語法、網站開啟速度、結構化資料、Meta tag……等，以及內容架構問題，像是文案、品質、原創性、關鍵字……等。

② 站外優化：這個因素包括連結你的網站和你連結到誰的網站，一個網站被連結的相關網站數量越多、品質越好，在Google的搜尋排名就容易越前面。另外也包含網站推廣和社群媒體，而且並不完全掌握在自己的手上。

搜尋引擎最佳化因素

站內優化	站外優化
技術層面 內容架構	網站的連結和被連結的 數量、品質

理解和迎合搜尋引擎期望

自然搜尋排名提升網路行銷效益
＝
SEO（Search Engine Optimization）
搜尋引擎最佳化

案例

借助搜尋引擎打造品牌競爭力

「益粥」是經營成人冷凍養生粥的食品業者，堅持遵古法以陶鍋長時間熬煮，有別於時下市場很大的寶寶粥與嬰幼兒副食品。使用全有機食材、HACCP認證的衛生廚房、專利的急速降溫設備…等等堅持與特色，都墊高了各項成本，為了不想讓售價再往上堆疊而自產自銷。

益粥採用純天然有機食材熬煮，原以為這麼好的粥能受市場青睞，可以靠口碑分享讓業績扶搖直上。豈知網站無法有搜尋流量，全靠付費廣告帶進訂單，接下來更以為不斷研修廣告技巧就能創造營收佳績，豈知廣告成本也不斷攀高，一路上就這麼跌跌撞撞了2年。

益粥的情況是很多企業都存有的問題，早期網路廣告便宜，容易切入並有投資回報率，所以經常會忽略搜尋引擎的重要性或操作細節。一直到使用了我給予的操作建議和行銷策略後，才逐步改善這個情況，並後來居上。

經過一段期間的執行後，品牌關鍵字「益粥」和行業字「養生粥」都穩占Google搜尋第一頁，並明顯得到效益。因為從中得到好處，讓益粥有信心脫離平臺的限制，選擇重新架設益粥官網，以利讓SEO能發揮得更淋漓盡致。

關於這一點，假如你還沒有網站，那麼我非常建議一定要在規劃網站時就考慮到SEO，否則做出來的網站可能會對搜尋行銷非常不利，而且可能會需要再花費不必要的預算。

找到共鳴點成功轉換潛在客戶

當某些關鍵字詞已經成功占據搜尋第一頁時，這只是很好的開始，因為搜尋用戶不會單純以排名順序作為購買的優先選擇，而是會進行實際的點擊、觀看、比較、考

慮。為了不只是提升曝光和流量，而是成功銷售產品、獲取客戶，就必須提供搜尋所需要的價值來引發共鳴點。

　　要引發共鳴點就必須掌握潛在客戶的需求切入，再把這些需求化為網頁內容（產品、文案、圖片、影片、方案……等）呈現出來，讓搜尋用戶在點擊、查看後，能夠認同你、選擇你，而非只是成為過路客。因此，益粥產品針對不同族群也有相對合適的產品，並針對不同需求有不同的介紹文案，而不是千篇一律。

孕期營養粥--推薦懷孕、坐月子、哺餵母乳期間的最佳… $1790

蔬福養生粥--推薦喜歡美食注重養生保健的您、銀髮族… $1790

成長寶寶粥--除了均衡營養，更著調粥養胃氣與咀嚼。… $1680

香芋粥--令人百吃不膩的美味，更適合虛弱體質與適… $1990

　　當產品確實能幫助客戶改善生活品質後，自然會願意推薦分享，這個力道會遠比企業本身不斷地說自己有多好要強得多，更是一種願意讓客戶回流購買的關鍵。在益粥的粉絲專頁上，能看到許多客戶給予的正面評價，這不僅對網路銷售有顯著影響，這些正評也會對SEO有正面的助益。

李淑玲 評論了益粥蔬食養生粥品—— 5★
2017年9月1日 · 🌐

感謝益粥在我懷孕初期期間飲食上，給予我最大的幫忙，不僅促進了食慾，脹氣引發的不適也舒緩不少，強烈推薦純天然有機如此認真製作出的美味粥品，益粥好棒

Wan-yi Ni 評論了益粥蔬食養生粥品—— 5★
2017年6月28日 · 🌐

嘗試過許多的副食品粥，唯獨益粥是我最滿意的，滿滿的有機食材，運用的油都讓人放心，親自看過他們的廚房，非常乾淨明亮，讓人更安心，重點是我三歲及一歲的孩子都非常喜歡喔，感謝這麼用心經營的益粥。

　　在以下各小節中，將會有站內和站外優化更實際的重點說明和操作流程。

4-4 操作 SEO 一定要具備的成功心法

有時候，我常聽到有人告訴我，傳統搜尋引擎優化方式已經無效了，說真的，我不同意這個觀點，我認為它只是被細緻化。搜尋引擎的核心原則和品味並沒有改變，而是一直在改進成長變得更好。

所以，在幾年前，有幾十種可以走捷徑的方式能迅速提升搜尋結果頁排名，而隨著演算法的精進，走捷徑的作弊法已經很容易被Google識破和打擊。所以，並不是優化方法再也無效，而是要腳踏實地做真的對的事。

當然，你可能還聽過一大堆的影響因素，但是我體認到SEO其實是為了提供更好的價值和用戶體驗，而當你真正做到這一點的時候，網站排名、流量、銷售率……等效益將會自然水到渠成。

雖然Google在這幾年已經改變了很多演算法，但就如我所說的，核心原則一直都是沒有改變的。SEO核心原則更是簡單易懂：確保網站是優質友好的。所以，不要使用任何投機取巧的方式，像是道聽塗說的作弊手法或聲稱可以自動優化的軟體，它們通常都會因為演算法的精進而被淘汰，甚至是早就已經被搜尋引擎看破手腳的黑帽手法了。（備註：黑帽手法是非正規的操作技巧，相對正規的SEO技巧就是白帽。）

Google的使命是建立更完美的搜尋引擎，幫助人們找到他們想要的資訊，以使用者為優先，則是他們奉為圭臬的使命。因此，只要使你的網站和行銷策略達成這一個目標，就能更有效最大化地提高搜尋結果頁排名，而且占據排名更不容易遭受滑鐵盧。

透過接下來跟你探討的內容，相信你會更加了解SEO的目的與正確的優化方法。同時，你需要理解SEO並不是速成的魔法，要完成這些相關工作可能需要幾週的時間，或針對現有問題進行調整改善，除了澈底執行之外，也請保持耐心。

Google也需要時間觀察才能信任一個網站，所以即使非常努力地執行網站優化，仍然需要時間才能有更好的搜尋排名、獲得更多搜尋流量。這一點和許多行銷方式一樣，不是投入後就能馬上會有回報的。不過一旦獲得結果，從長遠來看，與其他行銷技術相比，投資回報率更高。

搜尋引擎的確是拉動潛在客戶的強力工具，也可以幫助提升轉化率，但我也相信搜尋引擎不是唯一的方式！單靠SEO無法幫助企業達到最好的行銷潛力。社群媒體、品牌推廣、內容行銷和其他行銷手法都可以和SEO相互整合，這種組合能夠加強每個手法，從而獲得更快速的增長。因此，也請不要忽視其他章節的重要性。

在接下來的各小節中，我將會分享更明確的優化方式，讓你可以確切地執行。如果你從未接觸過相關知識或書籍也沒關係，因為我會分享簡易又能持續有效的方法，畢竟這並不是一本單純以SEO為主軸的書籍，所以不會包含太過艱澀的硬技術。

在進入實際技巧章節之前，你要非常清楚地知道如果沒有好的內容，SEO能幫助你的部分是有限的。換句話說，如果一個網站的內容不是很好，成功機會從長遠來看是很小的。另一方面，一個內容很好的網站可以更好地做好SEO。

操作 SEO 一定要具備的成功心法

關鍵字研究概念與應用技巧

接下來，你必須了解如何執行關鍵字研究，以及為什麼它對於經營電子商務和SEO非常重要。首先，關鍵字研究可以用於判別搜尋行為，這會讓你知道大多數人們會在網路上用哪些關鍵字找東西。知道人們在找什麼，可以幫助你為搜尋引擎和用戶提供所需要的內容，並且使用他們能夠理解的字詞，進而滿足用戶和獲得更高的搜尋排名。

關鍵詞＝人們的需求

所以，如果跳過這個研究步驟，那麼就算把某一個字詞排到搜尋第一頁的第一名，都可能是徒勞無功的一件事。請記住，最終希望達成的目標是增加銷售額，因此鎖定的關鍵字一定要有人使用，並且能迎合搜尋意圖。進行關鍵字優化之前，你必須先發想字詞和查詢搜尋量，除了用你的經驗判斷之外，以下這些方式可以幫助你更加充分地完成這項工作。

方法一 借力 Google 搜尋

開始關鍵字研究的最佳方式是借力於Google，一旦開始輸入某個關鍵字，Google會顯示經常被使用的相關關鍵字詞。

往下滾動到頁面底部，你還可以看到相關搜尋字詞。

公事包的相關搜尋

公事包男	名牌男用公事包
電腦公事包推薦	coach男用公事包
名牌公事包推薦	公事包porter
公事包女	公事包tumi
男公事包牌子	日本公事包品牌

Goooooooooogle ›

1 2 3 4 5 6 7 8 9 10   下一頁

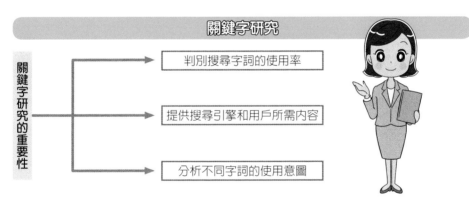

關鍵字研究

關鍵字研究的重要性 → 判別搜尋字詞的使用率

→ 提供搜尋引擎和用戶所需內容

→ 分析不同字詞的使用意圖

常見關鍵字研究錯誤：挑選錯誤的關鍵字

　　假設你開設健身房，提供多種健身、瘦身課程給需要的人，但如果你把「免費瘦身」優化到搜尋結果第一名，那麼你吸引的可能只是想要免費達成瘦身的人，而不是想要尋求專業瘦身的族群。

　　這雖然會幫你增加更多流量，但不對的受眾卻不會為你帶來實質的業績，因此你必須要思考人們的搜尋意圖，關鍵字研究不只是為了尋找到有更多搜尋量的字詞，同時需要一併思考是否具有使用意義！

　　一旦完成了這一步驟，並且確信自己已經清楚了解與產品相關的關鍵字後，則可以繼續執行下一步。

方法二 使用關鍵字規劃工具

　　Google Ads是用來協助業主投放廣告開發客戶的廣告平臺，其中關鍵字規劃工具是可以協助廣告主找到有用字詞進行廣告投放的好用工具。同時，關鍵字工具還能夠讓你明白各字詞的搜尋量。

　　在使用前，你必須要先有個Gmail帳號才能使用此工具，帳號申請有些繁複，我已為你準備好教學影片──https://youtu.be/PiiVVb90awA。完成帳號申請並登入後，請依下圖選擇「工具」中的關鍵字規劃工具。

　　於「尋找新關鍵字」中，個別輸入你所發想和研究的關鍵字，這部分每一次只輸入限定10個字詞，輸入完成後再點擊「開始使用」。記得確認指定目標為臺灣、語言為中文（繁體）。

　　點擊取得提案之後，請確定是在「關鍵字提案」頁面中，然後你將會看到個別關鍵字的平均每月搜尋量、競爭程度和出價。

關鍵字 (依關聯性)	平均每月搜尋量	競爭程度	廣告曝光比重	網頁頂端出價 (低價範圍)	網頁頂端出價 (高價範圍)
永生花	8,100	高	–	NT$3.02	NT$9.58
乾燥花	27,100	低	–	NT$2.23	NT$6.51
不凋花	2,900	高	–	NT$1.74	NT$11.85
植物	18,100	中	–	NT$2.04	NT$11.44
鐵蘭	8,100	低	–	NT$2.56	NT$16.32

平均每月搜尋量即代表該關鍵字被網友每月搜尋的平均次數，競爭程度代表的是關鍵字廣告投放的競爭程度，網頁頂端出價則是該字詞廣告的出價統計。這裡我們只需要關注搜尋量就好，字詞有人搜尋，優化排名才會有意義。

除此之外，當你往下滑動頁面時，還能得知更多相關字詞的資料，從中可能還會發現你忽略卻有用的字詞。

關鍵提醒：在進行關鍵字研究時，你需要理解潛在客戶搜尋意圖和會用於搜尋的字詞有哪些，並找出這些關鍵字的搜尋量。

關鍵字研究方法

發想字詞

查詢搜尋量

方法一　借力Google搜尋

於Google輸入關鍵字

❶ 顯示「常被使用的相關字詞」

❷ 頁面底部顯示「相關搜尋字詞」

方法二　使用關鍵字規劃工具

註冊Google Ads廣告平臺

輸入多項關鍵字後

❶ 得到「個別關鍵字搜尋量和競爭程度」

❷ 頁面往下可得到「其他忽略卻有用的字詞」

4-6 好的網站結構是成功的開始

　　本節所提到的方式並不全然是為了獲取更好的搜尋排名，更大目的是提升網站的可用性與友好性，進而獲得更好的SEO效果。所以，假如你可以做到或者已經完成以下部分，那麼這是非常有利的，也可以說是取得了入場券了！

建立 robots.txt

　　robots.txt是一個在網站根目錄下的文件，可用於告知搜尋引擎爬蟲蜘蛛是否可以訪問網站或其部分內容。

　　當爬蟲蜘蛛訪問網站時，他們往往會先讀取robots.txt，並根據設定條件訪問網站頁面。例如，如果想阻止網站特定頁面被搜尋引擎索引，只需要這麼寫：

　　Disallow：網址，如：/404。而一般至少要有以下指定，表示網站允許所有搜尋引擎都可以抓取資料，並且允許所有頁面：

　　User-agent: *

　　Allow:: /

　　要檢查網站是否有robots.txt，只需打開瀏覽器視窗，然後輸入：http://你的網域/robots.txt，你將會得知是否有此文件，以及是否設定正確。如果缺乏robots.txt，只需要使用記事本並儲存命名為robots.txt，再使用FTP下載至網站跟目錄。

XML sitemap

　　XML sitemap顧名思義如同網站的地圖，它會列出爬蟲蜘蛛應該知道的所有重要網頁或內容。但是，即使沒有網站地圖，仍然能夠抓取和建立索引，只是有網站地圖可以讓這件事變得更容易，同時也能讓爬蟲更了解你的網站和可能沒發現的網站部分。要檢查你的網站是否有sitemap也非常簡單，只需打開瀏覽器視窗且輸入：http://你的網域/sitemap.xml。但是這個方式並不是絕對的檢查方式，因為robots.txt是固定名稱，但sitemap.xml卻可以採用不同的名字，不過普遍會採用預設名稱。

網站加密 SSL（網址 HTTPS）

　　擁有一個安全的網站是非常重要的，特別是電子商務網站，這不僅是維持資安的方式，也是另一種獲得用戶信任的方式。即使你的網站只是形象網站，成交是在實體店面之中，使用SSL憑證也是一件好事，這一點在未來數個月或幾年裡，肯定會變得更加重要。

SSL憑證是一個安全協議，用於強制瀏覽器和服務器之間的加密通訊，這表示著任何在網站和服務器之間傳輸的資訊（例如：帳號、密碼、信用卡資料以及其他提交的任何數據），都是加密與更安全的。

　　當網站有SSL憑證成為加密狀態後，網址將從一般的http變成https，如下圖：

🔒 安全 | https://imjaylin.com/

階層連結（breadcrumb）

　　階層連結往往是在頁面的上方位置，它由許多內部連結組成，允許訪客可以快速導航回到上一層頁面或首頁。當用戶在網站搜尋特定產品，並想在分類和產品之間來回切換時，非常方便有用。

　　這除了在網站上幫助用戶導航所處頁面之外，階層連結還會在Google搜尋結果中提供額外的優勢。只要結構和字詞設定得好，搜尋結果會顯得更亮眼並包含關鍵字詞，所以階層連結更直接明顯的優勢是提升搜尋點擊率。

以下是有無階層連結的實際搜尋差異：

Facebook 廣告收費如何運作| Facebook 使用說明| Facebook
https://zh-tw.facebook.com/business/help/716180208457684 ▼
在Facebook 刊登廣告時，您必須為每則刊登的廣告設定預算，以確保廣告費用不會超過該金額。

不想再燒facebook廣告費，就別再把廣告當彩券一樣買
https://imjaylin.com › 網路行銷手法大揭密 ▼ ←
隨著Facebook粉絲團的效應遞減之下，fb廣告越顯得重要，不過願意花錢買Facebook廣告只是執行意願，重點還是在於懂得如何操作和應用，這五個忠誠建議將不再讓你亂燒fb廣告費。

結構化資料（Schema Markup）

　　簡而言之，結構化資料是一種讓機器人可以充分理解資料的標記方式，所以當網站包含結構化資料時，Google和其他搜尋引擎可以更好地使用這些資料數據，進而對SEO有加分作用。而複合式資訊卡則是更進一步的應用，這是呈現頁面某些資訊的方式，如產品名稱、價格、評論和評級，這可讓搜尋引擎更輕鬆地閱讀和理解，並在搜尋結果頁中顯示。同時，這也是提升搜尋點擊率的技巧之一。

> ★★★★★ 評分：4.9 - 1,446 票 - $970.00 - 供應中
> 限時優惠⊠ 下單前先用聊聊詢問優惠活動 即享現折優惠 【商品說明】 材質為真牛皮製、皮質柔軟車工扎實手感佳、附原廠禮盒、整體相當有質感、送禮自用兩相宜、不可錯過可放置8 張信用卡、1 層鈔票夾、2個暗層、1 個照片/證件兩用夾(不可拆)、 1個扣式零錢袋現貨! 全新品皮夾尺寸: 寬11 cm x 高9.8 cm x 厚2.5 cm 附屬配件: 原 ...

如何添加結構化資料和複合式資訊卡？

　　這方面並不是太難的事，只需要請網站製作公司或平臺商依照Google的資料添加即可。如果你還不清楚網站是否做了，可以藉由測試工具進行檢測了解：結構化資料測試 —— https://search.google.com/structured-data/testing-tool/。複合式資訊卡測試 —— https://search.google.com/test/rich-results。

　　如果產品頁面缺少結構化資料，那麼添加它們的最佳方式是使用JSON-LD格式。如果你自己不擅長做這件事，只需要請專人替你完成這項工作，你可能會需要提供以下資料讓他們參考。

❶ Google的產品結構化資料：https://developers. google.com/search/docs/data-types/ product。

❷ 產品結構化資料定義（schema.org）：http:// schema.org/Product。

Open Graph meta tags

　　Open Graph與結構化資料的用途很類似，只是Open Graph是針對社群媒體而存在的，這可以確保當訪客透過按讚或分享按鈕，在社群媒體分享你的網頁時，能夠呈現合適的標題、描述和圖片。換句話說，當網站缺乏Open Graph功能時，將會自行抓取網頁內容顯示。

好的網站結構

提升網站的可用性與友好性

建立robots.txt

- 告知搜尋引擎爬蟲蜘蛛是否可以訪問網站或其部分內容

XML sitemap

- 告知爬蟲蜘蛛應該知道的所有重要網頁或內容

網站加密SSL（網址HTTPS）

- 提升網站資料傳輸的安全性，使搜尋引擎認同，增加訪客消費或瀏覽的意願

階層連結（breadcrumb）

- 允許訪客可以快速導航回到上一層頁面或首頁
- 優勢→提升搜尋點擊率

結構化資料（Schema Markup）

- 搜尋引擎可以充分理解資料的標記方式
- 複合式資訊卡→提升搜尋點擊率的技巧之一

Open Graph meta tags

- 針對社群媒體，確保訪客在分享網頁時，能呈現合適的標題、描述和圖片

優化網站首頁，占據搜尋地位

　　首頁是網站最重要的網頁之一，無論是部落格、企業網站或網店，都需要優化首頁，即使這不是你希望獲得搜尋排名的網頁之一。不過，在許多情況下，這是訪客會看到的第一個頁面，在很多情況下，首頁也是競爭激烈關鍵字詞的最佳排名候選人。優化首頁的過程所涉及的步驟，跟優化網站的其他頁面沒有什麼不同，所以這一小節也可以說是網頁優化的範本流程，針對其他頁面只需要如法炮製就可以了。

優化標題 Title tag

　　不要只用品牌或公司名稱作為網頁標題，而是向用戶和搜尋引擎提供焦點資訊，也能讓它更具創意或獨特性。標題要包含關鍵字，但不要很刻意地重複關鍵字，這不僅會令人覺得很奇怪，也是扣分的一件事。請為網頁內容撰寫獨一無二的標題，同時要顧及到標題長度，因為過長會被截斷，最好控制在30個字以內。

　　Title tag 也會出現於瀏覽器上方的頁面名稱，如下所示：

優化描述 Meta description

　　描述不會直接影響頁面搜尋排名，但是對於獲得更高的搜尋點擊率有重要作用，而且如果沒有自行指定網頁描述，Google就會自行選擇要顯示的說明，而不是特定的訊息。以下就是非常明顯沒有指定描述的例子：

　　以下是在Google搜尋結果頁顯示的實際情況，標題是品牌字詞加上品牌特點，描述則是做法、特點、好處、談及目標族群，而且是連貫的順暢介紹。

益粥蔬食養生粥--融合營養學與養生智慧的粥專家
https://bcongee.com/ ▼
以陶鍋長時間熬煮的養生粥，風味絕佳、對牙口友善、容易吸收好消化。純天然有機食材搭配苦茶油入粥，不僅營養均衡更強調粥養胃氣，是成長中兒童、懷孕女性、銀髮長輩們最佳的營養補給，更是病中術後、癌症慢性病、外食族、素食朋友們的最佳飲食調理。

　　在描述中可以用總結產品或內容的方式，如提供免費送貨、熱銷款式……等特點，都可以包含在描述中，以便吸引用戶點擊。以下是實際的例子，假設你正在尋找男鞋，看到這兩個搜尋結果，你更喜歡哪一個？

ALL (228); NEW (86); 男拖鞋(54); 男靴(3); 男鞋(156); 男童鞋(15). Price. ALL (228); 0~1500 (42); 1501~2000 (54); 2001~2500 (47); 2501~ (85). Size. All. 11: 7: 4: 9: 12: 1: 10: 8: 6: 2. SHOW; 4; 9; 12. new. GUIDE-BOUT. $ 2680. new. CASA BARCO VINTAGE-OVTG. $ 3280. new. CASA BARCO-DCRC. $ 2880. Rounder Hobo ...

經典款皮鞋，正式場合嶄露頭角！MIT手工製作自產自銷，舒適又實穿 低至4折快來帶回家 MIT品牌‧台灣鞋藝，淬鍊完美‧全館滿千免運‧手工精緻鞋

優化內容

　　任何網頁都需要有內容，而且目前搜尋引擎最能夠閱讀和理解的方式是文字內容。一般來說，首頁可以有3種變化：

❶ 用於作為企業形象用途的情況下，可以將公司的資訊、照片、故事、合作夥伴等資訊作為展示主體。

❷ 對於電子商務來說，首頁可以顯示最新的商品、熱門商品、促銷優惠、最新消息。

❸ 對於論壇或部落格，首頁通常會顯示最新文章和熱門文章。

　　無論選擇的是哪種首頁風格，都需要確保頁面上有文字內容，避免為了減少編排的麻煩而把文字圖片化，因為文字是最能夠讓搜尋引擎理解內容的方式，自然對SEO是更有利的。

優化網頁流程

優化標題Title tag	優化描述Meta description	優化內容
提供焦點資訊給用戶和搜尋引擎	以精確簡要的方式說明此網頁重點	讓搜尋引擎可以充分理解與認同，並且迎合潛在客戶的需求和喜好

網站全面優化才是勝出關鍵

許多人總會問我這樣的一個問題：如何讓網站排名變得更好，重點是什麼？或者會問：「我已經在標題上強化了關鍵字，怎麼排名沒有提升呢？」

以上這兩個都不是能立即回答的問題，因為SEO本身就不是單一行為的行銷手法，而是環環相扣的流程系統。除了前面所提到的網站速度、標題、描述和內容之外，這個章節我會再補充其他常見並且有效的優化重點。

優化頁面網址

這部分首頁是不需要的，但其他頁面都需要注意網址結構，網址應該要準確描述頁面的內容，不要有額外或不必要的字符。雖然這不是最重要的排名因素，但優化網址對於搜尋引擎和訪客來說都能更容易理解、可讀性會增加。

例如：如果頁面是男鞋類產品，則網址可以設為：https://example.com/mens-shoes。保持網址清楚、簡短，並確保用戶可以從中得知意思是什麼。這就比未優化過的網址來得更棒——http://example.com/product_id=22?a_b。

H1 標籤

H1標籤可以說是頁面內容重點的標註方式，可以更容易讓用戶和搜尋引擎知道重點是什麼。需要注意的是，每個頁面應該只有一個H1標籤，並且應該包含目標關鍵字。

```
                    <h1>h1標籤文字</h1>
    <input type="hidden" name=".crumb" value="S2sP2MtvPFd" >
    <input type="hidden" name="pid" value="p0674144785692" >
    <input type="hidden" name="storeId" value="ant" >
    <div class="right clearfix"><div class="top">
      <h1>
        <span itemprop="name"> 【24期分利率★附原廠濾行包】SONY 耳罩式耳機 WH-1000XM2 無線降噪 藍芽【平輸-保固一年】</span><span></span></h1>
      <p><span itemprop="description">▼領航革新智慧降噪<br /></span>
```

當頁面比較多的時候，為了讓訪客能夠順暢閱讀內容，應該嘗試將內容分成幾個部分，這可以藉由小標題來描述每個部分，採用h標籤就是一種很好的方式。所以h標籤不僅對搜尋引擎優化很有用，對於閱讀時的訪客也很有用。

網頁標題可以有<h1>，其他子標題可以是<h2>或<h3>。

優化圖片

圖片對於任何類型網站都是重要和必要的，如果想要銷售實體產品，圖片是潛在客戶了解產品的媒介，亦是做好內容行銷的一部分。圖片優化有以下幾個重點：

❶ 使用alt屬性：alt是為圖片提供簡短描述的方式，這會讓搜尋引擎具體的知道圖片是什麼，可以說是圖片的補充說明。所以請為你的圖片添加alt關鍵字，並確保它是正確和合適的補述。我的意思是，請不要盲目添加不相關的alt描述，這比完全不添加來得更糟糕。添加alt描述的方法也非常簡單，切換到HTML編輯模式後，如：< img alt="圖片內容描述" src="圖片網址">。

❷ 使用關鍵字作為圖片名稱：不要以為圖片名稱一點都不重要，事實上這是圖片優化的技巧之一。例如，如果你的圖片內容是關於服飾商品，那麼你的圖片名稱就可以取為「最新款韓流T恤」、「格子西裝外套」。不要再用「未命名」或不具意義的數字作為圖片名稱了！

❸ 合適的圖片大小：適時的添加圖片，包含大小、數量和質感等重點，這不僅可以呈現好的視覺畫面，也不會讓網頁跑得太慢。尤其是大小和數量，對搜尋引擎優化來說更是一件好事。

其他優化重點

優化頁面網址

➡ 網址應該要準確描述頁面的內容

http://www.wunan.com.tw

H1標籤

➡ 頁面內容重點的標註方式之一

優化圖片

❶➡ 使用alt屬性　❷➡ 使用關鍵字作為圖片名稱　❸➡ 合適的圖片大小

優化影片

➡ 標題、描述
➡ 畫質
➡ 嵌入大小

內部連結

主要目的

❶➡ 為讀者提供閱讀其他主題內容的方式　　❸➡ 讓搜尋引擎區分重要網頁的方法

❷➡ 協助爬蟲蜘蛛發現並抓取網站上更多頁面

優化影片

在可能的情況下，嘗試使用影片使內容呈現更豐富、更具體化，這也可以與競爭對手區隔並增加轉換率。這部分只需要把影片上傳到 YouTube或Vimeo，然後再嵌入網站中，避免把影片傳到網站伺服器中使用。還要特別注意的是，手機畫面的呈現感，當你發現有以下情況的時候，只需要調整影片寬度即可。

影片嵌入寬度設定為100%

<iframe width= "100%" height="360" src= "https://網址?rel=0&controls=0&showinfo=0" frameborder="0" allowfullscreen></iframe>

內部連結

內部連結是指同一個網域下，不同頁面的連結指向，通常使用文字、網址或圖片作為超連結來源。

Messenger 應用方式一、使用自動回覆

如果你還沒有在粉磚上使用Chatbot聊天機器人，你仍然可以使用粉專內建的功能來達成自動回復功能，並且無須支付任何費用。　　　　內部連結

為什麼需要啟用 Messenger 自動回覆?

說實話，沒有人喜歡不被回應、已讀不回，而Facebook Messenger可以讓粉專管理者更方便進行訊息管理，而且自動化。

雖然自動回覆只能夠簡易回應，但這可以提升用戶體驗，立即讓用戶知道為甚麼現在無法獲得回答，或者獲得其他解決管道，以下是使用自動回覆訊息的設定流程。

對於內部連結、外部正向連結和外部反向連結可參考以下這張圖：

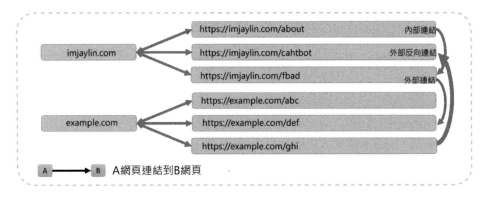

內部連結有 3 個主要目的：

1 它可以為讀者提供閱讀其他主題內容的方式。

2 它可以協助爬蟲蜘蛛發現並抓取網站上的更多頁面。

3 這是讓搜尋引擎區分重要網頁的好方法，特別是想提高特定關鍵字頁面排名時非常有用。

Canonical

如果同樣的內容有多重頁面，這種情況就需要使用Canonical進行宣告，透過Canonical就可以避免重複內容的問題，也不會傷害搜尋引擎對網站的評價。

例如，某個產品網址是：https://www.example.com/product，並且有其他相同的頁面，就像是：https://www.example.com/product2，這就需要將其他複製頁面設定Canonical，並指向https://www.example.com/product，實際做法如下：

```
<head>
<link rel= "canonical" href="https://www.example.com/product">
</head>
```

本節重點速記：檢視你的網站有哪些尚未做到的部分，並進行調整改善。

4-9 建立外部反向連結，加速搜尋排名效益

　　看到這裡的你，我想已經明確知道提升搜尋排名的好處，為了能獲得更好的搜尋排名，除了以上章節所提到的技巧和重點之外，你還需要強而有力的外部反向連結。但是建立外部反向連結不像站內優化可以照表操課般地完成，因為這是來自其他網站給予你的外部連結，不是完全自己能掌控的，但我還是有一些方式讓你可以執行。為什麼外部反向連結對SEO和電商來說很重要？

　　建立外部反向連結，也被稱為站外SEO，這是影響搜尋排名的重要因素之一，而且有非常緊密的關聯，這對Bing和其他搜尋引擎也是如此。但是，這並不表示沒有外部反向連結就無法獲得良好的搜尋排名。因為外部反向連結只是排名演算法的一部分，而不是唯一。

　　此外，外部反向連結不一定能帶來益處，凡事都是一體兩面的，品質惡劣的外部反向連結，反而會讓網站陷入惡評困境，因為Google演算法可以識別連結品質的好壞，並懲罰網站導致排名下降。

　　其實，當網站提供了很好的內容，訪客或消費者往往就會願意分享，很自然地就會添加網址在網站或部落格中，這也是建立連結的最佳方式。然而，Google和其他搜尋引擎為了打擊垃圾連結，因此有不同的連結屬性，正常連結（dofollow）和nofollow。在默認情況下，一般連結都是dofollow屬性，除非在html代碼中為連結添加nofollow屬性。如下所示：

```
<a href=https://imjaylin.com rel="nofollow">網站首頁</a>
```

　　nofollow屬性讓指示爬蟲蜘蛛在抓取網站時，不要考慮該連結與傳遞出網頁價值，但這並不會影響用戶的點擊和觀看。因此，如果你想要透過外部反向連結提升搜尋排名的效果，請務必記住，你需要的是來自不標註nofollow且高品質網站所給予的連結。

以下是連結外部反向連結的方式

❶ 找尋可置入連結論壇、網站：如果你是賣汽車相關用品，你可以到相關性論壇或網站發表內容，但這種情形不是每個產業都會有，而且不一定能夠置入網址連結。所以比較下策的做法是，屬性不完全相關，但品質是優良的網站、論壇，也是能接受的來源。

❷ 部落客業配分享文：這是最能夠實現相關性和品質的建立方式，缺點就是需要花一

些費用，但如果可以，最好是用銷售抽佣的方式合作，小資老闆要盡可能避免以支出來合作，而是要用結果來合作。所以，無論該部落客的導購力如何，對企業來說都是較為有利的，即便你會損失較多利潤。因此，如果你非常有把握且有預算，給予業配廣告費用是更有賺頭的方式。

❸ 發展合作夥伴計畫：如果你有經銷、代理或任何合作模式，可能這些合作方也會有各自的網站或部落格，此時可以討論是否有放置連結的機會，或以互相鞏固的方式交換。

❹ 交換友情外部連結：這可能是最為簡單的方式了，你可以就你所知或搜尋優良的網站，並親自提出交換外部反向連結的要求。要注意的是，當你的網站排名不夠好或品牌尚未有知名度時，你可能容易遭受拒絕，請不要灰心多多嘗試。當你發現諸多嘗試都失敗之後，在挑選方面，改為找水平程度跟你差不多的，可能還需要解釋為什麼要這麼做的原因。

另外，你的好友圈中一定有人有網站或部落格，這就是發揮友情力量的時候了，更好的情況是單方面提出要求，或者3人以上單向循環交換。單方面的來源會比雙向來得好，畢竟雙向交換的行為太過明顯，Google更喜歡自然的連結來源，因此單向連結來源是最為合適的方式。

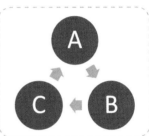

對 SEO 和電商的重要性

1	影響搜尋排名的因素之一，也稱為站外SEO
2	外部反向連結屬排名演算法的一部分
3	品質惡劣的外部反向連結，會讓網站排名下降
4	訪客和消費者願意分享和推薦

外部反向連結的方式

- 置入連結於其他論壇或網站
- 部落客業配分享文
- 發展合作夥伴計畫
- 交換友情外部連結

4-10 Google 我的商家，免費建立你的網路店面

「Google我的商家」並不是任何行業都合適使用的工具，但是如果你開設的是實體店家，並希望增加網路曝光度，那麼善用我的商家將可以協助你達成此目標。所以，我的商家對於本地商店來說，可以說是非常有幫助的店面導覽工具，而且完全免費。不過，這並不是用來取代企業網站的功能，事實上它也沒有辦法，而是對現有網站的補充。

通過我的商家所提供的功能，你可以為潛在客戶提供店家的相關資訊，包括：營業時間、地點、網站、照片、聯繫電話和客戶評論。申請創建Google我的商家並不能保證增加來店數，但這絕對會使潛在客戶更容易找到你。

以下是其一案例，當你搜尋高雄吉他、高雄吉他教學、高雄吉他教室……等，都能在第一頁發現吉他補給，甚至是第一名：

申請 Google 我的商家 ── https://business.google.com/

　　申請我的商家步驟其實非常簡單,只需要到申請網頁填寫相關資料就可以了,請確保一切資訊都是正確無誤的,一旦成功申請建立之後,你的商家就有被找到的可能。

Google 我的商家優勢

適合想增加網路曝光度的「實體店家」

完全免費的店面導覽工具

使潛在客戶更容易找到你

如何申請

申請Google我的商家

　↳ https://business.google.com/

驗證Google我的商家

　↳ 可用電話或地址

貴公司的名稱為何?

 商家名稱

繼續操作即表示您同意服務條款

下一步

驗證 Google 我的商家

提交商家資訊後，還需要完成商家驗證，這對我的商家的曝光度和啟用至關重要。所以，在完成驗證之前，Google不會顯示商家資訊或讓你重新編輯。一旦收到驗證碼並進行驗證後，你所申請的我的商家將正式生效。

通過地址驗證是最有保障的，使用這種驗證法Google會知道企業地址確實存在，這有助於Google清除那些錯誤申請並提升地圖實用性。

我的商家也需要優化提升效能

❶ 包含關鍵字：這一點跟網站沒有兩樣，在商家資訊中請包括重要的關鍵字，將是非常有用的，與網站標題的使用是一樣的概念。

❷ 資訊準確性：提供資訊很重要，但同樣重要的是，每當有改變時就更新資訊，這可以保持準確性和用戶滿意度。

❸ 上傳照片：照片有助於企業形象的展露，不僅能讓潛在客戶先有所了解，而且搜尋點擊率也會更高。而且這方面最好能夠不定時更新，而不是一成不變，像是新菜色、客戶紀錄、店家變化……等。

❹ 引導評價：許多業主往往處於比較被動的狀態，缺乏主動要求正面評價的流程，其實引導客戶為你評價是一個很重要的步驟，也是增加我的商家搜尋排名很大的優勢來源。「吉他補給」目前比在地同行有更多的好評與留言並不是運氣好，正是來自引導客戶「五顆星＋正評」，主動讓他們知道如何做和給予正評回饋，而且是現場完成。

❺ 回應評論：通過回覆客戶評論，可以表明你重視客戶，對客戶的互動，也能對潛在客戶產生正面影響。尤其是有負評或被同行攻擊的時候，千萬別悶不吭聲。

Alice Ho
2017年12月23日

★☆☆☆☆ *這位使用者只給予評分。*

雖然不認識妳，不知道妳是誰... 但還是謝謝妳給了我們一顆星，我們會再努力向上進步的！

如何優化我的商家

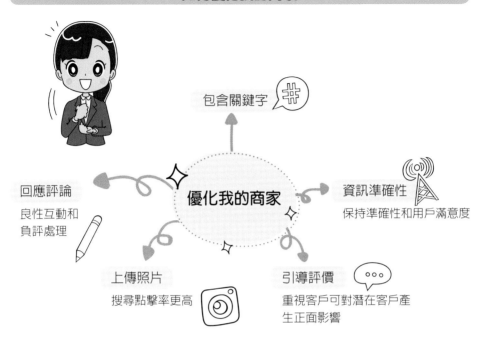

包含關鍵字

優化我的商家

回應評論
良性互動和
負評處理

資訊準確性
保持準確性和用戶滿意度

上傳照片
搜尋點擊率更高

引導評價
重視客戶可對潛在客戶產
生正面影響

本節重點速記：無論你是否已經有我的商家，請思考並寫下你目前打算執行的事情。

4-11 提升 YouTube 影片搜尋排名的 3 個步驟

　　談論到影片行銷時，大體來說會包含兩個面向，一是如何製作優質的影片內容，二是如何進行曝光。然而，提到影片曝光流量方面，當然不可忽視全球最大的影音平臺YouTube。但是只把影片上傳到YouTube，並不足以獲得良好的曝光效果，除非已經是知名企業或購買廣告。借助YouTube的強大威力，除了可以在 YouTube直接被搜尋到之外，某些關鍵字也能在Google占據良好的搜尋排名。

　　影片製作除了要有好的內容之外，如果可能的話，讓你的影片稍微長一些，千萬不要只有幾十秒，因為這也會影響影片搜尋排名的成效。簡單地說，假使所有的條件評分都一樣，能讓人們觀看更久的影片對搜尋排名更有利。接下來要跟你分享的是，提升影片搜尋排名的操作技巧，協助你擁有更好的影片搜尋排名和曝光率。

一、第一步：影片命名不偷懶

　　影片優化技巧的關鍵之一就是務必包含希望被搜尋到的關鍵字，這部分跟網站和我的商家並沒兩樣。製作好影片進行上傳之前，請確定影片命名不是mov01.avi或未命名.mp4，而是採用相關關鍵字命名，因為搜尋引擎無法直接識別影片內容到底是什麼，這點和圖片命名是同等道理。

二、第二步：優化影片設定欄位

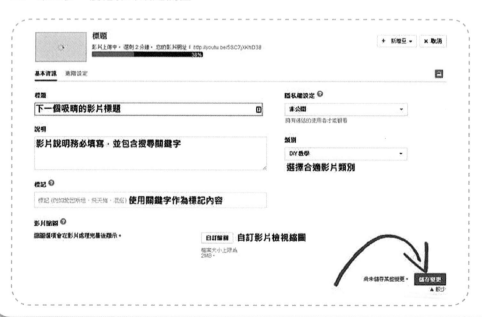

上傳影片後，再來就是優化的重頭好戲了，這是取決於你的影片能不能被搜尋到與擁有好排名的關鍵要素，因此千萬不要草草了事。

❶ 影片標題：YouTube搜尋結果與Google一樣，只出現一定數量的字數，所以一定要確保你的標題前面包含關鍵字詞，而且下標題必須足夠有力，才會讓網友有足夠的動力想點擊影片、產生想看的慾望。不過，在標題中不要重複你的關鍵字，這不僅沒幫助還有損害。請記住，使用沒有實際相關性的關鍵字將會被列為「spam」。

❷ 影片說明：在影片說明中使用更多的字數，相對性來說，被搜尋到的機率會更高。不僅應該把精力花在撰寫標題上，也應該寫出一段好說明，而且一樣需要包含相關關鍵字，同時說明字數不要太少。

❸ 標記：請在標記中盡可以使用關鍵字，建議至少10個，但請保持相關性，別因為貪心而胡亂填塞字詞。

❹ 分類：另外，類別請選擇合適的分類，亂選是有可能會被扣分的；縮圖建議另外設計，或者手動挑選吸引人的畫面，藉此提高點擊率，進而有更好的影片排名和曝光。

❺ 縮圖：永遠不要使用預設畫面作為縮圖展示，因為這樣通常不具足夠的吸引力，自然無法有更好的點擊率！多花一些時間自行選擇縮圖是值得的。

❻ 字幕：使用cc字幕功能可以在影片上顯示文字，這不僅能幫助受眾理解影片內容，並且可以翻譯成不同的語言。使用cc字幕可以讓影片獲得搜尋引擎更充分理解內容，也有助於提升搜尋排名的技巧。

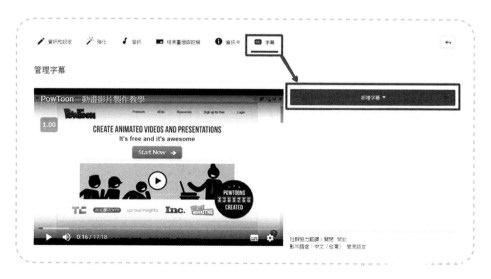

三、第三步：主動推廣影片

這是影片完成上傳後需要額外做的努力，這會像推進器一樣，推動影片一把。

關於影片推廣部分，請先主動分享影片連結至各大社群媒體，並將影片嵌入自己的網站當中。唯有主動推廣影片，才有辦法開始引發互動，且增加額外的搜尋排名優勢，包含：留言數、喜歡數量、觀看次數、觀看時間、訂閱數量、被分享和嵌入數量。

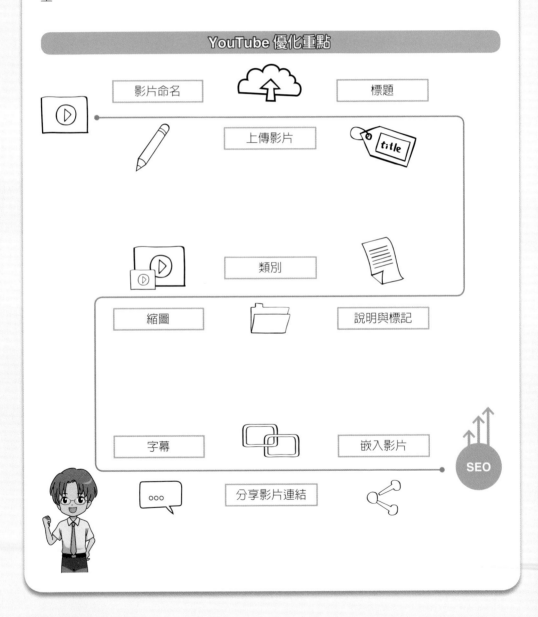

4-12 Search Console，最佳網站管理員工具

對於搜尋引擎最佳化來說，Google提供的Search Console 網站管理員是相當實用又方便的工具，也會是Google Analytics的協助好夥伴。Search Console不僅免費，很多關於SEO的訊息也都能藉由它一窺究竟，它可以使你的SEO工作更容易、更有效率。請見以下Search Console網站管理員工具介紹主要好處與功能，並分別說明如何正確使用或理解它。當你完成網站驗證後，就能進入操作後臺並使用下方八大功能了！

首先，請先至Search Console——https://www.google.com/webmasters，並點選右上方的「新增內容」按鈕。

輸入你的網域並點選「新增」按鈕。

當你點選驗證卻失敗時，就表示代碼沒有放到對的位置。但有時候系統查驗會出現小狀況，此時你可以刪除資料並重新新增網站，然後再次驗證。當你完成網站驗證後，就能進入操作後臺並使用各項功能了！

一、功能 1──決定偏好網域

這將告訴Google網站的偏好網域是WWW，或非www版本。哪一個版本都沒有所謂的好壞，只需要依照你的喜好來選擇，但請不要選擇「不要設定偏好網域」。

二、功能 2──免費監控網站

如果你的網站發生一些問題，像是伺服器掛點、資料庫損壞、駭客攻擊、病毒感染……等等，這些情況不僅會影響網站的運作，還會造成搜尋引擎對網站的負評。

當你不幸發生這種事的時候，能在第一時間知道與處理是最恰當的，而要做到這一點，只需要透過網站管理員工具就能輕易做到，讓它協助監控你的網站吧。在「偏好設定」啟用「電子郵件通知」，就能即時收到Email通知，讓Google當你的網站管家，完全不需要花費任何一毛錢。

當網站安全防護性不足時，它被駭客入侵和惡意病毒植入代碼的機會是很高的，這表示著訪客可能會看到彈出式廣告、頁面跳轉或各式各樣的奇怪事情。這是一個非常糟糕的經驗，而且我的確也面臨過。在安全性問題中，如果他們發現任何奇怪的事情正發生在你的網站上，在這裡你都能得到訊息。

Search Console 網站管理員工具

https://www.google.com/webmasters

三、功能 3──告知目標受眾在哪裡

假設你的網域是.com或.net，但你的主要目標受眾是臺灣，那你可以使用網站管理員工具「搜尋流量」中的「指定國際目標」，告訴Google你的目標用戶是以臺灣為主。透過這項設置，你的網站在當地國家將會更有利於被搜尋到，當然這還牽涉到很多其他因素，但整體來說，這對於在地化SEO是更有幫助的。

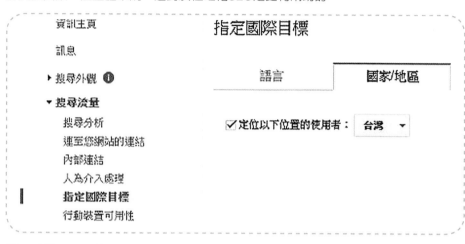

四、功能 4──搜尋關鍵字一把抓

這是非常主要又好用的功能之一，而且「搜尋分析」還有曲線圖可以分析不同時期或數據，透過這項功能可以更容易觀察出搜尋流量的變化。在「搜尋分析」中，你可以查看訪客搜尋拜訪來源的所有關鍵字詞，還可以看到點擊次數、曝光次數、點閱率和關鍵字平均排名。

對於執行SEO而言，這些資訊是極其寶貴的，唯一需要注意的事情是，當你完成驗證之後，需要等待一段時間並且有確實的排名績效，才能夠看到相關數據。針對某些排名不錯，但點擊率相對較低的字詞，你可以試著從title tag或meta description進行修改測試，但不要太頻繁修正，並給予一段時間作為測試期再下定論。

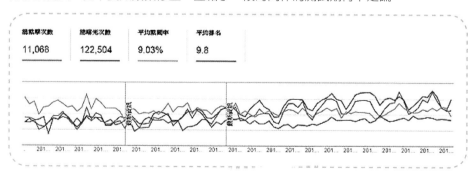

點擊次數 ▼	曝光次數	點閱率	排名
1,237	16,189	7.64%	3.8
1,180	8,496	13.89%	2.5
1,011	2,179	46.4%	1.4

五、功能 5——偵測行動裝置可用性

　　行動上網不再只是個趨勢，而是現在進行式，假設你的網站缺乏手機版頁面，你真的要好好考慮升級了。因為，這對於網站排名和網站體驗都大有影響，換句話說，缺乏手機版網站你將會失去很多流量與潛在客戶！而當你有手機版網站的時候，也並不表示完全沒問題，畢竟有做不代表有做好，尤其是當你的版面設計有進行調整的時候，你更應該透過這項功能協助你做微調。透過「行動裝置可用性」可以了解你的手機版網頁是否有存在使用問題，因為螢幕越小使用越不方便，就得更懂得站在使用者角度來思考和設計。

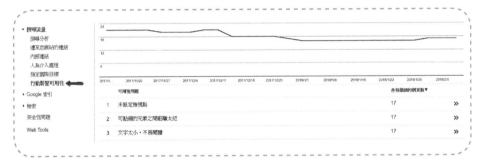

六、功能 6——檢視網站黑名單

　　Google 懲罰網站有哪種方式，第一是手動懲罰，這意味著Google審查團隊會檢視網站並決定予以處罰。在這種情況下，為了讓網站從搜尋結果中重見天日，你需要提交重新審核網站的要求。第二種處罰的方式是演算法（像是熊貓、企鵝、蜂鳥……），在這種情況下，表示你的網站違反排名演算法的一個或多個規則。為了再次重見光明，你需要找出可能的原因並申訴改善。在「人為介入處理」選項中會告訴你網站是否真的出現了問題。

七、功能 7——跟搜尋引擎當好朋友

　　如果Google 無法正常無誤地訪問或閱讀你網站，這也會減少獲得良好關鍵字排

名的機會。在網站管理員工具中有3個非常好用的功能，可以協助你確保搜尋引擎蜘蛛能正確爬行網站。

網站錯誤

使用此功能可以發現你的網站是否有任何損壞的頁面或不存在的連結，透過這項功能，你可以完全明白錯誤並即時糾正這些錯誤，像是使用301網址轉向或修復原本頁面。

Google 模擬器

想知道Google是如何「查看」你的網站嗎？使用Google模擬器可以得知是否有被索引以及了解索引更新的時間，並且適用於桌面和手機版網站。而且如果你發現網站上未被索引，你也可以一併提交。

Sitemap 網站地圖提交

網站地圖可以讓搜尋引擎更方便，容易抓取你的網站，雖然缺少網站地圖爬蟲蜘蛛，仍然可以抓取網站，但有網站地圖可以使這項任務更輕鬆地被執行以及更完

整。在「Sitemap」選項中，你可以提交網站地圖、檢視網站狀態和發現任何潛在問題，網站索引狀態和數量都能在這裡一探究竟。

八、功能 8——串聯 Google Analytics 和 Google Search Console

Google允許將Google Analytics帳戶與Search Console帳戶相互串聯，在Google Search Console後臺中，點擊右上角的設定圖標，並選擇Google Analytics。選擇要串聯的Analytics網站帳戶，即可完成數據整合。

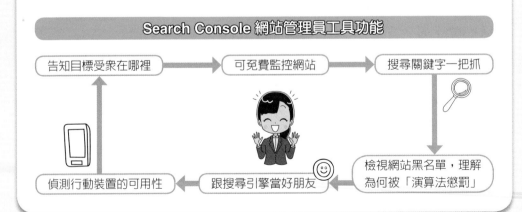

4-13 提升 SEO 成效的 6 個重點趨勢

當你的目標是讓你的網站登上搜尋結果第一頁時,無法避免需要面對競爭的現實問題。那麼你要如何獲得這些良好排名位置?

購買搜尋廣告是最快的方式,但SEO依舊是不可忽略的方式,尤其是預算有限的情況下。以下比較3種實現的方式:

1 搜尋關鍵字廣告:只要你願意付錢,基本上就能出現在搜尋結果頁,顯而易見的問題就是預算多寡,但如果有信心可以從中獲取相當利潤,這是一個不錯的選擇。

2 外包給SEO公司:付費給專業的SEO公司,由他們代為優化網站,由於SEO的原則是整體提升網站的品質與權威,所以會產生比較持久的效果,這會比付費廣告效果要長得多。而這種方式的問題會體現在如何找到合乎預算又專業正規的SEO公司,為了便宜最後可能會得不償失。

3 自己學習自己做:搜尋引擎優化並不是兩三天的事情,只有開始沒有結束,那麼為什麼不自己先走這一趟路程?自己有經驗和充足預算之後,可以再選擇外包分擔工作量,這樣不僅有能力挑選合適的公司,也可以知道如何委外加強自己的弱勢。這種方式的問題可能是消耗時間與精力的,而且經驗不足可能對結果的幫助並不大,但是不可否認的是,自己操作SEO是小資老闆最理想的選擇。

假設你選擇了第三個選項,除了以上各小節內容需要學習掌握之外,以下總結目前操作SEO的6個重點和趨勢。

1 創作原創內容:內容是網路存在的核心,Google的存在核心也是為搜尋用戶提供最佳資訊。這一點對SEO當然也不例外,缺乏好內容的網站是很難取得搜尋引擎和用戶青睞的。內容創作的同時,亦需要考慮到字詞的選用和配置,這樣才能一併讓搜尋引擎和用戶都充分理解。

關鍵字	搜尋意圖
買omega3 買omega3魚油 買魚油	尋找可以購買omega3魚油的地方
最好的魚油 最佳omega3 魚油推薦	要了解最棒的omega3魚油品牌是什麼
魚油的好處 omega3的好處	研究omega3有那些好處

透過關鍵字和搜尋意圖的了解，內容創作涵蓋每個相關需求都很重要。例如內容可能就會是：

- omega 3的定義
- omega 3的來源
- omega 3的好處
- 最好的omega 3魚油品牌
- 服食omega 3的方式與注意事項
- 提供購買omega 3魚油的連結
- 提供健康飲食與生活的相關內容

2 **最佳用戶體驗**：網站擁有一個好看的設計是好的，但除此之外還需要確保網站本身很容易瀏覽和備感安心，而且還要解決任何妨礙用戶操作的障礙與問題。這部分包含兩個很重要的因素：加速網站載入時間、迎合行動裝置。網站載入時間不僅是用戶體驗的一部分，而且也是2018年的重要排名因素；至於迎合行動裝置不僅僅是擁有行動版網站或App，更多是包含操作使用上的體驗好壞。

3 **提高點擊率**： 搜尋引擎會了解搜尋結果被點擊的頻率。如果你獲得更多的點擊次數，從邏輯上講，你有機會獲得更高的搜尋排名。

4 **善用社群媒體**：如果你的競爭對手只有社交媒體頻道，卻沒有網站，或者網站非常老舊過時，那麼這對你來說是非常有利的。換句話說，只要你有優質的網站，並透過社群媒體進行分享，就有更高的勝出機會。

5 **關注競爭對手的動態**：操作SEO的另一個重點就是不能總是閉門造車，持續留意競爭對手在網站上的任何做法變化，亦是一大關鍵。這能夠起到什麼幫助？通常當對手在他們網站上有所改變調整時，是為了取得更好的效果，透過關注對手動態便可得知動靜，這樣就可以嘗試運用在自己的網站上，或避免重複別人的錯誤。

6 **Linkless 品牌提及**：一個網站能獲得越多且高品質的外部反向連結，可以有效提升在搜尋結果頁的排名，而Linkless則是不包含超連結的品牌提及，品牌的壯大不僅是企業經營的結果呈現，也是SEO的未來趨勢。幫助外部反向連結的原則仍然是正確的，不過努力提高品牌知名度和聲譽會帶給你額外的幫助。需要關注品牌知名度和聲譽，不僅僅是為了提高搜尋排名，更重要的是，一個負面品牌評論可能比一百個正面評論影響更大，它對企業可能產生的影響是可怕的。不過，這並不表示你應該要刪除每個不利於品牌的評論。事實上，公司可以透過負面評論展現一流的客戶服務，並以公開方式獲得高度讚賞與處理認同。

隨著搜尋演算法的不斷發展，企業必須了解這些變化，並關注可以做些什麼來提升網站搜尋排名和銷售業績。因此，請確保利用所有不同的方式、技巧來提高SEO排名優勢。

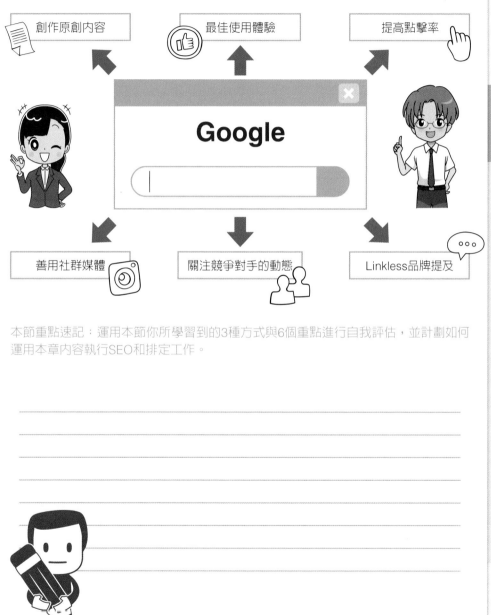

本節重點速記：運用本節你所學習到的3種方式與6個重點進行自我評估，並計劃如何運用本章內容執行SEO和排定工作。

Date _____/_____/_____

第 5 章
通訊篇：打造循環流量系統

　　一旦網站、內容和SEO執行到某階段，是時候藉由通訊工具打造循環流量系統的最佳時刻，這可以讓所有努力不容易付諸東流，能夠讓所有得來的訪客或消費者成為事業某個階段的重複訪客，而不僅是一次過客。

　　如果說搜尋引擎是幫助網站獲得更多精準流量的方式，那麼電子郵件等通訊工具則是一種有價值的留客媒介，因為它可以幫助企業：

- ▶ 建立精準性名單
- ▶ 提升客戶信任感
- ▶ 獲得重複性流量
- ▶ 即時性溝通服務
- ▶ 有效提升銷售率

　　以上這幾點不僅重要，彼此之間也是相輔相成的，因為一旦擁有大量的精準名單（LINE@好友、Email訂戶、聊天機器人訂戶、手機號碼……），你可以不用擔心不知道潛在客戶在哪裡的問題，也可以重複跟一群精準客戶溝通交流、提供資訊讓他們對你的產品或品牌有更進一步的了解和認知，進而導流至網站產生銷售業績。

什麼是即時通訊行銷？

　　這是一種包含多種通訊工具的行銷方式，主要是透過某種工具直接向一群人發送訊息或溝通（售前諮詢和售後服務），一般來說，目的是增強商家與舊客戶的關係，藉此提升客戶忠誠度和回流消費，也能用於獲取新客戶或說服潛在客戶購買某些產品。簡而言之，即時通訊行銷是使用通訊工具作為銷售渠道的過程，為了能夠做到這一點，你需要通訊工具作為溝通和傳遞價值的媒介，這也是擁有通訊名單的重要關鍵。那麼為什麼需要名單呢？

　　許多人可能會疑惑花時間和精力建立通訊名單有意義嗎？真的值得嗎？這對行銷或銷售有什麼幫助呢？

　　如今，好的產品往往需要通過正確渠道進入消費者的視野，酒香也怕巷子深！如何選擇正確的曝光方式、精準觸及目標受眾，也成為企業經營的重點之一。如何將訊息傳達給精準的潛在客戶，這需要考慮對用戶是否有足夠的了解，並找到對應媒體將訊息傳達出去，同時通過有效的互動，將流量進行轉化。所以這部分不是只限於通訊軟體之中，更多時候需要多方整合才能夠操作得當。

現在正因為科技發展得好，產品更需要進入消費者的視野，因為同質化實在太高了。而如何將訊息傳遞給精準用戶？這需要考慮到對目標人群的準確定位，同時將流量進行轉化，要做到這點，即時通訊工具是一個實現轉化的好方式。

　　想做好即時通訊行銷，得一併結合其他行銷方式才能達到更好的行銷效果，因為未來的網路行銷趨勢將是全網行銷。換句話說，通訊工具本身跟社群媒體、網站和銷售都是脫不了關係的，彼此之間更非衝突性的存在，現在這個競爭激烈的時代，比以往任何時候都更需要做好全網行銷、盡可能做到無所不在。然而，擁有名單也等同於在經營網站、打造社群、市場推廣的過程中，獲取了有興趣了解更多資訊的潛在客戶和精準客戶，使他們能不斷收到更新和進行更多的互動，成為更有價值的客戶。

即時通訊的行銷神助攻

	Email 電子報	Messenger	Line@	SMS
發送訊息成本	低	中	中	高
名單精準度	低	中	中	高
開信率	低	中	中	高
名單收集難度	易	易	較易	難
可被替換性	高	中	中	低
操作難易度	中	中	中	低
即時互動	中	高	高	低

本節重點速記：名單就是你的小金庫，如果你的事業已經運作一段時間，想必你會有名單量，請花些時間去整理出來吧。如果你正處於起步或準備階段，請一開始就將名單收集視為一個重點工作。

5-2 提供讓別人需要你的價值

當你想要別人訂閱電子報或加為好友，你也需要提供價值給他們，這是一種互惠互換價值的認同過程。不要認為人們會想隨便給你個資或加為好友等著被銷售，你要讓受眾知道他們會得到什麼好處，進而讓他們產生行動，並且做好心理的預期準備。

擬定好方案，跟別人做價值交換！

所以，當你開始要建立通訊名單前，你要先設想你的價值交換方案，同時思考：這個方案能有效說服、引導人們行動嗎？也許有些人會因為喜歡你的產品，而不假思索地加入你的通訊名單中，這僅僅是因為他們喜歡。但是，有些人可能是直接看到你的粉絲專頁、網站，根本對你還不夠了解，也沒用過你的產品，那你應該要怎麼辦呢？

答案就是提供價值交換！

有什麼優質的東西是你可以提供人們索取，並且是他們感到需要或喜歡的？這裡有幾種常見方式提供你參考使用：

❶ 影片或電子書教學：這是一個很省成本又吸引人們的好方式，也具有很好的感知價值，如果你有足夠的想法可以提供並錄製成影片，建議做成3～5部影片，分批給予訂戶這些影片內容。例如：服飾品牌可以分享穿搭的知識、髮廊可以拍攝如何整理髮型或流行趨勢。

❷ 免費產品：這個性質非常適合一般各大產業，你可以讓人們加入後索取試用體驗包、到店換取小禮物、贈送一盤小菜……等等，越是跟你的產品接近，就越能吸引到精準客戶群。

❸ 免費服務：你可以提供對你潛在客戶有用的小服務，它不僅會吸引人們加入，也會幫助你建立口碑。例如：如果你是一位攝影師，可以免費提供拍攝一張形象照；健身教練可以給予30分鐘瘦身諮詢；列印公司可以提供免費設計版型供客戶挑選……等等。

❹ 消費優惠：假如以上3種你覺得需要花費心思或覺得麻煩，那麼你可以考慮採用提供消費優惠，也是對有意購買的潛在客戶最直接的回饋了，不過這比較適合單價稍高的產品，或者設置使用消費額度。例如：加入LINE@好友可以獲取100元折扣代碼；提供200元折扣優惠，限消費滿1千元使用；加入會員第一次消費一律免運費……等等。

現在，再次問問自己，你能免費提供的最好禮物是什麼，不要藏私這些好東西，

或者不願意吃虧，常言道：「有捨必有得、不捨就很難得。」當你開始執行建立名單這項重要流程時，記得始終保持「這對訂戶能夠產生價值嗎？」的思維方式進行。因為，讀者或消費者永遠只關心如何有利於他們，而不是你對銷售、名單的需求。當你提供的東西是一個真正有用的禮物時，你將邁向成功的第一步，更是名單建立戰略的基石。心靈吧台（www.mastermsk.com）就藉由提供各種免費教學進行名單收集，這樣既可以分眾行銷，也能針對不同族群解決特定問題。

此外，你可能還需要測試，特別是轉換成效不好的情形下，也就是你想給的並非是人們想要的。不過要記住，我們是要發展營利事業，不是要經營慈善事業。所以，雖然要先有所捨，還是得考慮到成本問題，不可盲目地過度給予或養大客戶胃口。

你的首要任務不是只為了名單，而是要獲取利潤。當你的免費禮物能被轉換成有效名單之後，你也可以請他們幫你做一份問卷調查，了解他們想更深入了解哪些部分，當你獲取這些有效答案之後，也有助於打造更好的產品，或透過這些調查資訊開發合適的相關產品！

　　獲取名單的目的之一是為了有更充分進一步與潛在客戶建立信任關係的機會，如果你只是單純為了得到更多流量或曝光，這是很難建立起良好的長期關係，因為這些人可能對你沒留下好印象，也不會再次訪問網站或消費。

　　但是，如果你有對方的 Email、電話、通訊帳號，你可以透過一系列的內容或價值來幫助建立彼此的關係和信任。所以，讓人們願意加入你的名單只是第一步，而且，只是第一步的一半，因為他們加入後還需要願意接受後續的訊息，也就是不退訂或不封鎖。因此，當你到達第二步，你有更重要的工作要做。若你希望人們不只是單純停留在你的名單中，而是積極參與，並按照你提供的資訊，再次返回你的網站或消費，你就必須與你的訂戶建立信任關係。

　　一旦你開始有通訊名單，你的首要任務就是確保他們會喜歡收到你的資訊。現在，你需要持續使用提供價值策略於此步驟。除了你提供的價值交換方案之外，你還可以把你想要傳遞的資訊發送給他們。內容需要保持關聯性，如果你的價值對訂戶而言是幫助穿搭出時尚潮流感，但你卻發送搞笑影片，即便這樣不會讓人討厭，但對於品牌經營來說是沒幫助的。所以，請不要發送跟你的品牌價值無關的資訊，這是一個與他們建立信任關係的基礎，他們需要相信你會持續提供可靠的內容與價值，而不只是一堆訊息。

規劃價值內容

　　設置自動排程是簡單的工作，無論是電子報、Line@在技術功能上都沒什麼困難點，真正困難的部分是內容創造。通常第一次接觸都是感謝或歡迎訊息，並給予承諾要給他們的禮物，之後才是其他相關內容。

　　當受眾加入成為你的名單之後，價值內容的設計就是為了做好這3件事：

❶ 持續給予更多價值

❷ 與訂戶建立長期信任關係

❸ 推薦合適的產品並轉單營利

　　一開始不要操之過急，我看到許多企業一得到名單的當下就是銷售再銷售，這無疑會給人厭煩感並大幅增加封鎖率。這麼說不是要你別銷售，這確實是需要做的事，只是比例上需要有所分配。

　　你必須反覆地測試再測試，嘗試變化內容主題，也必須定期檢討以便改善轉換率。在理想的情況下，直接推薦產品給名單受眾是沒問題的，重點是產品確實可以幫

助訂戶解決問題，而不是單純為了賺錢或清庫存品。因此，即時通訊行銷的成功關鍵除了建立關係之外，就是要找到對你的訂戶、好友有針對性的產品，並能有所獲利。

獲取名單

取得和潛在客戶的
溝通方式

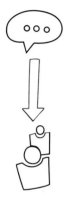

規劃價值內容

· 給予受眾更多的
　價值
· 與訂戶建立長期
　信任關係
· 推薦合適的產品
　並轉單營利

呼籲行動

使用限量、限時折
扣、限時免運、加價
購……等設計活動，
增加轉換消費率

本節重點速記：請動手寫下本節你所學習到的重點或心得吧！

第五章

通訊篇：打造循環流量系統

呼籲行動

　　請先試著回想你在電視所看到的廣告，很多節目跟廣告是共存的，但你根本不會過度在乎那些廣告，而排斥看任何具有廣告的節目，因為你可以觀看你所喜歡的節目內容。然而，當你不想要或不需要該項產品時，你自己會忽略那些廣告。

　　你的名單訂戶也是這樣的，而且他們往往不會介意看到高品質的廣告內容，就像我們經常在社群媒體或透過朋友的分享看到某些廣告一樣，雖然我們並沒有產生購買行動，但是卻沒有對某些廣告產生反感，甚至覺得很棒而分享。

　　事實上，在大多數情況下，他們可能會相信你的推薦，因為你在之前已經給他們很好的教育了。當然，我是假設你們之間已經有了信任感。所以，當你發送廣告訊息時，應該至少包含一個呼籲行動的指令。在這方面，你有很多的選擇，呼籲行動可以這麼做，譬如以下兩種常見手法：

❶ 鼓舞人們當下購買：可以給予購買優惠、免運或贈品方案，促使人們有更高的購買意願，最好還能搭配使用的限定時間，這樣就能夠促使有意願的人們在期限內做出選擇。

❷ 設計消費抽獎活動：抽獎活動具有很強的附加價值，也能夠有效地提升購買慾望，因為這對於消費者來說是額外得到的價值，人們雖然普遍不喜歡便宜貨，但幾乎都喜歡占便宜的感覺。

本節重點速記：擬定末來要發送的內容，內容發想建議從解決讀者的問題、推廣品牌和產品來進行。

心靈吧台──注入價值內容，讓 Email 更貼近每一位客戶

心靈吧台是由林星涎老師所創辦的心靈成長品牌，希望幫助人們達到快樂、成長，並學會發揮自己與生俱來的潛能。早在十年前，LINE、Facebook等網路媒體還不盛行的時候，星涎老師便開始用部落格經營個人品牌、教練服務與課程，但是，當部落格有新內容的時候，卻無法完完全全的掌控訪客再次回來觀看，這種情況對品牌方而言，等同於少了一位潛在客戶，也少了能夠宣傳、提供後續服務和價值的機會。

對於身心靈這樣產品的特性，非常需要教育和溝通，來拉近和潛在客戶之間的距離，讓他們慢慢學習，解開一些錯誤的觀念，建立正確的思維。

心靈吧台的Email行銷用法和一般電商不太一樣，通常一般電商的Email行銷都是像DM一樣發布產品消息，往往顯得比較生硬。

凡是訂閱心靈吧台電子報的訂戶，都會不定期收到如何成長、觀念上的釐清、QA回覆和學習心得的內容，藉此持續與客戶溝通，長期給予潛在客戶有幫助的資訊。透過個人化的文字風格、故事，也會提高個人品牌的影響力，畢竟人們喜歡follow能看得見人的品牌，大過於看見硬邦邦、冷冰冰的公司品牌。

有技巧地持續用文字在Email中分享，並留下下一篇的預告，也能創造肥皂劇效應，因為訂戶會期待下一篇。在人們心中留下這樣的懸念，會讓人們期待再次看見Email，就好比很多人喜歡看肥皂劇八點檔一樣，人們心中一直在思考下一集會如何。

雖然，讀的人只看得見文字，但在文字中，他能感受所描述的場景，也會引發心中的共鳴，讀者不只會看見故事，也會學到東西。當然，在這個過程中，也會像偶像劇行銷一樣，在字裡行間置入課程、教練服務。

身心靈產品的特性對消費者而言，有的時候就像心靈雞湯一樣，人們不定期都會需要能激勵自己、療癒自己的內容，讓自己能夠在複雜的人生百態中繼續挺住往前走，讓自己在沮喪挫折的生活中看見希望的內容。

現在心靈吧台也會適時地將Email內容放在部落格中，這既可以保留住好內容，也能充實網站內容──http://www.mastermsk.com/blog/。

如何做少得多的打造你的理想生活？6大要點掌握理想生活加速器！

星涎&心靈吧台 samsonlin520@gmail.com 透過 s6.csa1.acemsa3.com
寄給 我

Dear

雞蛋不要放在同一個籃子裡？！

常聽到有人說要分散風險，雞蛋不要放在同一個籃子

但這有可能也是你沒辦法放大財富的原因之一

我們常向外追求許多方法

卻忽略了向內探求，用更專注並較少時間來創造更大利潤

而這些能力要如何鍛練並翻倍效益呢？

今天的影片將跟你分享...

- 六大要點掌握理想生活加速器！
- 過程中可能容易掉入的「三大財富捷徑誤區」是？
- 想讓事業順利翻倍成長的重要關鍵在於_____！
- 如何鍛練你做少得多生產力的六大要點？
- 提高你生產力的三個思考與練習
- 最有價值的資產就在_____！

點此學習第三堂免費課

135

　　Email電子郵件可能會讓你有只是老派過時工具的想法，它的確也不是什麼新穎的網路工具，現階段的應用比例也比以往更低。電子郵件確實不酷了，不過電子郵件仍然是很有效的行銷管道，而且因為它具有低成本的特性，所以投資回報率依舊是相當不錯的。雖然現在臺灣大多數都使用LINE和Facebook作為網路通訊媒體，不過請不要因為它不是新興或主流媒體而輕易忽略了它，你會發現目前大多數知名企業仍然沒有放棄電子報行銷，因為它在現階段依舊具有銷售潛力，同時不會消耗企業太多的資源。

　　然而，電子報行銷不只是單純地發Email，選擇良好的電子報系統非常重要，這是確保訂戶能有效收到訊息通知的關鍵一環。即使很多人知道建立名單是網路行銷中非常重要的步驟，但他們仍然想要省錢，試圖想手動完成這件事。這個方法的確是能夠節省一些錢，但卻有極大的機率會誤事。

　　你要有投資的體認，**一開始就做對的事情，只會省錢省事**。

　　所以，想要做好電子報行銷這件事，你不能也不應該只想單純倚賴使用免費的個人電子郵件發送系統，如：Outlook、Gmail或其他系統來發送電子郵件給你的名單。撇除管理上的問題之外，若要發送大量的電子郵件，是無法有效發送的，這會非常容易進到垃圾郵件中。

　　這是因為許多免費電子郵件系統和ISP網路服務供應商，對你可以在同一時間發送的郵件數量是有所限制的。此外，ISP若發現你大量發送一樣的電子郵件內容，將會判讀為垃圾郵件，甚至有能力讓它停止發送。意思就是說，你的名單用戶將會收不到你要傳遞的通知資訊。

　　因此，如果你想善用電子郵件提升網路行銷效益，你需要採用一個可靠的電子報系統。這部分有許多的系統商，每一個都提供不同的服務價格和功能，花一些時間思考一下，且確定你的需求是什麼，然後再選擇相對應的電子報系統。

　　如果你沒有太多預算，並且不需要太過複雜的功能，在此推薦你使用「電子豹」（www.newsleopard.com）。它有非常親和的設計介面和操作性，電子豹的設計初衷和賣點就是：一個不需要技術人員，也能輕鬆使用的電子報發送平臺。

| Email電子報 | Messenger | Line | SMS |

 24小時自動客服，降低人力成本

 引導購物，提升銷售業績

 能夠同時迎合多種裝置

 可直接溝通，節省廣告費

 能整合粉專貼文，提升互動率

 可以分眾發送訊息貼近需求

本節重點速記：選用並註冊電子報系統，開始建立名單或匯入既有名單。

❶ 在你所擁有的名單量還非常有限的時候，你可以先選擇免費試用，而當你註冊好電子豹會員並登入後臺後，請先點選「收件人群組」，並點選「新增群組」。

❷ 填寫你的群組名稱並儲存。

❸ 你可以視你的名單數量，選擇大量匯入或少量匯入，少量匯入只需要直接貼上 Email和姓名即可直接匯入。

④ 如果你還沒有名單，可以點選訂閱表單用於網站上開始建立名單。

⑤ 右方的感謝頁網址可以用來給予完成訂閱的禮物，讓完成訂閱的當下能兌現你的價值方案。

Thank You Page

可自行設定,註冊完成後,將頁面導入到指定網址

當前網址：無

網址 _____

儲存　取消

⑥ 當你有一定名單需要群發訊息的時候，可以透過電子報功能進行發送。

電子豹 (TEL：886-2-27640802)

瀏覽　　收件人群組　　電子報　　線上諮詢　　推薦連結

電子報

新增電子報

新增電子報

1. 基本設定　2. 編寫內容　3. 選擇寄送時間並確認

基本設定

寄件人姓名　林杰銘

寄件人Email　ceo@imjaylin.com

電子報主旨　[限時好禮]請領取消費優惠券$500

如需加入收件者姓名，請輸入 ${name}
例如：${name} 你好...
如需加入自訂變數，請輸入 ${p1}
例如：您的折扣碼為：${p1}

⑦ 點選「新增電子報」後，分別輸入寄件人資料和標題。

❽ 接著填寫好文案後，再點選「下一步」。

❾ 最後選擇要寄送的時間。如果是免費試用版，只能如下圖般馬上寄送。

1. 基本設定　　2. 編寫內容　　**3. 選擇寄送時間並確認**

寄送時間

累積成功到達數：【21124 封】
開信數最高時段：【下午 12 點】

◉ 馬上 (試用會員無法指定寄送時間)

本節重點速記：選用並註冊電子豹系統，開始建立名單或匯入既有名單。

為什麼你應該要使用 Facebook Messenger

聊天機器人是一種使用AI人工智能自動執行任務的應用工具，而且聊天機器人被使用得越多，它就有更多的學習資料庫，就能呈現更好的應答服務與流程。聊天機器人可以應用在許多產業，而不僅局限於一般電商模式，像是旅遊、金融、娛樂、餐廳、教育……等等。使用聊天機器人不僅可以降低人力回覆的工作與成本，也能建立另一種溝通的渠道，並提升行銷效益和達成目標。例如：媒體行業可以藉由聊天機器人提供最新頭條新聞，或透過按鈕選單讓人們自行選擇感興趣的新聞類別；實體店面可以藉由聊天機器人回答常見問題，引導潛在客戶到店面進行體驗或消費。

當一些老闆或學員問我該使用哪一個通訊工具時，我的答案往往讓他們感到有些驚訝：盡可能都用，以便迎合不同的情況和用途。Facebook、LINE……等工具，雖然都是目前大眾非常慣用和偏愛的工具，但是對企業而言，都有著無法完全掌控的風險存在。如果將心力完全放在其中一個工具之上，雖然短期內可以很專注且有效發展，但萬一有一天這些工具改變了遊戲規則，那麼銷售業績很有可能大受影響而一落千丈。

建立多重通訊名單則能最大化降低以上所提及的風險，這也是身為經營者必須去思考和避免的事情。然而，即時通訊行銷為什麼需要Facebook Messenger？它能夠帶來哪些好處呢？以下3點是我認為你需要重視它的原因：

一、雙向溝通

電子郵件可以取得長期持續溝通的機會，不過，大多數人不容易跟你產生雙向溝通，而這就是Messenger具有的特點。當你收到一封電子報時，會感覺到該企業在對你說話，而Messenger訊息則會讓你感覺到在與你聊天，往往也可以得到更直接的回覆或諮詢。同時，Messenger也非常適合作為網站上的即時問答工具，這樣的服務可以幫助潛在客戶解決購買前的疑慮，並且有效提升購買意願與轉換率。

二、使用習慣

電子郵件雖然依舊是許多企業主要的CRM工具，但隨著時代慢慢改變，年輕一代不會花太多時間在Email收件夾當中，因為他們更習慣彼此傳遞資訊。這個現象是很大的轉變，通訊工具已成為占據生活和使用手機的主要組成部分，而Messenger就是其中深受年輕一代經常使用的工具之一。

三、唯一帳號

從你開始使用電子郵件這些年以來，你換過幾組Email帳號了？是否有多組Email帳號？

電子郵件的使用與我們生活中的有限時間息息相關，像是學生時代、社會人士、職場環境、網路科技……等改變，都會影響我們更換所使用的Email帳號。不過，Facebook帳號人們幾乎不會隨意改變，這種使用情況代表當我們取得聯繫來源時，互動溝通時間可以更長期且有效。

使用多種即時通訊工具，可以盡可能滿足不同使用習慣的受眾，讓受眾有不同的偏好選擇，並且實現跨平臺。一旦這樣做，就有更大的可能性會提升名單增長率和改善訊息傳達率。

要了解你是否應該建立你的Facebook Chatbot聊天機器人，可以藉由以下這幾個問題進行思考：

❶ 是否想要與客戶進行更多互動？

❷ 是否想吸引新客戶或鞏固舊客戶？

❸ 是否需要持續推送訊息給客戶群？

❹ 是否希望自動化回覆繁瑣的問題？

即使只有其中一個答案為YES，你也應該開始考慮為你的粉絲專頁建立專屬聊天機器人，在下一節內容我將會告訴你如何真正開始。

本節重點速記：思考聊天機器人對你能夠有哪些作用？你是否需要它來協助你？

Messenger 行銷利器——
Chatbot 聊天機器人（Part I）

聊天機器人就如同其他網路行銷工具一樣，在開始之前你必須先有所了解和熟悉，以下是你一定要考慮並知道的事情：

1. 思考應用策略——不要只是建立一個聊天機器人，不然只是多餘的存在，還會耗費你的心力。請先想想你的客戶需要什麼，以及Chatbot如何幫上忙，而非幫倒忙。接下來，再圍繞這些特定需求設計聊天機器人。

2. 制定客戶之旅——想想聊天機器人可以如何引導訪客進行問答或購買。請注意，聊天機器人不是只能充當銷售員，它也可以幫助客戶尋找特定資料、提供最新訊息和解答疑問。

3. 不斷測試調整——不要只是像一個機器人，而是用它為你的客戶或粉絲群提供更好的服務。相對而言，應該致力於不斷改進和改善聊天機器人。例如：可以提供更多的選單讓訪客挑選，或者新增更完善的回覆內容。

4. 人性化機器人——機器人的用途是對話溝通，這表示在不同情況之下，應該要使用稍微不同的情緒字眼。例如：對於想要換貨的客戶來說，你可以思考如何讓他們感到放心，並提供很好的流程資訊，協助客戶更快、更方便地完成換貨。

5. 編寫完善腳本——想想客戶可能會問的所有可能問題，以及他們可能還會對什麼感興趣，然後再創建各種問題和答案，並測試所有流程是否正確無誤。

建構 FB 聊天機器人

Facebook Messenger網頁本身提供了開發聊天機器人所需要的資源（https://developers.Facebook.com/docs/messenger-platform），但說真的，這對大多數人來說太複雜了，不過這是開發人員的好天地。

某些電子商務平臺甚至能整合Facebook Messenger，讓訪客能透過聊天機器人進行選購，購買後也能透過Chatbot獲得確認通知。幸運的是，目前市場上已經有一些應用工具了，完全不需要任何程式編碼能力就能使用並完成，而且可以先免費試用：https://www.chatisfy.com/。

第五章

通訊篇：打造循環流量系統

143

首先，請先至chatisfy.com，並點選畫面中的「免費試用按鈕」。

依畫面提醒選擇新增機器人，準備串聯你的FB粉絲專頁。

選擇你要串聯的粉絲專頁（假如你想要為其他粉專串聯Chatisfy聊天機器人，再次點選新增機器人如法炮製）。

Step 1
連接粉絲團

Step 2
新增機器人

Step 3
設定幣值與時區

選擇要連結的粉絲頁

機器人將會在您選擇連結的粉絲團上運作。別擔心，您可隨時在設定頁取消連結

創憶學堂
imjaylin 加持中

步驟2是新增機器人，這部分會建議選擇「新增電商機器人」，這會提供既有的內建模版讓你可以參考與修改（包含商品、關鍵字、訊息等），對於尚未熟悉應用的新手來說較為合適。

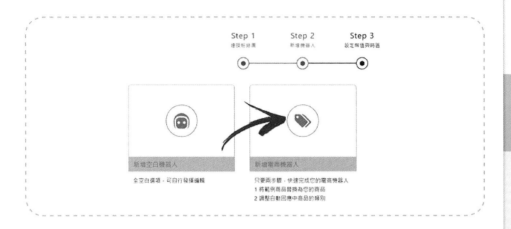

新增機器人的最後一步確認幣值和時區正確無誤後（選定幣值後無法再更改），就直接點選「完成」按鈕吧！完成後，將會自動導入Chatisfy後臺頁面。

緊接著才是重點，主要操作選單都在上方列表，礙於篇幅關係，在此恕我只做簡易說明，有興趣的朋友可以自行參考官方的教學影片（https://goo.gl/TjeeSj），或者也能加入本書的FB社團進行發問討論。

主要的功能選單就在網頁上方，如下圖：

1. 主選單——這裡可以總覽聊天機器人的使用狀況與相關資訊。

2. 訂閱戶——能夠查詢所有私訊過的粉絲或用戶的互動狀態，商家也能在此手動設定黑名單。

3. 電商設定——這是上架產品、訂單管理和設定金流、物流的主要地方，可以善用電商模版進行變更，如果沒有在網路上銷售的需求，可以刪除所有產品項目。完成設定之後，可以透過自動回應或選單提供產品訊息。

4. 自動回應——這是用來提供回應訊息的來源，這部分包含群組、方塊、訊息編輯卡片和標籤。透過「群組」可以分類不同的主題項目；方塊可以區分不同的訊息內容；訊息卡片能夠編輯訊息內容和呈現方式。

5. 推播訊息——能夠主動群發訊息給私訊過的訂戶，並且設定排程發送時間和篩選傳送對象，訊息設定方式和自動回應相同。

6. 關鍵字——這可以透過呼叫訊息方塊實現自動快速回應，只要消費者輸入特定關鍵字時，便能看到特定的自動回應訊息。

7. 分析——可以檢視七日內的使用狀況，包含：留存率、活躍度、最受歡迎的方塊及按鈕。

8. 貼文回覆——可以讓粉專貼文進行自動留言回覆和傳送私訊，並引導成為訂閱名單，以便之後能群發訊息。

9. 表單——可以新增表單用於粉絲填寫問題，免於用其他表單工具。

⑩ 訂閱排程 ── 這項功能跟電子報系統是一樣的，可以自動寄送排程內容給訂閱者，達成不斷提供價值與溝通的效用。

⑪ 設定 ── 可以開關機器人、解除連結設定和新增管理員、客服人員。

分析調整、測試優化

　　Chatisfy與大多數應用工具一樣，如何運用才是發揮多少成效的關鍵，過程中或許無法一擊必中，但透過經驗累積將能有所進步。也需要確保有好的產品、內容來迎合用戶的期望，這才是真正的關鍵，FB聊天機器人只是輔助工具。再者，事前規劃雖然重要，但如果沒有事後的分析、調整、測試，那麼FB聊天機器人所能帶給你的結果可能會很有限，你必須從中學習和優化。

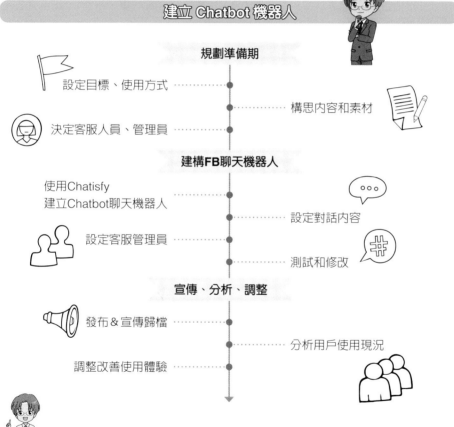

建立 Chatbot 機器人

規劃準備期

設定目標、使用方式 ·············

·············· 構思內容和素材

決定客服人員、管理員 ·············

建構FB聊天機器人

使用Chatisfy
建立Chatbot聊天機器人 ·············

·············· 設定對話內容

設定客服管理員 ·············

·············· 測試和修改

宣傳、分析、調整

發布＆宣傳歸檔 ·············

·············· 分析用戶使用現況

調整改善使用體驗 ·············

本節重點速記

　　規劃聊天機器人的訊息內容和使用藍圖，並透過Chatisfy完成各項設定。

5-10　LINE 的行銷特點和用法（Part I）

　　在近幾年的時間裡，2017年官方統計在臺灣擁有1,800萬用戶，而且使用族群相當地廣泛（下頁上圖），適用性非常地高。

　　LINE的使用情況不僅僅是普及化，統計結果顯示，其中有超過54%的用戶每天開啓LINE至少10次以上，重度使用者一天開啓31次以上。在許多人還只是利用LINE聊天通訊時，一種行銷方式已應運而生，並且不少企業和個人都從中嘗到了不少甜頭，發展前景也非常令人值得期待。

　　LINE從一誕生就是以用戶關係為核心而建立的通訊軟體，根據LINE的產品屬性，我個人認為對於企業來說，這是個極佳的CRM（客戶關係管理）工具。那麼企業在運營LINE帳號時，我個人建議以服務為主，內容為輔，至於提供怎樣的服務，就得根據各品牌屬性而定了。服務和內容並不是二選一的情況，而是兩者若能相輔相成地操作，將能帶給用戶和企業更多的價值。

　　LINE能夠獲取更加真實且活躍的客戶群，Facebook粉絲專頁中，存在著太多無關或非活躍粉絲，相對LINE用戶更為真實、私密、有價值，有人會這樣比喻：1萬個LINE好友相當於Facebook的10萬粉絲。這雖然有誇張成分，但卻有一定的依據性。普遍來說，LINE在資訊傳播力上不如Facebook來得快、來得廣，所以Facebook更偏於廣告，LINE則偏向人的對話、溝通！LINE也的確做到讓互動變得更為簡單有效，所謂的LINE行銷也是充分利用了這種超強關係達成行銷效益的。

　　通過與用戶之間的互動交流，企業將更加了解其目標用戶的需要。對於用戶而言，頻繁互動對其態度影響也是十分明顯的，通過互動不僅可以從企業獲得對自己有用的資訊，也可以獲得相應的客戶服務。

　　首先LINE所提供的訊息內容必須是好友粉絲想要看到的東西，客戶不僅僅是想看到產品的描述，客戶想看的是這個企業能透過LINE幫到自己什麼，能不能幫自己解決心中的疑問，能不能了解到最新的動態，比如：售前諮詢、售後服務、其他人使用情況、優惠資訊、企業動態……等等。

　　如果這個LINE帳號能提供潛在客戶想了解的一些東西，那麼就容易逐步成為忠實粉絲，同時給企業帶來實際的業績！

LINE 的使用族群

性別

男女比例平均約1：1

女性 49.2%

男性 50.8%

年齡

LINE使用者涵蓋了高消費力年齡層

15～19歲 9.3%

20～29歲 18.7%

30～39歲 23.2%

40～49歲 20.3%

50歲以上 28.5%

Source: Online Research by INSIGHTXPLORER, INC. (Mar 2014)

LINE 能幫助客戶什麼

| Email電子報 | Messenger | Line | SMS |

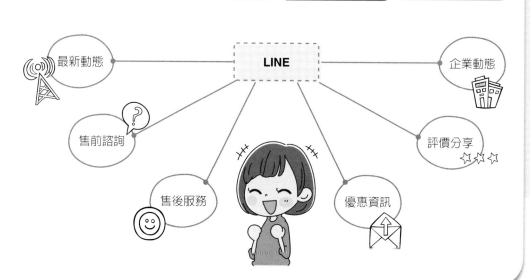

最新動態 — LINE — 企業動態

售前諮詢

評價分享

售後服務

優惠資訊

案例

用 LINE@ 精準行銷，培養忠誠客戶和取得用戶回饋

　　SNORIA（https://www.snoria.com.tw）是以機能襪、除臭襪為主力商品的企業，擁有30年的製襪經驗，堅持MIT製造，並致力於用先進設備、技術、紗線原料做出有品質保證的產品。目前許多企業都會選擇透過LINE@經營客戶，SNORIA也不例外，使用LINE@之後，為SNORIA帶來以下四大好處。

一、創造循環式曝光流量

　　目前有從事網路行銷的企業，可能都免不了制定網路廣告預算，以SNORIA來說，網路廣告費用有時可上達40%。透過LINE@經營潛在客戶、消費者，不僅可以提高銷售轉換率，亦可透過群發訊息省下部分廣告預算。企業可視好友數選擇適合自己的使用方案，除了每月應繳費用外，再無其他費用。這雖然也是一筆花費，但相對來說比廣告更為划算。

二、培養客戶回購消費的習慣

　　一般而言，培養老客戶所能獲得的利潤，遠比企業獲得一位新客戶來得更大。因此，SNORIA將開發新客戶所節省下來的費用換算成折扣額度，進而提供優惠給老客戶作為回饋。老客戶會因為只有他們獨享優惠而感到高興，若定期發布此類優惠的話，就可逐漸培養老客戶的消費習慣，比如說固定每月11號發布「老客戶好康優惠」。

三、為新產品的研發做市調

　　如果企業在開發新產品的過程中，想知道客戶對此商品的評價、想法，

LINE@也是一個可供利用的調查工具。此時可以在群組發動市調問卷，透過客戶的反饋來決定新品的設計方向或修改。但是別忘了，在詢問客戶並期望提供意見時，最好能提供小贈品，這樣才能更有效增加客戶參與的動力，也唯有參與人數夠多的情況下，調查數據才有參考的價值。

四、了解客戶對商品的評價

　　LINE@除了有群發訊息的功能之外，還能以一對一的方式與客戶私聊，只要群組的人數夠多，企業端就會經常收到商品詢問、提出對商品的建議，甚至抱怨……等。

　　此時收到建議或抱怨的訊息，都是企業可以提升商品或服務品質的大好機會，透過真實客戶的回饋，可以讓企業了解商品在客戶心中的真實看法，收集客戶建議也可作為日後提升商品或服務的基礎和方向。

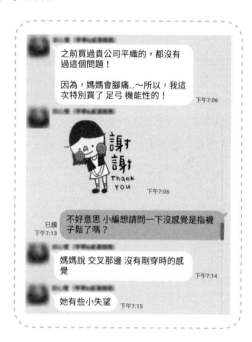

本節重點速記：可以思考LINE的用途是什麼，是提供另一個客服渠道？還是有不同用途？根據你的現況和想法擬定初步規劃。

從上一小節的介紹中，可以知道LINE是個很棒的行銷工具，不過小資老闆該如何真正運用LINE去做行銷呢？

LINE的個人應用包含個人帳號和群組，這兩項應用都是偏向個人、私密的使用狀態，比較不適合作為企業的公開用途，也缺乏管理和功能上的配套措施。

相對地，適合企業用於行銷用途的是LINE官方帳號和LINE@生活圈，兩者都可以一對多群發、建立品牌意識、許可式行銷、具有行銷功能。不過前者的使用費目前仍然太過昂貴，對小資老闆來說是個大負擔，可說是令人嚮往又難以摸著邊。LINE@生活圈費用不僅能迎合小資老闆的預算，初期還能先使用不限時的免費方案，其中還包含相當好用的功能模組，下方會再逐一介紹。

如果說FB聊天機器人是基於Messenger上的應用工具，那麼LINE@生活圈就是在LINE原有功能基礎上，做了進一步改善、調整的行銷工具，這兩者都實現了更好的網路行銷功能。

所以，對於小資老闆來說，LINE@在行銷方面的價值有以下3點：

❶ 這和FB Chatbot一樣，都可以迎合一對一對話行銷。

❷ 親民的操作性和費率，符合許可式行銷不擾民。

❸ 附加用戶管理，可以重複帶來流量和持續經營。

LINE行銷主要有3步驟，下方我也將再針對這3步驟進行更進一步的介紹：

步驟1 建立LINE@生活圈帳號，並了解如何操作使用。

步驟2 擴大宣傳，通過Facebook、網站……等途徑進行推廣，獲取更多好友粉絲，擴大影響力。這部分在之後的章節中會再特別介紹。

步驟3 LINE@生活圈作為客服角色勝任度很高，重要的是，一定要開啟一對一回覆。這是比關鍵字訊息回覆更彈性和有效的溝通方式，雖然人事成本較高，但相對更能滿足粉絲需求。

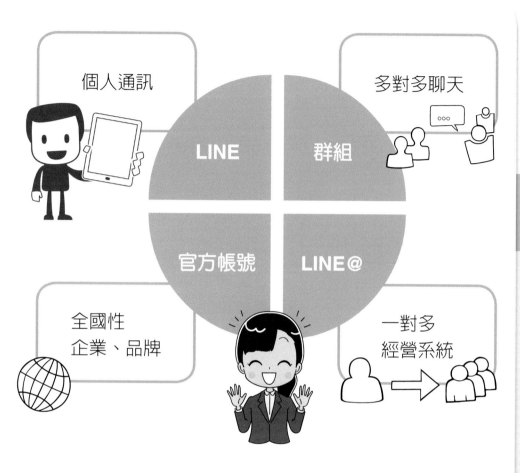

個人通訊

LINE 群組

官方帳號 LINE@

多對多聊天

全國性
企業、品牌

一對多
經營系統

本節重點速記：依照本節的介紹，完成你的第一個LINE@帳號申請吧！

LINE@ 介紹與
使用重點（Part II）

　　即時通訊行銷需要重視雙向互動，因為它不像Facebook可以藉由內容吸引大量轉發和間接曝光，這種行為反映在即時通訊工具上較為少見，而且透過與顧客的實際溝通，更能取得顧客的信任與推薦。那麼，在準備透過LINE@行銷產品之前，我們先來看看如何申請LINE@生活圈帳號。

　　首先，請使用行動裝置（手機或平板）至App Store或Play商店中搜尋「LINEAT」，並安裝「LINE@」App。

　　完成安裝並點擊圖示後，將會看到以下畫面，請點選「開始使用LINE」或「使用LINE帳號登入」。

建立LINE@帳號之前，你必須同意相關條款，確認沒問題後點選「同意」按鈕。

建立帳號非常簡單，需要填寫帳號圖片、帳號名稱和業種後，點選「註冊」按鈕就能完成建立。之後你想建立第二個LINE@帳號，也是這樣的操作流程。

請注意，若要申請認證帳號就必須帶入公司名稱（帳號認證步驟說明──http://lin.ee/9JXYAok），認證帳號的盾牌為深藍色，而非一般的灰色（LINE官方帳號則是綠色盾牌）。

要注意的是，自2018年1月22日起，LINE@帳號必須達到「總好友人數50名」後，該帳號才會進入正式的認證審查。

LINE@認證帳號主要的好處是可被搜尋得到，一般帳號則不行，認證帳號所發行的優惠券，也有機會曝光於「官方帳號列表的優惠券區」。細節可參考以下官方提供的比較圖。

	☆ 認證帳號	★ 一般帳號
群發訊息	★	★
1對1聊天	★	★
宣傳頁面（優惠券等）	★	★
調查頁面	★	★
LINE集點卡	★	★
行動官網	★	★
數據資料庫	★	★
購買加值服務	★	★
官方帳號推薦列表/LINE好友列表數可被搜尋	★	
製作海報	★	

相關付費服務方案請參考下方官方圖表，或至官網查看── http://lin.ee/dcvny4D。

超級推薦使用的 LINE@ 功能（Part I）

本節會介紹關於LINE@的相關功能，某些功能只限電腦版，而且也會比使用行動裝置更為方便，因此本章節內容會以電腦版後臺為示範介面。

電腦版管理後臺：https://admin-official.line.me，後臺也有官方教學影片，所以這裡我只做重點提醒與相關建議。

制定你的好友問候語

這是當人們願意成為你的好友粉絲後，會看到的立即性訊息，而預設的問候訊息並不是最恰當的，這部分會建議你進行修改。關於這一點也能套用於FB聊天機器人喔。

問候訊息建議包含不封鎖的理由，可以是每月好友活動或優惠。同時，也能一併搭配關鍵字回覆訊息，讓好友可以一目了然，知道可以得到那些立即性的回覆，這樣不僅可以讓好友粉絲更方便獲取所需資訊，也能增加好友列表人數。

關鍵字回覆

設定精準的關鍵字回覆內容，可以引導好友粉絲能快速得到常見性的回覆。關鍵字回覆內容可以是常見問題、查詢菜單、價格、引導訂購、訂位、店家地址……等等。代表關鍵字建議使用數字或英文作為代表，這樣好友回覆會較為簡單方便，例如A是回覆店家地址、B是回覆店家訂位電話……。

假設將代表關鍵字設為「A」，連結內容為粉絲專頁，當客戶輸入A這個數字時，就會自動跳出回應內容。

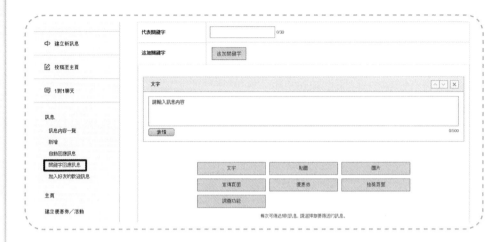

訊息群發

訊息群發是LINE@最主要的群體溝通功能，但是要非常注意發送頻率，否則容易提高封鎖率。

群發次數建議每週控制在1～7條，時間則要穩定而不擾民，主要有3個時段是比較普遍可被接受的，分別是：7～9

點、12～13點、18點～20點。可以選擇在非整點時發送，這樣有利於訊息出現在最上方，因為大多數都會設定整點。例如於20：03分發送訊息，而非20：00發送。

不同類型的內容、企業，發送時間也應不同。例如：早餐店可選擇早上8點前發送；企業產品導購可於晚上8點過後。最佳有效閱讀時間及互動時間點可能會有些許落差，實際測試才是王道。

1對1聊天		設定日期及時間		○ YYYY-MM-DD ▦ 0 ▾ : 0 ▾ : 0 ▾
				⦿ 立即傳送

訊息
　訊息內容一覽
　新增
　自動回應訊息
　關鍵字回應訊息
　加入好友的歡迎訊息

主頁
建立優惠券／活動
集點卡
行動官網
口碑商店
數據資料庫
帳號設定

同時投稿至主頁　優傳送1則訊息時，即可將訊息同時投稿至主頁，但若傳送多則訊息時，則無法同時投稿至主頁。
　　　　　　　　　○ 投稿
　　　　　　　　　⦿ 不投稿

文字　　　　　　　　　　　　　　　　　　　　　　　　　×

請輸入訊息內容

表情　　　　　　　　　　　　　　　　　　　　　　　0/500

文字	貼圖	圖片
優惠券	抽獎頁面	宣傳頁面
調查功能		

如何看待封鎖？

　　我們理當尊重每一位顧客，可是千萬不要一味討好顧客，取消關注的遲早會取消，只要你一直提供價值，留下的總會留下來，這樣反而是一件好事。會輕易封鎖你的人，往往不會是你的客戶，只要經營妥當，有一定的封鎖率都是正常的。

　　通常會被封鎖主要都是群發太過頻繁或內容不喜歡，可以透過好友專屬活動降低退訂（來店優惠、抽獎），但不適合經常這麼做。如果情況允許之下，可以提供價值內容，提高活絡度和分享度，像是本日特餐、部落客分享文、新聞媒體報導……等等。

5-15 超級推薦使用的 LINE@ 功能（Part II）

一對一聊天

雖然關鍵字回覆可以即時性自動回覆問題，但它卻不是萬能的，針對個人疑問或部分問題還是需要透過一對一聊天回覆解決。這雖然會增加管理時間，但卻更能夠解決問題和拉近距離。

要開啓一對一聊天必須使用行動裝置，並在LINE@後臺的「回應模式」中，開啓「一對一聊天模式」，開啓後關鍵字回覆也將暫停運作。

若一對一的聊天模式沒有啓動，就無法傳送任何答覆，卻也要記得完成一對一聊天後，須記得關閉，或者設定一對一聊天的對應時間範圍，這樣就可以免去手動切換或忘記的問題。

點選如下方的「一對一聊天可對應時間」，即可設定週一到週日可以一對一聊天的時間。

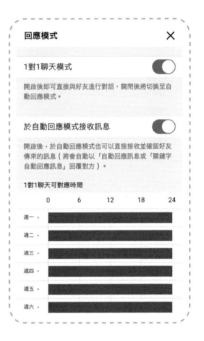

當好友粉絲跟你進行一對一聊天時，可以修改對你顯示的名稱，這樣可以將好友需求或習慣直接記錄在名稱上。這樣不僅不會忘記好友的喜好，當有多位管理員共同管理時，也能方便彼此了解狀況和進行管理，所發送的訊息更可以合乎好友的需求度！

自動回應訊息

這部分是非關鍵字回覆時會自動回應的功能，我會建議你做內容調整，並且設定回應時間，這樣才不會讓發問的好友感覺沒那麼友好。

優惠券

使用優惠券是招募好友最簡單的有效方式之一，善用優惠券也能夠帶動來店客，其一是優惠券可以設為非公開，如此一來只有加入為好友才能得到；其二是可以把優惠券的使用條件設為到店使用。這樣不僅帶動來店客，更有可能順帶刺激消費。優惠券這部分還能夠結合LINE@集點卡，創造持續的消費力。

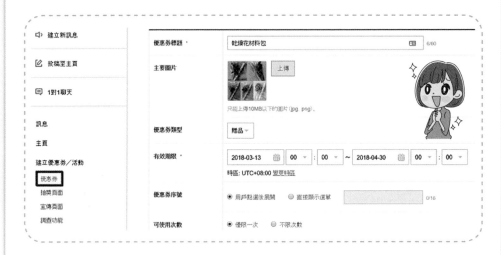

集點卡

我們可以在許多實體商店看到集點卡的行銷模式，這一點可以透過LINE@來達成，好處是LINE@集點卡不會丟失，只要有LINE帳號就能集點，也能夠節省紙張成本。這部分建議制定合理的消費集點門檻，若金額太高容易讓人直接放棄，點數太多則不容易感知到達成率。另一方面則是要一併思考集點禮是什麼，這部分最好跟品牌方有直接關聯，畢竟消費者就是因為喜歡才來消費和集點。例如：集10點可升級為VIP客戶，每次消費都可打折；集5點可換購一杯飲料。

超級推薦使用的 LINE@ 功能（Part III）

抽獎活動

　　點選「建立優惠／活動」中的「抽獎頁面」就能建立好友抽獎活動了，這部分跟優惠券有部分雷同之處，優惠券也能用來送贈品，但是無法跟抽獎頁面一樣設定中獎機率。

　　也就是當獎品數量有限時，使用抽獎活動是更為合適的。然而，當獎品吸引力不夠高的時候，請盡量提高中獎機率，並盡量開啓分享讓好友可以轉發。

　　此章節無法針對每一個功能進行介紹，而LINE@的主要功能其實也就是這些，真正能使LINE@發揮行銷作用的，則是使用LINE@的那個人。這一點無論是Email、Chatbot和LINE@都是一樣的。

　　現在大家有一個期待，希望一切都通過Line行銷或某個工具來實現一切，最終要顧客購買產品之前，不要忘了人與人交流最能解決購買當中的疑問，對於某些人來說，你甚至要提供電話讓潛在客戶可以直接詢問或訂購。

本節重點速記

完成LINE@帳號的初步建置，像是好友問候語、關鍵字回覆和自動回應，做好開始推廣加好友的準備工作吧。

制定問候語	可以自動給予新好友特定訊息，如：優惠券、活動告知……等。

 可自動回覆訊息，減少人力成本。	**關鍵字回覆**

訊息群發	可一次發送訊息給好友，進行群體溝通

 可以解決個人疑問和其他問題，更容易了解個人喜好。	**一對一聊天**

集點卡 只要有Line帳號就可以集點，提高便利性和實用性。	

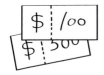 回饋好友、降低封鎖率、刺激消費。	**優惠券 & 抽獎活動** 

四種簡訊行銷的應用方式

Email、LINE@和FB聊天機器人都是一種能直接聯繫用戶的管道，而且發送成本並不昂貴，這更是直接銷售的最好方式之一。不過，請不要忽略了簡訊的存在和重要性，因為它依舊是非常有效的通訊手法。雖然發送簡訊成本比其他3種都來得貴，但由於手機號碼的棄用率並不高，而且獲取用戶的手機號碼難度更高，因此具有高度開啟率和精準度的特點，這一點比其他通訊工具都來得更好。只要你仔細觀察，你會發現許多成功企業把簡訊視為一項重要的行銷工具，而不是棄之不用。簡單地說，簡訊是一個小而強大的行銷工具，絕對不容錯過！

網路工具確實是很好的通知方式，而且可以節省營運成本，畢竟每次都發送簡訊非常耗損費用，也會過度騷擾引起反感。但這並不表示簡訊應該被澈底忽略。相對地，用簡訊可補足、強化其他通訊工具不足之處，進而更大化的提高銷售轉換率。如果你想讓客戶感覺真的很特別或印象深刻，那麼簡訊是很好的選擇，並且不會花費太多時間。

例如：若你有一個促銷活動，那麼就可以在促銷活動前使用Email、LINE@和FB聊天機器人發送活動通知，然後在促銷活動開始後向客戶發送簡訊，並為他們提供獨家優惠折扣。以下提供4種簡訊行銷的應用方式，希望你能從中有所啟發或找到適合的方式：

1️⃣ 重要通知：如上所述，當你有特別優惠活動或折扣券代碼時，客戶是非常樂意收到通知的，簡訊是把人們帶回到網站或店面購買的絕佳方式。針對這部分還能在簡訊中提醒時間來增加緊迫感，這樣更能夠帶動消費度。

2️⃣ 訂單通知：一般在購買後會使用Email進行通知，但簡訊是更為理想和直接的方案，也是再次確認和避免遺漏的做法。

3️⃣ 提供售後服務：並非所有的行銷工作都需要銷售產品，簡訊行銷可以用來幫助售後服務，並鼓勵他們給你使用回饋、評價、提醒權益或增加互動。這種服務在購買後是非常重要的，不僅可以增加好印象，也有助於提升購買體驗。

4️⃣ 生日簡訊：這部分除了一般祝賀訊息之外，可以考慮給予舊客戶一個特別優惠作為生日回饋，也能刺激客戶回購。這是使用簡訊一個非常好的方式，而且使用簡訊平臺完全可以達成自動化，不需要倚靠人工個別發送。

無論你打算使用哪一些方式，建議使用簡訊發送工具作為後盾，這樣不僅輕鬆省力，也會比自行發送來得便宜。這裡我提供一個簡訊發送平臺讓讀者參考與使用，其中一個特點就是可以自動發送生日簡訊，這對於使用生日簡訊策略是非常必要的功能喔。簡訊王──http://www.kotsms.com.tw。

| Email電子報 | Messenger | Line | SMS |

☑ 簡訊被開啓機率較高

☑ 能夠更準確觸及客戶

☑ 讓舊客戶有受重視的感覺

優惠活動

訂單通知

售後服務

生日簡訊

本節重點速記：現在，思考你的簡訊行銷策略，並實際使用簡訊平臺與其搭配應用。

5-18 增加名單資產的五種技巧

　　即時通訊行銷不是單方面倚賴工具的事，還得懂得如何創造流量來源，擁有流量的好處就是每一天都能獲得穩定的好友或名單，而不是一天進500好友，3天後就沒有任何人加入了。

　　對企業來說，可以通過廣告將品牌推廣給廣大用戶，藉此提高品牌知名度，打造更具影響力的品牌形象。不過對於小資老闆們來說，這並不是容易、持續可行的方式，正所謂沒有錢是萬萬不能，但沒錢有沒有錢的方式，以下歸納出簡單增加好友、訂閱名單的幾種方法。

　　1 從整合現有資源做起：首先，你要知道使用通訊工具是為了做些什麼，提供什麼價值。一旦概念弄錯了，那麼操作自然也是錯的，得到的好友或訂閱戶也會容易流失。增加粉絲的首要任務便是先服務、照顧好現有的好友粉絲、客戶群，現有的好友粉絲穩固不流失，再去吸引新的好友粉絲才是正確的走向，不然增加一個流失一個，等於白做工沒意義。一開始也可以先借助個人帳號邀請自己的親朋好友和現有客戶進行初期的加好友宣傳、進行打招呼推廣，這也是基本的社群推廣方式。

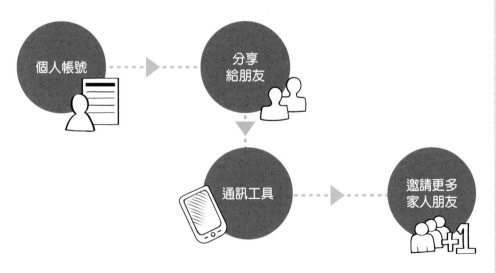

　　2 文宣推廣：基礎推廣絕對是少不了的，這些或許看似簡單，但用在合適的地方還是大有作用的。例如：名片、粉絲專頁、宣傳DM、網站、店面……等等，上面可以直接附加二維條碼或網址，同時別忘了提出你的價值交換方案。

③ 活動推廣：想要快速增加粉絲，最好讓好處極其明顯和多樣化，這樣對用戶更具吸引力，譬如：利用Line@的集點、抽獎、優惠券功能，這樣才能讓用戶實實在在的獲取小利益，並且自然持續關注你。透過一些活動機制也能讓好友粉絲協助推廣，讓他們既能得到活動好康回饋，還能順勢幫你做分享。例如：提供優惠請來店客人加入後，可以主動再請他們轉分享到群組或Facebook，即可在集點卡上多累積一點。與其一直想著自己要如何做推廣，不如多著墨於如何讓客戶、粉絲願意協助你一起推廣，這也更會提升你的行銷層次。

④ 互相推廣：可以試著去跟非同行合作互相推廣，比如可以共同舉辦一個促銷活動或抽獎。這部分可以從分析用戶的需求著手，然後結合各自企業的產品和服務，找出能滿足用戶需求的方案，這樣可以有效互相引導客戶加入，成為彼此好友粉絲。這種方式非常有效，因為群體本身就是不排斥加入成為好友的人，而且因為彼此商品屬性不同，根本也不會互相競爭，甚至是可以共好共贏的。

⑤ 提供不同的選擇：如果你想更進一步提高好友加入率，可以提供不同的選擇，讓人們選擇他們更偏愛、更習慣使用的媒體，這樣對人們來說會更沒有障礙。包含：LINE@、FB聊天機器人、Email和電話，這些名單日後都是可以為你所用的。

同時要注意推廣的位置很重要，無論是在網站、店面、文宣上都要盡可能明顯，甚至主動告知客戶，而不是被動等待。

在此章節的最後，我想提醒曝光推廣固然很重要，不過最直接影響潛在客戶購買意願的關鍵，還是在產品的相關環節上，這也是成功導購最好的方法。也就是說，獲取通訊名單只是一個過程，做好整個產品行銷策劃才是重要的影響環節。

另外，補充一個常見問題；如何評估好友粉絲是否有成效？

銷售額是經營電商最簡單直接的檢測手段，那麼通訊行銷中的好友或訂戶如何評估價值高低呢？其實這個問題也很直接簡單，新進一群好友粉絲後，可以看看一對一訊息量有沒有增加？該段期間內銷售量有沒有變好？

　　但是假設你的產品轉換期較長，那麼也需要有合適的時間進行比對了解，畢竟人們很難在短時間之內購買高單價商品，通常這類商品的觀察、考慮期會比較長。買一件衣服和一臺電腦的決策時間肯定是不一樣的。

本文重點速記

選擇適合你執行的推廣方式，並寫下你的執行計畫，接著開始引導人們加入成為你通訊工具中的好友或訂戶吧。

增加名單的技巧

提供不同的選擇
・提供不同的平臺、媒體，供客戶使用
・主動告知客戶

互相推廣
和非同行合作推廣，互相引導客戶成為彼此好友或粉絲

活動推廣
・讓客戶、粉絲願意協助一起推廣
・活動須易被發現而多樣化

文宣推廣
・在平臺、文宣……等地方，放上網站連結
・可以提出對價交換方案

整合現有資源
・先服務、維繫現有粉絲
・對於個人好友和現有客戶做社群推廣

Date _____ / _____ / _____

第 6 章
社群篇：建立品牌社群資產

6-1 借助社群媒體提升銷售力

　　社群，這個名詞想必大家都不陌生，但必須要先走出認知誤區，粉絲專頁或任何平臺都不直接等於是社群。社群，早在有人類以來就存在，正所謂人以群分、物以類聚，只是隨著網路科技的進步而轉移到網路上。

　　社群，不只是一群人在一起，而是一種具有相互連結度、共同價值觀和歸屬感的關係，是一個能快速與成員建立聯繫的渠道，也是任何商業模式的用戶資產。因此，商業的發展一定離不開社群經營與操作，也是為什麼我要在此書中談論社群行銷的主因。

　　而社群媒體本身是一個對於提供不完全相同功能的社群網站的代稱術語。例如：Twitter是一個社群網站，主要讓人們與他人分享極短訊息。相比之下，Facebook則是一個更全面的社群網站，允許用戶分享訊息、照片、影片，參加各種活動。所以，舉凡Facebook、Twitter、Instagram、Google+和Pinterest……等，都是所謂的社群媒體。

　　社群媒體行銷（Social media marketing）是一種網路行銷形式，在社群媒體中創建和分享內容，以實現行銷和品牌目標。社交媒體行銷包括發布文字、圖片、影片以及推動目標受眾參與其他內容……等等，大多時候也包含付費社群廣告。

　　社群媒體可以說是與潛在客戶和現有客戶建立長期溝通的有效途徑，這是一種透過社群媒體獲得流量、群眾關注或銷售產品的過程，並且是各種規模企業都能使用的行銷方式。

　　社群行銷策略可以非常簡單，就像許多企業網站、部落格在文章結尾處附加「社群分享按鈕」，它也可以像是在經營一個網站或部落格一樣複雜。但至少，借助已經有大批用戶量的社群媒體，絕對是一個建立品牌社群的可行之舉。

　　所以，在開始社群媒體行銷之前，請先從擬定目標和計畫開始！

以下是你需要思考的問題

　　❶ 你希望透過社群媒體行銷獲得什麼？

　　❷ 誰是你的目標受眾？

　　❸ 你的目標受眾會在哪裡閒逛，他們如何使用社群媒體？

　　❹ 你想透過社群媒體行銷向受眾發送什麼訊息？

以下是社群行銷需要具備的經營技巧

　　❶ 價值內容：這一點與其他網路行銷領域一樣，內容在社群行銷方面同等重要，你需要有定期發表並提供有價值的內容計畫，以便可以贏得潛在客戶的心。分享的內容格式可以包括圖片、影片、資訊圖表、文章、直播……等等。

❷ 品牌形象：使用社群媒體進行行銷可讓企業在各種不同的社群媒體平臺上反映出品牌形象。雖然每個社群平臺都有其獨特的一面，但企業的核心身分需要保持一致性。

❸ 推廣技巧：推廣是社群行銷中非常重要的一環，這對任何行銷手法亦是如此，唯有能與目標受眾接觸和分享內容，這一切才有意義，才能夠建立更多的粉絲、名單和銷量。

❹ 數據分析：想確定社群行銷策略是否成功，就需要追蹤相關數據，除了觀看社群平臺所提供的數據之外，你可能還需要搭配Google Analytics。分析不同的社群媒體平臺，可以更深入地了解哪些社群媒體表現最好，並確定哪些做法應該要調整或放棄。

❺ 危機管理：社群行銷不一定會讓事情總是順利的，或許你會面臨到負評和相關危機，你可能需要讓你的工作夥伴知道如何處理危機問題。

社群行銷很像是在做一本行業雜誌，而雜誌的好壞關鍵在於內容的質量，高質量的內容會得到眾多的分享，因為社群媒體的核心就是溝通，沒有內容就無法達到充分有效的溝通效果。雖然社群媒體是不可或缺的網路工具，不過執行社群行銷很難在短短數天立馬看到效益，粉絲轉化通常至少需要數星期的時間才能有明顯效益。然而，重要的就是要有對的策略和對的做法，並且按照所計畫的一一落實。

本節重點速記

試著開始擬定你的社群媒體行銷計畫，這可能無法立即有完整的計畫，但你需要有個初步的執行想法，讓你可以邊做邊調整。

從資策會創研所FIND團隊於2017年5月公布的國人社群網站使用行為調查分析，臺灣人平均擁有4個社群帳號，其中Facebook（90.9%）與LINE（87.1%）分別穩坐第一、二名的寶座，其他包括YouTube（60.4%）、PTT（37.8%）、Instagram（32.7%）。

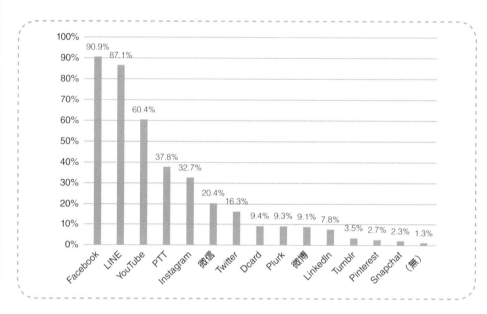

每個社群媒體平臺都有不同的用戶群和獨特性，所以不同的社群媒體平臺需要不同的操作方法，也需要針對每個平臺制定獨特的經營策略。每個平臺也都有其優點，對於企業來說，沒有單一的完美平臺，而在眾多平臺之中，如何確定哪一個最適合你？與其直接投入研究，不如先明確自己的優先事項和目標，反思你的團隊需求以及對你來說最重要的事情是什麼，以便明智的決定並找到最適合的平臺。

在選擇社群媒體平臺之前，你需要問自己兩個非常重要的問題：「你的客戶在哪裡？」和「我的競爭對手在哪裡？」

選擇的首要規則不是你喜不喜歡或慣不慣用這個平臺，而是考慮到你的受眾是否會使用它，要了解客戶的出沒地，你需要知道用戶的習慣與喜好。幸運的是，挑選社群媒體平臺在臺灣並不複雜，這是相對單純的事情，因為臺灣人慣用的社群媒體只集中在少數平臺上。再者，透過競爭對手的平臺選擇，更能夠確立這件事。

以下三件事情可以幫助你考慮應該使用哪個社群媒體。

1. 時間：你可以在社群媒體上花多少時間？你有足夠的時間去學習、操作嗎？
2. 資源：你或夥伴能做那些事？擅長做圖片還是影片？能寫文案嗎？有合適的人員和技能來創造所需要的內容素材嗎？
3. 受眾：潛在客戶和客戶習慣用哪一種網路工具？哪種工具對於接觸、吸引受眾最有利？

如果資源和時間有限，最好不要同時都想去分一杯羹，可以視階段分別進行，這樣不僅不會浪費無謂的資源，也更能聚焦有效做好管理工作。以下大略介紹在臺灣市場非常通用的三大社群媒體平臺。

Facebook

目前全球最大的社群媒體平臺，在臺灣也是最主要的社群行銷平臺。這不僅是一個與朋友交流聯繫的地方，它具有很高的社群擴散度，非常適合開發新客戶和維繫舊客戶。不過Facebook目前的自然觸及率非常有限，因此非常需要執行內容行銷來吸引人們，同時可能也需要廣告投放來輔助。

Instagram

Facebook旗下的另一社群媒體，是以圖像和影片吸引人們關注和使用的模式，非常適合以視覺來展示產品或故事，使人們提供身歷其境的感受。如果你的目標族群是以年輕人為主，Instagram 是一個很值得與合適的社群媒體。

YouTube

分享影片內容的主要網路戰場，它也是一個非常強大的社群媒體行銷工具，根據統計，每分鐘就有超過100小時的影片上傳到YouTube！許多企業試圖製作影片內容，目的是要讓他們的影片具有「病毒式」行銷效益，但實際上這些機會相當渺茫。相反地，請專注於製作有用、具有長期觀看參考價值的影片，而且影片還具有獲得搜尋排名的額外好處！

Facebook、Instagram和YouTube是臺灣社群行銷中最有影響力的三個平臺，雖然你不必只選擇一個平臺經營，但你必須思考對你來說是否有其必要、是否合適現階段的需求與資源匹配。

即便每個平臺都具有某些相似功能，但以不同的方式做事才可以更合乎平臺特點；每個平臺也都有它獨一無二的特質、功能，互相整合搭配會更有優勢。

嘗試調查了解以上問題，然後再決定平臺，並開始社群行銷之路吧！

臺灣三大社群媒體

 Facebook 臺灣主要的社群行銷平臺，有高度的社群擴散度。

 Instagram 以年輕人為主的社群媒體。

 YouTube 有長期使用價值的影片，可以提高搜尋排名。

時間

資源　　　　受眾

選用社群媒體的三個評估重點

 本節重點速記

思考你的客戶特質與競爭對手動向，並決定要在哪些社群媒體平臺站穩腳步，建立自己的品牌社群。

6-3　建立你的社群經營團隊

　　相信你已經知道社群媒體和社群行銷對企業發展的重要性了，但有初步計畫和知道如何慎選平臺後，如何落實執行是關鍵下一步，這一點對小資老闆來說尤其重要。具有一定規模的企業，公司內部可能有充足的人力可以分配職責，或者直接外包專業團隊代為經營。那麼小資老闆該如何建立自己的執行團隊呢？這個小節並不只適用於社群經營，也適用於執行其他行銷手法。這部分有很多事情需要考慮：團隊需要什麼技能？如何構建團隊？如何聘請新的團隊成員？在這個小節中，我將告訴你建立團隊的過程，我把它簡單分成3個步驟。

一、第一步：評估自我現狀

　　評估你目前的狀況是建立行銷團隊的第一步。以下幾個因素會影響團隊的建立，包括：

❶ 預算：這會影響許多關鍵決策，例如：可以聘用多少人以及團隊可以使用哪些工具、什麼做法，這可能也會影響希望實現目標的雄心壯志。

❷ 員工數量：在預算有限之下，與其聘用新成員，公司中可能已經有執行社群行銷的適當人選。或者公司內部有對社群行銷感興趣的人，非常適合直接培養拉拔他。

❸ 可用資源：資源可以是任何相關工具，例如：產品圖、文案、廣告短片、美編設計……等。這些相關資源都可以提高團隊的生產力，並盡可能減少團隊需要的人數。

二、第二步：目標和團隊人數

　　設定目標會增加團隊動機和表現，當你建立團隊時，這點更加重要，設定目標也可以幫助你決定團隊規模和合適人選。團隊的理想規模是一個值得探討的問題，這幾乎就像一家公司的理想規模是什麼？這肯定沒有正確或錯誤的答案，不同公司的目標之間差異是很大的。事實上，真的沒有所謂的理想團隊規模，但平均而言是3人左右。

三、第三步：團隊需要哪些行銷能力？

　　在決定團隊規模時，團隊需要各種角色和技能，以下是團隊中5個常見角色：

❶ 社群經理：社群經理負責制定策略和計畫，在小團隊中，他可能也要承擔大部分職責，例如：掌管所有權限、管理資料、內容主題、市場調查、數據分析和回覆留言。

❷ 內容編輯：內容編輯專門為社群頻道制定發文主題與內容，這些內容包括：文章、圖片和影片。由於這項工作的範圍，有時他們可能還會是團隊的平面設計師、影片剪輯師，他們可能也是負責發布貼文的人。

❸ 客服人員：客服經理主要關注與粉絲、客戶建立聯繫與溝通，他們的職責通常包括聆聽意見、回覆訊息和處理相關事宜。

❹ 廣告投放手：在有限預算的前提下，廣告投放也是社群行銷的一大重點，如：Facebook和Instagram廣告。他們需要嘗試不同的廣告類型、創意、分析廣告數據，並優化廣告活動，以獲得更好的投資回報率。

❺ 數據分析師：數據分析師要深入了解各個社群媒體的數據指標（例如：互動率、流量、點擊率、轉化率，甚至營收），以及提出改善建議。

　　在開始執行社群行銷計畫之前，你需要確定團隊中哪些人需要有哪些社群頻道的管理權限，以及需要給什麼資格權限和開通該權限。在某些情況下，一個人可能需要完成所有角色該做的事，而人數充足的團隊才有可能把不同的工作項目更加專業化、細分化，並能分配不同職責給不同的成員去執行。

經營社群必備技能

企劃管理制定策略　　廣告發想和投放　　發想與編輯　　數據分析與改善　　客戶服務和溝通

本節重點速記：思考建立經營團隊的3步驟，並擬定你的團隊所需規模和所需要的角色。

社群網站在臺灣人的生活日常之中占據非常重要的比例，根據資訊工業策進會創新應用服務研究所（FIND）統計（參考資料——https://www.iii.org.tw/Press/NewsDtl.aspx?nsp_sqno=1934&fm_sqno=14），從12歲的小學生到55歲以上的銀髮族，超過 8 成都有Facebook帳號。以商業屬性來說，粉絲專頁絕對是第一首選，假如你尚未有粉絲專頁，可以到此網址申請——https://www.facebook.com/pages/creation/，並請參考以下優化建議。

一、步驟一：參考以下建議

建議一 為粉絲專頁取一個好名字

這是最基礎、也是重要的一步，這不僅涉及品牌意識，更關乎到SEO。不管你多愛你的企業，除非名氣響叮噹、在江湖橫著走，否則千萬不要用什麼有限公司作為命名，這很容易會讓人興致缺缺。或者像是瘋狂似地把粉絲專頁取名為：「家香麵包坊、鬆餅、餅乾、蛋糕、烘焙、甜點、零食點心」。

有些人很天真單純的以為，把關鍵字都盡可能派上用場就是最好的命名法，實際上，這樣的命名是一種傷害。雖然，Facebook粉絲專頁的命名並沒有限制不能填塞多重關鍵字，但名字就代表著企業、品牌，使用過於籠統、通俗、冗長的名字也等同於你想給別人的形象就是那樣子。

命名時請用品牌名稱或主關鍵字，且以符合用戶搜尋意圖和簡短好記為佳。

建議二 設定粉絲專頁用戶名稱（短網址）

當你的粉絲專頁有25個讚之後，你將可以選擇一個用戶名稱，網址也將從「落落長」的編號網址變成用戶名短網址。過長繁雜的網址是不利於被記憶和分享的。

用戶名也是表示品牌身分的來源，選擇用戶名稱最好可以跟品牌英文名稱或網址一樣，用戶名稱可以在「關於」頁籤中進行編輯設定。

粉絲專頁或個人檔案皆只能有一個用戶名稱,而且無法使用其他用戶已使用的名稱,所以你可能會需要多加嘗試。這個部分只能使用英文和數字進行組合,不得使用中文。

建議三 完善基本資料

　　優化社群媒體資料是最常被忽視的部分,對於很多人來說,這部分並不如粉絲數值得炫耀和滿足自我感覺,但基礎的優化卻是建立美好第一印象的重要步驟。

　　1 大頭照:大頭照幾乎是所有社群媒體都有的共同點,對於提升視覺度來說,這是必要的工作,它也是新訪客辨認品牌最快捷的方式。

一旦設計好大頭照，請確保在所有社群媒體中維持一致性，這樣有助於人們可以更容易識別屬於同一個品牌來源。

2 封面照：封面照片往往是頁面上最大、最引人注目的視覺版面，這可以說是粉專的廣告看板，因此請務必善加使用。有很多企業浪費了讓這個機會，不是空白就是隨意處理。

網路是一個快速發展的世界，如果你不讓人感興趣，人們是不會花太多時間查看，而且說走就走。這種行為就如同路旁的展示廣告，我們幾乎總是看一眼就離去，注意力、關注度非常地低。

創造良好的視覺效果可以讓訪客願意停留下來，更加了解你的產品或服務，就算當下沒購買，也留下了好印象，這就是非常好的開始了。

例如：吉列刮鬍刀在大頭照直接展示品牌字，封面圖片以產品為主軸，並闡述產品特點。

（資料來源：吉利臺灣粉絲專頁）

3 商家資訊：當你引發人們有足夠的興趣，他們將有很大的機會想查看商家資訊，這不僅可以為新訪客做品牌介紹，也能隨之連接到網站。

商家資訊理當說明你是誰、做什麼，想想你的獨特價值主張是什麼，這可以讓你脫穎而出。不要擔心資訊太多，這是展示品牌的一面，有的甚至可以使用表情符號增加視覺度。另外要記住的一點是，一致性可以幫助人們在不同的社群媒體上識別你的品牌。不過，並不是所有的平臺都能使用相同數量的文字、同尺寸圖片，所以你不必使它完全相同，但是要包含相同形象、訊息、關鍵字。

假設你開設的是實體商店，並希望增加在地化搜尋機會，那麼填寫地址、電話和營業時間是非常重要的，這些細節對於實體企業尤其重要，對客戶也很有幫助。在Facebook頁面上提供相關資訊，可以幫助建立專業和值得信賴的公司形象。

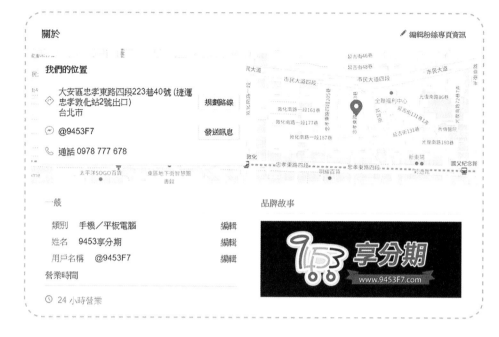

二、步驟二：規劃內容主題

　　只是建立社群媒體頻道是遠遠不夠的，所提供的內容價值會大大影響社群行銷的結果。在內容主題上，你需要規劃出符合業務目標的內容，例如：如何透過你的產品解決客戶問題。

　　社交媒體對於任何網路行銷手法都是非常重要的一部分，但人們使用Facebook或Instagram並不是只為了上網買東西，所以你不能夠只發布銷售訊息貼文。許多人都想要更多曝光、分享、按讚數……，但要做到這一點並不是用冥想就能實現的。所以，問題是你有沒有能夠獲得廣大迴響的好內容？

　　所謂好的內容是建立在目標受眾之上，而不是你自己喜歡就好，請把你的受眾特質寫下來，這對於社群內容行銷和廣告投放都有莫大的幫助……。

- ▶ 他們的年齡層在什麼範圍？
- ▶ 是男是女，還是老少通吃？
- ▶ 他們關切哪些興趣或議題？
- ▶ 還有那些問題尚未被滿足？

　　發布貼文人人都會，但關鍵在於什麼樣的內容能夠真正引起粉絲興趣，讓他們願意真正參與到你的網路社群之中。內容必須要跟目標受眾產生連結，否則彼此之間永遠有一道鴻溝，請試著想　想。以下簡單列舉常用的內容類型，你可以試著測試或組

183

合這些類型：

　▶ 故事：品牌起源、採訪、原物料產地、客戶的改變⋯⋯。

　▶ 特殊節日：新產品上市、品牌贊助活動、週年慶、得獎認證⋯⋯。

　▶ 促銷：優惠券、限時優惠、贈品、抽獎⋯⋯。

　▶ 企業：任何關於公司的消息也是非常好的內容來源，例如即將推出的產品、企業新聞、行業趨勢與預測、新技術⋯⋯。

　　除了內容主題之外，你還需要有明確的執行方式，你是要採用文字、影片、圖文、還是GIF動態圖片？這些問題並沒有絕對的答案，這取決於市場偏好和受眾喜好。

三、步驟三：發文策略

　　發文時間影響可能超乎你的想像，雖然它根本不是萬能的解決之道，但對於觸及效果來說它相對重要。

　　試著想看看，假如你要發放宣傳DM給路人，在同一地點、人力、方法與內容為考量下，你要選擇最多人潮的時段，還是人潮稀少的時段呢？以上這個問題的答案顯然非常清楚，發文時間也是同等道理，如果你能選擇在最多粉絲上線的時間發文，自然能夠接觸到最多粉絲數。所以除了主題內容之外，還需要思考多久發一次文？在什麼時間發？多久發一次文取決於很多不同的因素，但最主要的考慮因素我認為還是計畫，正所謂「豫則立，不豫則廢」。建議發文需要有每天、每週和每月計畫。

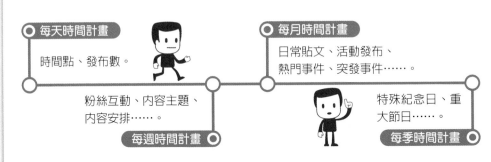

　　創建內容並不容易，如果每天都發又要質量好，一般而言是有很大困難度的。或者為了完成這件事，你可能會忽略很多必要的事情。所以，這依賴於你和團隊的能力範圍，高估自己是很容易倦怠而導致計畫無法落實的。

四、步驟四：主動宣傳推廣

　　即使每種社群工具都有其優勢的一面，但它們並不是被動就會有客戶上門光顧的方式，這是一大敗筆與迷思。記住，社群行銷不是單純把產品資訊發在貼文上就能順

利賣出去。無論是使用免費導流還是付費廣告，你都必須先主動出擊，因為網路沒有所謂的路過，假如你不去創造機會、埋線布局，那麼肯定門可羅雀、流量短缺，最後下場不是很少更新、就是收場走人了。

　　缺乏足夠的推廣力道，再好的內容、產品也不會有人知道，更不必談論要增加粉絲、銷售業績、或達成任何一切目標。因此，只要有機會你應該主動連結你的粉絲專頁，像是透過個人FB帳號、網站、其他社群平臺……等，進行連結與推廣。

步驟一
・使用名稱要好記
・將網址縮短成「用戶名短網址」

步驟二
・建立完整的商家資訊和吸引人的版面

步驟三
・規劃發文方式和策略
・根據受眾對象，提供有價值的內容

步驟四
・主動推廣，增加觸及潛在客戶的機會

扭轉網路社群行銷力

　　過去扭蛋雞跟大部分插畫家一樣，只是單純地經營粉絲專頁，不斷的發布插畫圖文，這是曾經非常有效的方式，但後來自主觸及率開始大幅下降之後，這樣的做法開始變得沒有那麼具有效益了。

　　為了提升插畫作品被看見的機率，開始不斷主動分享作品到各大插畫相關社團。但是，經過了一陣子卻發現依然沒有什麼太大的進展，不論是粉專的觸及率，還是轉發在社團上的貼文，反應都依然冷冷清清的。

　　面對不斷下降的貼文觸及率，能應對的方式只有想辦法做好經營優化。第一個方式就是調整貼文發布時間，藉由觀察洞察報告了解什麼時間點是粉絲上線最活躍的時間，然後鎖定那些時段發布貼文。

　　第二個則是優化分享的方式，分享的對象不要局限在跟粉專同性質的社團（因為通常被理會的程度很低），而是要去找跟你這篇貼文內容同屬性的社團去分享，大膽的跨界分享，效果會好非常多，最終能觸及的人數也是有限廣告費之下所買不到的。

　　例如這篇貼文，便可同時跨界分享到扭蛋玩具相關社團、正能量社團、笑話趣味社團……等等。

　　第三個則是名單收集的優化，每個插畫家都希望能夠建立自己的支持群，扭蛋雞當然也不例外。

可是如果只是在粉絲專頁按個讚，能代表粉專上的粉絲就是名單嗎？不完全如此，因為經營這些粉絲最重要的是，你必須讓他們看到你的最新訊息。

因此，最重要的一點就是必須掌握自己跟潛在客戶直接互動的方式，而不僅是單一的依賴發布貼文。具體的方式可以收集Email發送電子報，或是藉由LINE@、聊天機器人這類通訊工具做群發內容。當然，若你的族群年齡層較低，Instagram也是觸及率相對高很多的社群媒體。

經過以上經營調整後，這對扭蛋雞起了很大的幫助。扭蛋雞參加在2018年4月舉辦的臺灣文博會，熱鬧的展區攤位便是歸功於社群行銷的作用，成功將粉絲從線上帶到線下。

扭蛋雞先在粉專辦了活動，讓粉絲們參與線上活動，進而有機會到現場免費玩扭蛋抽獎機，除了帶動人潮之外，也提升周邊商品銷售業績。

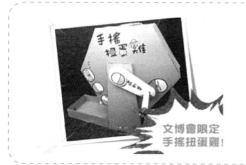

本節重點速記：依照本節內容實際針對粉絲專頁進行優化調整。

6-5 該使用粉絲專頁或社團？社團有哪些行銷用途？

我想你應該至少加入過一個以上的Facebook社團，對吧？但是，也許你還沒有開始使用Facebook社團來拓展企業業務。那麼有粉絲專頁了，為什麼還需要使用社團呢？我們先透過下圖來比對這兩者之間的差別。

項目	粉絲專頁	社團
隱私	只能公開	公開、不公開、私密
曝光度	觸及度差	預設都可以收到通知
發送訊息	須由粉絲先主動	可以
廣告投放	可以	不行
數據分析	有提供	有提供

粉絲專頁仍然是一個非常好用的工具，但目前的使用難處在於免費觸及率真的太差了，而且沒有辦法主動發私訊給按讚的粉絲，除非粉絲先主動私訊。這部分非常建議搭配第5章的Chatbot聊天機器人，不僅能建立粉絲私訊名單，也便於之後的群發溝通，而非只能一對一私訊。

對小資老闆來說，不可能在每篇貼文上花費廣告預算，只能針對重點進行投放。而經營社團的關鍵則是進行互補，不過無法完全取代它。社團本身是更近似於社群的經營模式，是與用戶形成更強烈互動關係的地方，能有更高強度的信任。再者，目前Facebook社團不用花錢投放廣告，也可以有不錯的曝光率。

一、更新將通知發送給成員

粉絲專頁和個人帳號的動態消息完全依賴演算法進行貼文曝光，每當有人向社團發文時，預設都會向成員發送通知。

二、社團類型

社團與粉絲專頁的另一個不同之處，在於成員感覺他們可以更自由地分享，不管是聊天或尋求建議。社團名字如果取得好（包含關鍵字），甚至可以自動且持續取得新成員的申請加入。

公開社團不會提供隱私和安全感，但是成員加入是最簡單、增長速度最快的類型。不公開社團只有成員才能看到貼文，有一種排外性的感覺，不過社團本身依舊會出現在Facebook搜尋資料中，並且社團描述和成員數是任何人都看得見的。它不提供完整的隱私性，所有新成員申請加入都必須獲得成員或管理員的核准。私密社團提供與不公開社團相同的內容隱私保護，並增加了隱形功能，也就是社團無法被搜尋得到，加入社團的唯一方法就是由現有成員或管理員邀請加入。

沒有絕對適合的類型，如果你想有最大量的討論和曝光，公開社團可能是你最好的選擇；如果內容涉及權利範疇，可能需要考慮不公開社團或私密社團，以便人們可以輕鬆地分享，或者維護公平性。

那麼要如何藉由Facebook社團發展事業、行銷產品？以下是使用Facebook社團行銷的3種常用應用方式。

❶ 連結志同道合的潛在客群

Facebook社團亦不是單純賣貨的工具，而是建立一個為客戶或潛在客戶增加價值的地方。人們不會單純想參加會一直被銷售的社團，意思並不是說社團不能有銷售行為，而是不能只是淪為單純廣告而存在。

社團可以說是早期論壇的簡易實現方式，所以當然也可以透過社團讓成員與其他同好交流，而且社團互動性往往會比粉絲專頁熱衷得多。

透過成立一個討論相關事情的社團，並邀請有影響力的人在當中分享專業知識、解決問題來增加其價值，自然要銷售就非難事。當社團成為品牌工具時，能發揮的作用是最好的。

❷ 測試主題內容

雖然社團的主要用途是促進同好、潛在客戶進行討論互動，但依然可以測試新的內容想法。此外，你可以從其他成員的對話和留言中，找到針對內容和銷售方案的新想法，並多加測試驗證。

❸ 為了客戶而存在

大部分消費者願意花更多錢購買某項產品或服務，是為了確保有更好的消費體驗。有很多方法可以提供更好的消費體驗，售後服務就是其中一種方式，透過建立社團給客戶群，就是一種便捷的服務方式。

專門為買過產品的客戶提供服務性社團，客戶可以在社團提出問題並獲得幫助，這可以透過整理文件來降低人工回覆工作，甚至會有熱心成員在你忙碌時協助回覆問題，也能在當中提供檔案下載和直播。

三、社團經營注意事項

（一）制定社團遊戲規則

社團最常見的問題就是容易有各式各樣的垃圾廣告，這部分可以從社團描述或公告著手，告知人們社團的運作方式，向每個人手動發出警告完全會徒增工作量。

有些人會在很多社團當中，他們不一定總是記得每個社團的規定。如果社團中發現垃圾廣告，可以當作機會教育，再次提醒社團規則。甚至你可以把遊戲規則置頂，而不只是放在社團描述中。

（二）不要隨便加人進社團

社團有很多不同用途，最重要的是，你要找到一種能為成員提供價值，積極參與其中的方式，而不是像很多人一樣，強迫把人加入只為了打廣告賣產品。

所以，不要未經他人許可就主動把人加到社團中。這有兩個原因：

❶ 它很令人討厭，也會招致反感。

❷ Facebook演算法主要是基於互動行為。如果加了根本沒興趣的人，即便他們被加入後沒有退出，如果他們選擇關閉通知，以及不主動查看、毫不理會，社團的曝光度將會更糟糕。

（三）該怎麼做才好？

可以先透過LINE、Facebook個人帳號、粉絲專頁邀請有意願的家人、員工、朋友、客戶或粉絲加入。你可能會非常希望活躍的粉絲能加入，這可以透過粉專的頁籤功能進行連結曝光。

假如你打算這麼做，請先進入「設定」中的「編輯粉絲專頁」。

| 粉絲專頁 | 收件匣 20+ | 通知 | 洞察報告 | 發佈工具 | | 設定 | 使用說明 ▾ |

⚙ 一般
🔔 訊息
⚙ **編輯粉絲專頁**
🚩 發文身分
🔔 通知

編輯粉絲專頁
為粉絲專頁設定集客力動作與頁籤

範本

然後開啟社團頁籤並儲存。

≡　社團

顯示社團頁籤
如果你不希望其他人在你的粉絲專頁上看到此頁籤，請將它關閉。

開啟

分享社團頁籤
複製網址即可直接與用戶分享此頁籤，

https://www.facebook.com/imjaylin/groups/　複製網址

取消　**儲存**

最後再到粉專前臺點擊左側社團選單（行動版會在上方），並設定要連結顯示的社團。

另外，也可以經常在貼文中引導人們加入，或者設定一則置頂宣傳貼文。

首頁
貼文
商店
社團
關於

四、社團洞察報告

　　一旦社團成員達到250名以上，選單就會出現洞察報告選單，這可以理解某期間的變化，像是成員數、哪些貼文有更好的表現，以及什麼時間點有更好的互動度。

社團類型

· 公開社團：可被搜尋、成員可自由加入。
· 不公開社團：可被搜尋，但申請加入須獲得審核。
· 私密社團：不可被搜尋，須成員或管理員邀請。

社團行銷方式

· 透過分享專業知識提高價值
· 從成員討論，找出銷售方案的新想法
· 將問題整理成文件，降低人工回覆次數

社團經營注意事項

· 制定規則，避免垃圾廣告影響社員
· 吸引別人主動加入，成為真正有效的社員
· 調整發文時間、內容，提高互動度

本節重點速記：思考Facebook社團對你有哪些用途？是否有實際經營的必要？並思考該如何更充分地整合粉絲專頁和社團資源。

Date _____/_____/_____

目前在臺灣最大的網路社群媒體依舊是Facebook，不過Instagram受歡迎程度正在快速增長，而且深受年輕族群的喜愛。如果你的目標受眾是年輕族群，Instagram是一個你不能錯過的社群平臺。以下是Instagram社群行銷的操作重點和技巧。

一、建立 Instagram 商業檔案

商業檔案顧名思義就是為了商業用途而存在的，基於Facebook來說，商業檔案就像粉絲專頁的角色一樣，除了有更多的應用功能之外，也能支援投放廣告。所以，如果你經營Instagram帳號的目的是為了推廣產品、開發客戶……等商業用途，那麼請選用商業檔案而非個人檔案。請不用擔心，選用商業檔案不需要花費任何一毛錢，而且Instagram也支援開通多個帳號與切換使用，可以讓品牌商業帳號與個人帳號分開使用。

二、優化個人檔案

個人檔案可以說是Instagram的首頁，是最能夠讓潛在客戶了解你的地方，簡介包括：

❶ 相片：選擇照片（如：Logo、產品或清楚的大頭照）使品牌社群容易被識別。

❷ 個人簡介：簡介應該包括明確的業務描述，讓人們知道你提供的價值是什麼。

❸ 網站：這是Instagram唯一可被點擊的外部連結來源，所以請善加使用它！如果你想顯示多個網址，可以使用這個工具來達成——https://linktr.ee 。

❹ 聯絡選項：當你使用的是商業檔案時，可額外添加Email、電話和店家地址。

Instagram個人檔案是使人們了解你和留下好印象的機會，進而將訪客轉變為追隨者。例如，TED（https://www.instagram.com/ted/）採用極簡主義的方式來展現其品牌形象。

三、善用 Instagram 限時動態

Instagram限時動態是現階段流行且包含各式新穎創意的發文方式,也是與受眾分享產品資訊的絕佳機會,這會比一般性貼文更適合宣傳特別優惠或展示新產品,因為能夠直接連結到外部網站。

從2017年開始,只要Instagram擁有10,000名粉絲以上,就能夠在限時動態中使用外部連結,這對於品牌方來說是個好消息。

添加Instagram限時動態連結時,你會發現最底下有一個小箭頭,如同右圖風格野餐日底部會顯示「查看更多」。由於這個提示不是非常明顯,所以建議在畫面中要特別加註訊息,像是「向上滑動」的訊息和圖案,以告知引導受眾。如可口可樂的限時動態不僅有互動性提問,還附註了「往上滑看挑戰結果」。

現在,Instagram演算法會評估互動情況,追蹤者與貼文互動越多,貼文就越有可能出現在他們的動態訊息中。因此在限時動態中,可以多加使用投票功能或連結功能(需要超過1萬名追蹤者)。追蹤者尚未達到1萬,可以在訊息中告知透過個人檔案中的連結前往,這是另一種常見的導流做法。

四、貼文連結產品

當Instagram結合Shopify的購物功能後,將可以直接在貼文中標註商品,而且可以直接點擊前往商店下單購買。這項功能目前還沒有辦法完全適合其他網站或電商系統,一旦完成此功能並開放,將是非常值得期待的好用功能。

Linkin.bio是一個類似的功能，而且不需要使用Shopify，就可以發布連結到外部網站的圖片。若需要此項功能可以自行購買使用 —— https://later.com/。

如果在Instagram舉辦獨家活動，還可以在其他社群媒體上發布這項消息，藉此吸引人們到你的Instagram帳號，並鼓勵追蹤確保不會錯過未來的優惠。

五、善用主題標籤 Hashtag

無論是在Instagram發布圖片或影片，都可以在內文中使用Hashtag（以下我會以「主題標籤」稱呼它），這是獲得曝光最簡單的方式之一，這項做法只需要在關鍵字前面加上「#」字符號（例如：#麻辣火鍋），任何帶有「＃」字符號的字詞將會變成藍色。要注意的是，關鍵字之間不能有空格以及特殊字元（$或%），否則就會因此被分隔，這項原則和技巧也能套用於Facebook。

基本上，主題標籤與搜尋引擎最佳化的關鍵字概念非常類似。在搜尋引擎上，人們是透過字詞進行資料查找，在Instagram則是透過主題標籤找尋感興趣的內容。當用戶使用特定主題標籤進行搜尋時，擁有相同主題標籤的相關貼文將被自動帶出，進而得到更多免費曝光的機會與新粉絲。

所以，只要你善加選擇熱門的主題標籤，不僅有更大的曝光機會，還能接觸到真正對某些主題、產品感興趣的目標受眾。

（一）主題標籤字詞研究

以下步驟可以協助你挖掘關鍵字，為主題標籤設立最佳關鍵字。

❶ 調查競爭對手：看看產業中的同行經常使用的主題標籤有哪些，這個方式是非常好的切入點。此外，可以再調查所在領域相關素人或專家的使用習慣，這也是作為主題標籤的重要來源。

❷ 類似主題標籤：如果你已經挖掘出數個熱門的主題標籤，請嘗試在「標籤」欄位中進行搜尋。然後，Instagram會列出相類似的主題標籤（如右圖）。

❸ 查看主題標籤數量：在上述方式之下，你可以注意個別主題標籤數量有多少，使用數量越多，表示越受歡迎，也可以有更多的曝光度。相對地，使用數量越多之下，也會導致競爭度拉高，容易造成訊息淹沒，因此可以同時使用多個標籤提升曝光機率。

（二）創建品牌標籤

品牌標籤是專屬於你和企業的主題標籤，因此獨立開來並可被直接搜尋得到。這種方式也經常被應用於活動之中，透過活動獨有的標籤，能夠串聯所有的參與者，和檢視參與者的內容。右側是可爾必思（http://www.calpis-event.com.tw）舉辦的Instagram活動，並使用專屬主題標籤作為參加規則之一。

創建品牌標籤時，請務必保持短而美。過長的主題標籤不僅難以記憶，使用上也會造成不便。另外，不要忘了做好事先檢查，確保沒有人使用該標籤！

這雖然是提高品牌知名度的好方法，但通常只適用於已經有一些品牌力度的企業。這個概念跟SEO是一樣的，如果企業缺乏知名度，壓根兒不會有人想搜尋企業的品牌名。此時，透過獎勵活動就是一種推動方式。

表情符號是人們在社群媒體和通訊工具中點綴內容、表達心情的常用方式。現在，Instagram也能在主題標籤中使用表情符號。如果你喜歡，也可以在主題標籤中加入多個表情符號，甚至可以將其和字詞結合。

六、排程發文好輕鬆

目前即使是商業帳號也沒有預設時間發布貼文的排程功能，不過這一點確實重要，而且也能節省管理和發文上的問題。幸運的是，這並非完全做不到，只要使用第三方工具就能彌補現階段功能的不足——http://www.latergram.me 。此外，這個平臺也提供APP，只要在手機的應用程式商店搜尋「Later－Schedule for Instagram」，並完成安裝和綁定帳號，以後也能直接透過行動裝置設定排程貼文了。

七、找到你的視覺風格

Instagram是以照片、影片為主的社群媒體，因此最重要的行銷技巧之一就是找到你的視覺呈現風格。

近期我很喜歡一家眼鏡品牌warbyparker（https://www.instagram.com/warbyparker/），他們的貼文都是以自家眼鏡產品為主軸，這一點沒什麼特別的，但他們確實找到了自己的視覺風格。其中最特別和最受歡迎的則是狗狗戴眼鏡，這帶給粉絲幽默和可愛的美好感受（右側截圖來自warbyparker Instagram帳號）。

GoPro（https://www.instagram.com/gopro/）是許多極限運動愛好者最愛的錄影器材，他們的貼文幾乎都是很酷的拍攝角度和類型，包括跳傘、衝浪者和其他戶外運動照片。透過迎合目標受眾的興趣，將會更容易吸引追蹤，也為品牌形象產生巨大的作用和影響（右下截圖來自GoPro Instagram帳號）。

拍照和錄製影片不一定要有非常專業的設備和技巧，有很多網紅和公司都只是用手機記錄精彩一刻。找到自己的視覺風格並不容易，但這將是值得的。品牌視覺風格需要包含兩個要素。一是能呈現企業和產品特點。二是能獲得粉絲的喜歡和推崇。

八、主動追蹤別人

透過追蹤相關用戶是接觸目標受眾的簡單方法，雖然不是每個人都會反過來追蹤你，但如果他們對你有好感，有一定比例的人會選擇追蹤你的Instagram帳號。例如：如果你的服務是汽車鍍膜，那麼你可以透過標籤尋找汽車愛好者，並主動追蹤他們引起關注。

每小時你可以追蹤和取消追蹤的人數限制是160，如果你一次追蹤太多帳號，Instagram可能會認為你的行為怪異或使用自動追蹤工具而遭受懲罰。

九、與意見領袖、網紅搭上線

到目前為止，Instagram行銷最快見效的一種方式就是與有影響力的人搭上線，經由意見領袖、網紅不僅可以獲得更大量的曝光，也更可以提升信任度。

你可以先針對他們的發文進行留言回覆，他的追蹤者就會間接看到你，而且在幾次之後對方也容易注意到你，並有與你合作或主動標註的機會。

另一種不完全免費的方式是提供免費產品作為價值交換，這種方法是有效的，因為你提供給對方價值，而不僅僅是厚臉皮要求免費廣告。前提是，請尋找跟你的產品特色相符的意見領袖或網紅，這樣的推薦才會有助於銷售，對於對方而言，也才是有助益的一件事，反之則對方的追蹤者也會對他失去信任。

十、使用 Instagram 廣告吸引目標受眾

　　與Facebook不同點之一是，Instagram免費曝光率非常親和。儘管這不是必須做的，但這確實可以有更大量的曝光。另外，隨著Instagram的競爭加劇，估計Instagram廣告未來也會成為其行銷策略的重要部分。

　　開展Instagram廣告活動並不困難，但對於小資老闆來說，最主要的難題還是礙於預算和人力上的配用！投放Instagram廣告最簡單的方法就是使用商業帳號，並透過貼文下方的「推廣」按鈕進行投放，不過這個方式我不是非常推薦，因為這種投放方式並不包含完整的廣告功能，所以建議使用第8章提及的FB廣告投放。

本節重點速記：建立你的Instagram商業帳號，並運用本節技巧進行設定和熟悉相關應用功能。

6-7 YouTube 影音行銷致勝術

目前YouTube是最流行的搜尋引擎之一，也是最受歡迎的影音社群平臺之一，但僅僅上傳影片是不夠的，你需要拍攝、編輯、行銷和分析數據（這部分可以一同參考4-11單元）。這確實不是一件輕鬆事，但是如果你願意適時地投入部分資源去經營，請參考以下的技巧與重點，並試著實際跟著操作。

一、建立 YouTube 品牌頻道

在開始 YouTube行銷之前，建議為企業方建立一個專屬Gmail帳號來作為開通頻道與申請其他所需工具的用途，尤其是考慮到需要與團隊成員或代理商共享帳號管理權限時，這樣也能有一個品牌專屬的Email管道，而不是跟個人帳號混在一起。

YouTube.com右上角可以登入帳號，登入後，可以點擊右上方的「頻道設定」。

這可以讓你創建品牌頻道，而且可以設置品牌名稱而非個人名字。

輸入品牌帳戶名稱,然後按「建立」。可以日後更新頻道名稱,所以如果需要修改請不用擔心。

如要建立新管道,請先建立品牌帳戶

您不一定要使用您個人帳戶的名稱為這個品牌帳戶命名;舉例來說,您可以使用商家名稱或其他您自訂的名稱。

品牌帳戶名稱 _____

建立 返回

點選 [建立] 即表示您同意《YouTube 服務條款》。進一步瞭解頻道或品牌帳戶。

二、優化 YouTube 頻道

擁有品牌頻道之後,首先第一件事情跟任何社群媒體一樣,請上傳頻道大頭照和頻道封面,這是用戶瀏覽YouTube頻道會看到的第一印象。確保你的YouTube品牌頻道跟網站、其他社群媒體有一樣的視覺風格,這樣可以保持品牌一致性和辨認度。頻道大頭照最好是800×800像素,頻道封面則至少為2560×1440像素。

當然也不要忽略頻道簡介中的相關資訊,頻道說明就是其中一個重點。你可以在這裡告訴受眾為什麼他們應該訂閱或觀看,也別忘了添加其他社群媒體、網站以及聯繫方式。完成基本設定之後,你可以針對訂閱者和未訂閱者顯示不同的影片,也就是未訂閱者所觀看到的宣傳影片會與已訂閱者顯示不同的內容。這對於引導新訪客訂閱是非常有幫助的。

給新訪客的宣傳影片可以向訪客說明頻道特色，你能給予什麼價值，並鼓勵他們訂閱，而且宣傳影片不會被廣告打斷。

　　使用這項功能之前，請確保「自訂頻道的版面配置」已啟用，請點擊頻道右上方的齒輪圖標開啟設定，然後記得「儲存」設定。

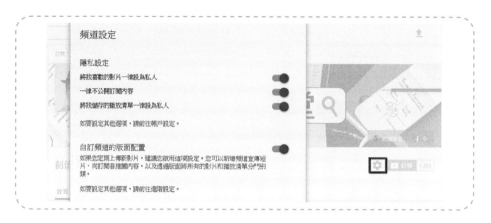

　　完成後就會看到頻道首頁多了兩個頁籤，並且可以設定宣傳影片來源。

三、結束畫面

　　從2017年5月開始，YouTube不再允許在影片中添加註解。相反地，他們新增能在影片中加入結束畫面的功能。這項功能對於引導觀看更多影片是非常有幫助的，而且容易操作。透過結束畫面功能，可以將影片延長5～20秒，然後引導至其他影片或頻道，這可以鼓勵訪客訂閱頻道，或者宣傳官方網站。

四、資訊卡

　　資訊卡是一種通知應用，每個影片最多可包含五個資訊卡。

五、播放清單

　　你是否有特定內容主題在製作影片？那麼播放清單是最理想的分類功能！

　　播放清單可以整理來自頻道和其他頻道的一系列影片內容，播放清單不僅能幫助組織頻道版面，也有助於受眾觀看更多感興趣的相關內容。每當你上傳影片時，就可以為該影片創建播放清單和歸類清單。

　　一旦你的品牌頻道完成相關設定和熟悉功能之後，真正的重點和樂趣才要開始呢！以下分享適合各類企業製作的影片類型。

　　（一）客戶推薦：這可以尋找對你的產品感到滿意的客戶，然後進行簡短採訪，這類型影片非常有助於建立公司和產品的可信度。而且這類影片也可以放在產品頁之中，上傳到不同的社群媒體中。

　　（二）產示產品：這是顯示產品優點和如何使用的影片類型，比較適合功能型產品，特別是能「炫技」的產品。另外，如果產品功能屬於不突出的，也能透過解釋如何使用產品或各個特點，來突顯產品的優質面。

　　（三）訪談內容：採訪行業專家或意見領袖可以幫助擴大企業的信譽，也可以是新聞媒體採訪企業方的故事、創始人經歷、創業發展過程……等等。

　　這只是一小部分，企業能做的影片類型還是相當多的，可以參考第3章進行發想與計畫。另外，這類型內容特別需要留意時間，根據統計，控制在3分鐘以內的互動性較佳，畢竟這不是充滿娛樂性的影片類型。

	30 秒以下	30～60 秒	1～3 分鐘	3 分鐘以上
客戶見證	37.9%	35.9%	20.7%	5.5%
公司簡介	31.9%	38.6%	22.7%	6.8%
產品製造	23.3%	31.6%	32%	13.1%
產品介紹	20.6%	39.2%	30.8%	9.4%
產品展示	13.6%	27.1%	38.1%	21.2%

六、如何編輯影片內容

影片剪輯工具有很多選擇。根據不同的電腦系統有附帶不同的免費編輯軟體，如iMovie或Windows Movie Maker。這提供了基本的編輯功能，像是剪輯、添加文字的功能。還有更高端、功能更完善的剪輯軟體，如Final Cut Pro X或Adobe Premier CC。

七、音樂和音效

音樂和音效是影片的重要部分，有時候在某些影片背景中只需要一個微妙的音效，就能提升影片質感。挑選音樂的關鍵是，確保擁有使用該歌曲的必要權限，這是YouTube非常重視的一環，因此提供了免費音樂庫可以挑選使用 —— https://www.YouTube.com/audiolibrary/soundeffects。

這裡也一併提供3個免版稅音樂資源：

- ▶ Pond5 —— https://www.pond5.com
- ▶ Epidemic Sound —— http://www.epidemicsound.com
- ▶ PremiumBeat —— https://www.premiumbeat.com

八、 YouTube 互動新方式

除了影片中的留言功能，頻道社群和討論是唯一能互動的功能，這兩項功能之間的主要區別在於發布功能的差異。討論只能基於文字模式更新和回覆，而社群可以發布各種類型的狀態更新，包含文字、圖片、網址、GIF和問答。

可惜的是，社群目前只有超過10,000個訂閱者的 YouTube頻道才能使用。當訂閱數達到此數量之後，社群將會自動取代討論，且不再顯示討論。

| 首頁 | 影片 | 播放清單 | 社群 | 頻道 | 簡介 | 🔍 |

在社群宣傳影片的一大重點，就是在影片中鼓勵人們訂閱頻道，讓訂閱者知道如何獲得頻道的最新通知，並引導他們點擊訂閱按鈕右邊的鈴鐺圖標。也可以在影片的開始或結尾提醒訂閱。

雖然鈴鐺通知是非常棒的功能，但不是每個人都願意這麼做，所以每次影片上傳還是需要透過社群功能進行推廣，同時這也可以用於推薦過去最受歡迎和經典的影片，這樣會更有利於曝光舊影片！

已訂閱 (77萬)

九、使用品牌浮水印

　　透過在所有影片中宣傳頻道，可以獲得更多訂閱者和觀看次數。品牌浮水印是帳號驗證過後才能使用，而且不能選擇哪些影片才顯示品牌浮水印，它是一律套用在所有影片的一項功能。要為影片添加品牌浮水印，請前往創作者工作室，並點擊「品牌宣傳」，然後再上傳浮水印圖檔。

本節重點速記：建立你的YouTube品牌頻道，並運用本節技巧進行頻道設定和熟悉相關應用功能。

借助社群直播拓展影響力

近兩年，直播平臺大幅增長，各大直播平臺可說是陸續各顯本事、嶄露頭角。雖然大多是針對個人娛樂，不過很多企業也在其中置入或者直接做廣告！不可否認的是，直播已經成為網路文化的一部分，已經是一種全新的發聲與曝光方式，甚至直播產業將會變成一個細分領域。

不得不說直播是一個非常棒的即時互動功能，可用於問答、發布重要消息、活動轉播、產品銷售……等，因此直播行銷並非只有網紅、網美才能一枝獨秀。直播最大特點是，目前進入門檻已經平民化，只要有社群媒體帳號就能進行直播，而且操作難度並不複雜，所以小資老闆乃至個人都可以利用這項特點。

也許你經營一家服裝店，你可以透過直播更好地服務粉絲，可以說明材質、如何搭配、新品促銷、潮流趨勢……等；如果你是賣兒童玩具，你可以回答目前什麼玩具很受歡迎、不同年齡兒童適合哪些玩具，或者父母如何透過玩具陪伴孩子快樂成長的相關主題……等。

一、直播是培養信任的好方法

直播的即時性與互動可以與受眾建立更緊密的交流和關係，這方面直播確實非常奏效。因為這是最自然和未經修飾與受眾溝通的方式，受眾更能感覺到真實感，這比經過精心編輯後製的影片更為真實。

因此，企業可以透過使用直播媒體提高品牌可信度，從而在推廣產品時產生更大的影響力，並實現更好的轉換率與提高客戶忠誠度。

二、了解與選擇直播平臺

每個直播平臺都有優點和缺點，以下是具有直播功能的社群媒體簡要介紹：

- Facebook直播：這可以說是目前最流行的社群直播平臺，所提供的功能也非常全方位，只要有個粉絲專頁或個人帳號就能輕易直播，也是三者之中最能因為分享而有更多觀看率的平臺。
- Instagram 直播：Instagram直播後無法持續存在，僅有24小時的觀看時效，不過這相對更具有觀看的急迫性。
- YouTube直播：這可以說是社群直播的領頭羊，特別適合需要長時間的直播內容，像是活動發表會、演唱會……等長時性內容，因為Facebook和Instagram都有直播上限時間。Facebook每次直播上限是4小時，Instagram則只有1小時。

YouTube是影片行銷的絕佳平臺，因為與Facebook或Instagram相比，YouTube提供更多的分析數據，而且可能會出現在官方的直播頻道中（http://bit.ly/2JQ2vAE），進而有更多的觀看數。

　　但是，Instagram和Facebook在直播方面有更友好的操作特性。

三、投資直播所需設備

　　直播成功的第一步是投資相關設備，大多數智慧型手機都有配備相機，可拍攝清晰的影像。不過如果你想要有更好的輸出品質，那麼數位像機是更完美的選擇，唯一的缺點是，必須將相機連接到電腦才能進行直播。若是透過電腦直播，可以將OBS軟體（https://obsproject.com）安裝在要直播的電腦上，搭配此軟體可以擴充更多直播應用方式，像是於畫面中添加文字或圖片、直播電腦桌面、影片、PPT簡報……等。此外，即使只是使用手機直播，也需要確保連線和手機攝影畫質良好。

四、直播注意事項與建議

　　Live直播和一般活動策劃其實有很多共同之處，都需要事前準備安排，甚至有過之而無不及，因為直播無法NG重來，不能後製剪接。所以，在直播前需要考慮到每個環節並提前準備周到。一場成功的企業直播行銷活動需要計劃和準備，不是直播鏡頭打開講講話就能等著收錢。

　　由於直播是當下的活動形式，錯過就是錯過了，所以特別需要提前宣傳和吸引觀看。以長期性來說，這甚至可以變成固定頻率，以便培養受眾有固定觀看的習慣。另外，也可以盡可能在不同平臺進行直播，這樣可以擁有更多的收看率，有利於創造更大的收益。如果礙於資源有限，可以選擇只在某個平臺直播，直播活動結束後，可以剪輯直播影片，並於網站和其他社群媒體中再次使用直播影片內容。

2017年6月李先生的大丈夫日記嘗試開了一場直播，當時的人數雖然只有85人，但是已經與網站營業額不相上下，實際體驗到直播帶來的威力與廣告費大幅調漲之下，於是開始全力轉戰直播。

李先生的大丈夫日記直播從賣布起步時，一開始只有幾十個人，到現在能夠突破1,000人。除了秉持與粉絲交朋友之外，也非常關注直播的許多細節，例如：燈光、畫面、字幕、特效、商品數量……等。各個環節讓直播顯得更加具有品質與特色，進而逐漸吸引更多網路直播客群。

李先生的大丈夫日記經常在直播拍賣中使用這招攬人技巧：「零元起標！」這是最能夠讓人們分享，且接觸更多潛在客戶的推廣模式之一，再加上貨源眾多、免運與貨到付款……等購買機制，讓李先生直播拍賣的導購轉換威力更強大。

本節重點速記：思考直播是否是合適你的行銷方式，以及可以如何應用直播，請在正式直播前做好準備工作吧。

内容可以
重複再利用

進入門檻低
人人都可以

提升
即時互動度

Facebook
透過分享能有更多觀看率

Instagram
只有24H的時效性，會提
高觀看的急迫性

YouTube
平臺可提供較多的分析數據

操作難度
不複雜

增加品牌
信任與友好度

内容多元化

提升品牌
曝光率

可以開闢
收入來源

如何舉辦有效的網路社群活動

在社群媒體中舉辦活動可以擴大影響力、提升參與度,這是一種雖然普遍卻又能讓更多人看到企業品牌的好方法。這一點在Facebook上最為明顯,畢竟Facebook的平均每日活躍用戶數高達12.3億,這是超驚人的數字耶。

但是,如何在不浪費時間和金錢的情況下舉辦一場成功的活動,同時還要符合Facebook規範?這部分不僅是跟社群媒體有關係,更與做法、策略面有關聯,以下會個別說明舉辦有效網路社群活動的關鍵流程,分別包含8個部分。

一、了解 Facebook 活動規範

如上所述,Facebook對平臺上的活動內容有嚴格規定,因此在舉辦社群活動之前,請確保已經了解這些相關規則。你可以看一下Facebook官網上的說明(http://bit.ly/2uUGTNd),以免在不經意間違反了規則,小則被刪文,嚴重可能不小心就會被停權封鎖了。

這裡我只提出經常被觸犯的地雷:

- 促銷活動可於粉絲專頁或Facebook上的應用程式進行,但不得使用個人的動態時報和朋友關係鏈來進行促銷活動,例如:「分享到自己的動態時報,即可參加抽獎」、「分享到朋友的動態時報,即享雙重抽獎機會」,以及「在貼文中標註朋友即可參加抽獎」。
- 不得在粉絲專頁封面相片或大頭貼照片置入第三方產品、品牌或贊助商。舉例來說,如果你不是NIKE本身,就不得露出NIKE的品牌和相關產品。而且根據經驗,廣告內容中使用第三方品牌也是不允許的。

二、知道想達成什麼目標

舉辦社群活動如果充滿樂趣、好玩可能會很吸引人,FansPlay玩粉絲(http://tsaiyitech.com/fans_play)內建許多這樣的相關工具,但如果你不知道希望從中獲得什麼,又要如何評估活動是否成功呢?

在開始活動之前,請先靜下心來花點時間弄清楚,並確定你的目標是什麼吧。例如,你可能希望透過活動來宣傳產品、吸引更多人訪問網站或增加品牌知名度。一旦你知道你的目標,就可以在活動規劃過程中置入安排來提高目標達成率。

除了在粉絲專頁或其他社群媒體頻道舉辦活動之外,也能借助外部平臺的力量獲取更大化的曝光,挖好康就是一個非常值得一用的舉辦活動平臺—— http://wowfans.digwow.com,挖好康不僅有網站高流量,也有非常適合小資老闆的使用方案。

三、選擇活動獎品

透過提供相關和有價值的獎品，是提升活動價值度的關鍵。對粉絲、參與者沒有任何好處的活動，其價值感是很難拉高的，這麼說可能不完全恰當，不過獎品確實對活動是一大幫助。所以，送什麼獎品是關鍵，這必須要跟你的目標受眾有關聯。如果你提供的獎品根本與品牌、受眾無關，那麼最終縱使吸引了很多參與者，卻並不是真正對你的品牌或產品感興趣的人。

舉辦社群活動不只是為了讓更多人知道，而是為了連結到對你的品牌或產品感興趣的人，之後可能會轉換成消費者的人，而非只是為了拿好康獎品就走人的。畢竟，這些獎品、好康也都是成本。再者，活動可能會有數百、數千位參與者，如果獎品夠吸引人，可能會高達數萬呢。所以舉辦活動的另一個考量點是獎品數量，你可以有多個獎項，但活動需要控制和聲明數量，以免到時候有所爭議。

四、營造活動氛圍

無論你的獎品是折價券、優惠券代碼或是自家產品，當你決定之後，接下來，你還需要決定舉辦哪種類型的社群活動。

你可以構思有什麼理由，例如：春節、情人節、母親節、端午節、國慶日、公司獲獎、週年慶、產品升級……等等。活動理由只是你舉辦的原因，往往不會是粉絲關注的焦點，但可以營造這不是隨便推出的品牌活動，更不是天天都有。

五、制定活動規則

人們參加活動最在意的不只是好玩，同時也是為了好處，所以是否有年齡或任何參加限制、獎品是什麼、是否要支付運費，以及如何宣布中獎者……等等，都必須要先說清楚，隱瞞反而會招致反作用。

這些相關規則都可以寫在活動貼文當中，確保你有盡到告知責任，這對企業和消費者來說都是重要的。只是要注意第一點提到的部分，沒有被檢舉或發現都不會出事，但就是怕萬一，所以建議還是乖乖照規則來喔！

六、簡化參加方式

我們都希望透過點滑鼠或手指就有機會贏得大獎。如果你的獎品是一個為期一週的日本旅遊行程，那麼人們會有很高意願花時間去參與活動，或輸入完整的個人資訊。但大多數情況下，盡可能簡化參加機制，否則人們會很容易失去興趣而離開。這一項考量點跟設定目標是有關聯的，不要為了參加人數而做出不必要的妥協。

簡化參加方式有助於鼓勵參加者與朋友分享活動，這也會有助於為你帶來更多觸及數、節省推廣力氣。例如SST&C針對舊客戶辦了一個活動，只需要穿自家衣服拍照上傳並使用主題標籤，可以說是幾乎沒有什麼執行障礙，而且也能透過客戶的穿搭影響朋友圈（以下來自SST&C官網）。

#My_sstandc_Look 展現你的SST&C穿搭

歡迎在Instagram 或 Facebook分享個人SST&C穿搭，只要在貼文內加上#My_sstandc_Look，不僅可在官方社群盡情展現個人搭配，更有機會獲得精美禮品一份！

-

禮品取得方式：

我們將主動聯繫您分享# My_sstandc_Look的社群帳號，確認您的手機號碼、及欲領取禮品的SST&C門市，禮品寄至指定門市後會以電話通知您前來領取。

請記得領取方式為現場與服務人員確認手機號碼即可領取，並不會確認身分，勿外流資料以免獎項被他人盜領。

七、主動推廣活動

雖然人們可能會在自己的動態消息中看到你的活動，但自然觸及可能不足完全滿足你期待的結果。為了幫助提高活動的可見度，你需要主動去分享告知，或者嘗試擬定一些預算投放廣告來宣傳它。

此外，你還應該考慮在Facebook之外的渠道推廣活動，考慮是否有合適的地方能讓你進行宣傳，不要低估其他行銷渠道的威力。

八、評估活動成效

在結束活動之前，請先評估分析相關數據。舉辦活動可能無法一擊必中，但更重要的是，是否有從中學習和收穫，無論目標是否達成，這都會是成長和力量的來源。分析這次活動是否符合預期目標，哪些方法用得很好、哪些方面做得不夠好，好與壞都要記錄下來。測試就是優化變得更好的不敗法門。雖然這看起來可能很無聊，但任何可以收集到的數據、資訊，都可以幫助你改進未來的社群活動。

本節重點速記：擬定一份你自己的網路社群活動，並實際在你的粉絲專頁或其他社群媒體頻道舉辦活動，甚至可以結合相關應用工具來提升效益或管理，例如：FB聊天機器人或玩粉絲。

1 了解平臺規範

2 根據想達成的目標，來制定活動

3 提供對目標受眾有意義的價值產品

4 營造活動氛圍

5 明確告知活動規則

6 簡單的參加方式

7 主動推廣活動，可以曝光於其他相關平臺，評估是否需要使用廣告

8 在活動中和結束後評估分析，並不斷改善

社群媒體促進
導購變現的關鍵

社群媒體主要目的是交流、討論話題和分享內容的平臺。內容行銷對社群行銷的成敗而言非常重要，社群行銷的其中之一重點是，必須找到內容和銷售的完美平衡。事實上，大多數粉絲會因為宣傳銷售訊息太多而取消追蹤和產生反感。這就是為什麼社群需要內容的原因之一，因為企業方不可能不進行任何銷售行為。

社群行銷需要的不只是建立一個社群頻道，更不是單純充門面的粉絲數，而是能實際引起潛在客戶注意力、按讚、溝通、互動、點擊，甚至能成功導購的真實社群。我到很多不同類型的企業或單位時，發現雖然業務屬性不盡相同，但都有這樣的共同需求：社群行銷如何提升銷售業績？

想透過社群行銷短期實現提升銷量的目標，這要看企業的產品屬性，快消類產品往往最容易實現，而耐用品的難度最高，因為這跟購買頻率、客單價和購買考慮時間有關。

現在網路資訊傳遞非常發達，消費者在購買之前都會花時間進行研究了解，而社群在購買過程中是一個非常重要的影響因素。這表示完成購買之前，消費者可能會在你的某個社群媒體頻道上尋找資訊與發問互動，透過貼文內容了解產品和認識品牌。也就是說，社群內容和銷售行為不應該作為完全獨立的行為，內容需要和銷售協同工作，以便吸引相關潛在客戶，並幫助潛在客戶做出購買決定。社群行銷需要設計一個讓能粉絲滿足與信任的過程，而不是單純銷售產品的行為，以下有4種可以協助順利導購的做法。

一、提供詳細的產品資訊

許多微型企業都低估了為潛在客戶提供有關產品的深度內容之必要性，通常只發布簡略的資訊，這在沒有網頁的情形下對銷售是非常不利的。

提供產品的詳細資訊，可以滿足潛在客戶的需求和興趣，讓他們在購買之前了解解和查看內容。盡可能在產品資訊中就解決客戶的所有疑問，在潛在客戶得到所有問題的答案之前，無論你賣的產品是什麼，都很難讓他們願意掏出錢來。

如果你還不確定，那就問問他們需要知道些什麼，收集問題後也能製成影片、文章、圖表或常見問題清單。

二、借意見領袖的推薦力量

社群行銷就是透過人與人的傳播，花費最少的成本，以最省力的方式獲得最大程度的品牌曝光，並突顯產品的核心價值。

但是如果你的粉絲數只有幾百個，那麼很難實現人與人的傳播，要在短期內提升銷售額也非常困難，畢竟成為粉絲並不等於會成為顧客。另一種彌補粉絲數短缺的最佳方式，就是和已經有足夠多粉絲的意見領袖合作。

2016年Google研究統計指出（http://bit.ly/2lbZMGZ），60%的YouTube用戶會根據他們最喜歡的內容創作者的推薦做出購買決定。

所以，與意見領袖合作不僅可以有高度曝光，也能充分利用產品特點和意見領袖的創意或專業進行口碑傳播，同時提升被信任度。

三、使用廣告連結潛在客戶和舊客戶

如果你花大把時間和精力建立社群粉絲，善用廣告功能是一個非常重要的環節，這可以根據用戶對內容的參與情況實現再行銷，這也是向潛在客戶和舊客戶推薦合適產品的好方法。

如果你不去使用社群廣告，不僅會因為演算法而無法充分傳遞訊息給粉絲，也會損失很多銷售機會。對於小資老闆來說，這可能會有某些壓力，但網路廣告的好處之一就是預算非常彈性，只要運用得好，這是投資而非浪費，這部分可以參考第7章的內容一併學習。

四、分享忠誠客戶的滿意評價

在網路上購買東西之前，消費者傾向了解消費者評論，以確保品牌和產品值得信賴，消費者的推薦和評論可以幫助潛在客戶在購買產品前的疑慮獲得解決。比起看到企業方的說法，潛在客戶更想看到真實客戶的感受，他們更信任消費者，這對他們的購買決策產生巨大影響。

當很多評論、推薦觀點和使用經驗都非常一致時，潛在客戶就會感到真實性、值得信賴，購買意願就會被激發起來。因此，在社群行銷上要充分善用消費者的口碑力量來推動銷售力道。

鼓勵客戶分享評論和照片，不僅能增加現有客戶的忠誠度，也能在潛在客戶心中添加可信度。這樣的內容不僅要放在網站中，也要分享到社群媒體中。除了透過6-9單元提到的社群活動來達成之外，以下生活市集的做法也是一個好例子，當客戶消費一段時間後，將會發出此邀請並提供實質回饋。

我們誠摯地邀請您評價【SGS環保摺疊拍拍保冷杯】的購物經驗，

您所提供的意見與照片將以匿名的方式隨機顯示在網站、App或電子報等處，

這將大大地幫助其他消費者買到更優質的商品，

生活市集也將努力持續用高評價的品項來取代低評價的品項。

評價時提供以下照片將額外獲得 220 元折價券：

1. 歡迎您提供多角度且清晰的商品實照，做為商品品質改善的依據。

2. 生活市集嚴禁供應商於商品中夾帶推銷DM，或發送推銷簡訊打擾消費者，若您遇到類似狀況也歡迎您上傳相關照片通知我們。

若您準備好就可以按下方按鈕前往評價，

非常感謝您！

前往評價

　　利用社群媒體推動銷售的關鍵就在於：信任。好內容、好產品可以建立關係，關係建立在信任之上，信任可以推動銷售業績！

本節重點速記：寫下你在本節所學習或得到的啟發，並思考如何把學習到的重點做實際的運用。

提供詳細的產品資訊

調查客戶需求與問題,並製作相對應的內容素材,引導客戶消費買單。

使廣告連結潛在客戶

根據用戶對內容的參與情況投放再行銷廣告,並推薦合適的相關產品。

分享忠誠客戶的滿意評價

透過客戶的購買經驗與評價,影響潛在客戶的信任度,推動產品銷售。

借意見領袖的推薦力量

借助意見領袖的創意或專業進行口碑傳播,提升信任度與宣傳產品特色。

6-11 經營網路社群數據分析不可少

　　雖然不同的社群媒體平臺有著不同的數據功能，但大多數社群媒體都具有基本的數據分析功能，不過若沒有實際去查看數據，也就只是單純的擺設罷了。當你不去了解相關數據時，你無法明確知道有多少曝光、哪種類型的內容最受歡迎、哪個時間發文最有利、粉絲是否合乎理想、退讚封鎖比例……等。

　　數據不是只關乎收集這件事，更多時候是分析解讀與運用層面，這對於新手來說，可能會有些障礙需要去克服，但你必須開始試著這麼做，並培養學習相關能力。網路行銷會被視為一門科學，正是因為能數據化，因此請不要用自我感覺來評估，而是要有數字輔導你的決策！那麼，無論你目前在社群行銷方面做得如何，如果沒有不斷進行分析，你永遠不會知道影響性來源，失敗的可能性就會大得多。

一、善用數據分析功能

　　數據總是常常令人望而生畏，一堆數字和圖形可能會非常令人困惑，但其實也並非艱澀難懂。首先，你不能在沒有確定目標的情況下進行數據分析。雖然大部分目標離不開提高品牌知名度、粉絲數、觀看次數、互動率、網站流量、銷售……等。YouTube可以透過此網址查看相關數據──https:// YouTube.com/analytics，Instagram若是商業帳號，可以在每則貼文下方查看洞察報告，粉絲專頁可以在洞察報告中查看數據。

　　儘管不同社群媒體有不同的數據提供功能和特色，但下面是特別需要注意的關鍵指標。

　　（一）按讚（訂閱）、留言和分享：這是最基礎檢驗經營成效的數據來源，也是得知內容有無擊中人心的主要互動評估依據，相互比較這3個數據，也能得知哪些內容主題是更值得持續產出的重點。

（二）用戶或客層：這可以幫助企業、行銷人員深入了解受眾群體，例如了解用戶年齡、性別、國家比例的數據來源。在粉專洞察報告是用戶，YouTube則是客層，還能了解用戶觀看影片的裝置比例。

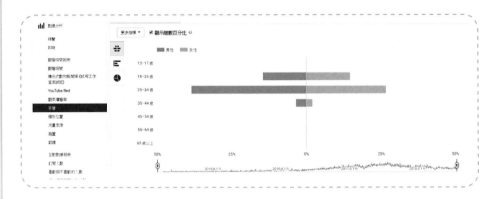

（三）影片觀看時間：觀看時間可以了解在YouTube頻道或粉絲專頁中觀看影片內容的總時間，這一點對於以影片為主的內容策略更為重要。同時，這也會讓你知道哪些是相對最受歡迎的熱門影片來源。

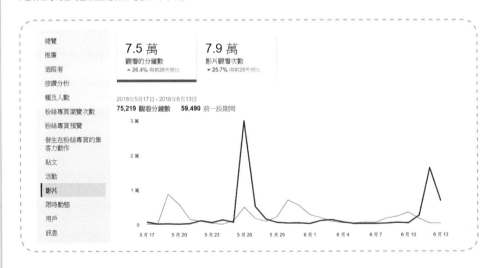

（四）總瀏覽次數和流量來源：很多時候沒看到效益不是內容或產品不好所導致的，而是推廣力道根本不足，此時可以透過總瀏覽次數進行初步原因排除。流量來源可以知道粉絲發現你的方式，這可以作為最好的宣傳方式之最佳證據，不再傻傻做白工，也能把資源放在更值得投入的地方。

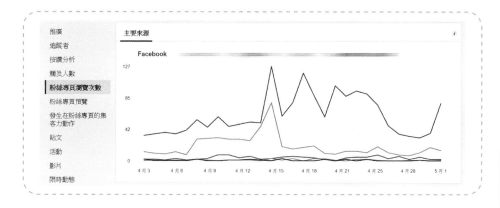

（五）粉絲上線時間：這是粉絲專頁中特別值得參考的數據，藉此可以知道粉絲上網時間，一週當中哪一天上網人數比較高，什麼時段上線人數最多，這非常有助於確定貼文發布時間。所以，你一天至少有一次最大化接觸粉絲的機會，請好好把握。此外，建議可以再挑選出次要高峰發布貼文，增加觸及人數，如果你不想死守在電腦前準時發文，那就善用排程功能吧。

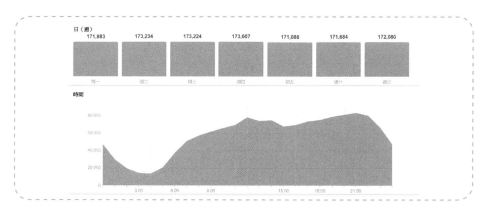

本節重點速記：寫下你在本節所學習到的重點，實際到你的社群頻道去練習和熟悉相關數據指標，透過你所觀察到的數據進行初步統計整理！

以下分析出＿＿＿＿＿＿＿＿＿＿＿（請填上）

· 獲得用戶訂閱（按讚）或分享的內容，有哪些＿＿＿＿＿？

· 對於內容有興趣的用戶：
性別為＿＿＿、年齡層為＿＿＿＿、國家為＿＿＿＿＿。

· 用戶觀看＿＿＿＿＿＿＿影片花最多時間。

· 主要用戶來自於＿＿＿＿＿＿平臺。

· 粉絲上線時間主要是＿＿＿＿點～＿＿＿＿點。

經營網路社群的常見錯誤

在我教學、輔導的過程中，我發現不少人對於社群經營抱持著不對的心態，要不以為社群經營可以一炮而紅，要不就是認為社群經營是不需要花錢就能成功讓產品大賣特賣的方式。除了這兩種常見錯誤之外，以下這4種情況也是非常需要留意和避免的。

錯誤一：過度關注粉絲數量忽略品質

關於社群經營，我經常會面臨到的問題之一，像是：如何快速增加粉絲？或不花錢、花少錢獲得更多粉絲？

其實，現在企業經營社群的重點跟以往有非常大的不同，不能老是用粉絲數量等於訂單數量來看待，因為這還取決於粉絲的品質。不要誤會我的意思，粉絲數仍然是重要的，但粉絲數的多寡並不是粉絲團行銷的一切和最終目的。所有粉絲數只是你的潛在受眾，除非你的粉絲能歷經轉換過程，否則它就只是一個數字。

請思考這個問題：在你的粉絲中，有多少人有需求、並願意購買你的產品，或者願意幫助宣傳你的產品？

讓我假設你經營一個賣化妝品的網路社群，而你有2,000名男性粉絲，賣給他們的機率有多少？反之是1,000名女性粉絲，並且對美妝保養有興趣，那麼哪一種情況的購買成交率比較好、對你比較有利呢？

這個答案肯定很明顯吧，原因就是精準性問題，而且這一點對粉絲專頁是更為常見的一件事，因為對你的產品、貼文不感興趣的粉絲，幾乎不會看到你的訊息，何來購買率呢？

因此，與其花時間、花錢只是為了得到更多的粉絲數，不如把精力放在追求贏得精準粉絲、潛在客戶的好感上。千萬不要費了大把精力和金錢增加更多粉絲數之後，卻發現產品仍然賣不太動

錯誤二：以為曝光越多銷售業績越好

請不要企圖向所有人宣傳你的產品，你要找最有可能購買產品的群體去宣傳，這樣你才能省下很多時間和精力。而且你服務的人群越相似、越精準，他們有差不多的愛好、性格、購買習慣，你才能慢慢積累經驗。

知名度跟成交量其實沒有絕對正比關係，更多人知道你的產品，但是並不一定會想要買你的產品。

如果還是抱著傳統行銷的思維：哪裡能有曝光，就去哪裡打廣告，只是一味地追求更多的粉絲數或曝光量，這樣的思維走向失敗是必然的。

錯誤三：急功近利型，缺乏遠見眼光

網路社群行銷和種植作物是很類似的過程，從播種、成熟到收割。當用戶和你尚未建立足夠信任、了解你的產品，急於收割是必定降低收成的行為。

播種一次，只能收割一次，而網路社群最大的一個特點是，可以讓你重複收割，用戶一旦關注且喜歡、信任你，只要沒有退讚、退追蹤，就有機會進行再次銷售。

當積累了1萬個粉絲的時候，這批粉絲是不需要重新播種培養的，但是第一次播種的時候，就要想好粉絲是為什麼而來？能有什麼收穫？銷售產品時會不會願意購買？買了之後還願意繼續關注？

我們要和同行進行對比，才會發現自己的優劣，同行那裡做得好，為什麼會做得好，自己不足的地方在哪，怎麼超越同行？

錯誤四：刪除負面留言

你無法一直獲得正面的評論和留言，因為你不可能討好所有人。有時候，你確實在你的社群頻道中會收到負面的評論和留言，請不要刪除，因為這有可能是真實的。

記下這些回饋並盡可能最好地解決這些問題或補償。試著讓原本不滿意的粉絲或客戶不再受氣委屈，這甚至還有機會能轉變成支持者呢。

社群經營不只是曝光獲得更多粉絲、賣出更多產品，在實現這個目標之前，需要幫助人們解決問題、提供價值。所以，面對任何負面留言也是如此，如果一味的刪除，可能更會激怒群眾的心，反而會招致更大的負面結果。

本節重點速記：檢視自己是否有以上的心態與問題，並落實於自己的經營計畫中，長期堅持地做下去，情況必會有所改變！

誤區 ⊗

正確
觀念

過度著重於
增加粉絲
數量

一味追求曝光

吸引對產品
有興趣的
群體

目
標

對有興趣
的潛在客
戶宣傳

成為
「真的」
粉絲

創造購
買需求

銷售

有機會
再次銷售

轉換為
支持者

「關注」
粉絲需求

解決客戶
問題或
補償

短視近利

刪除負面留言

Date _____/_____/_____

第 7 章
廣告篇：倍增營收加速器

7-1 為什麼需要投放 Facebook 廣告？

隨著網路的興起和持續增長，社群媒體已經成為世界各地的主要交流平臺和生活工具之一。在臺灣，凡是企業想更好地做好網路行銷，幾乎都會選擇使用Facebook，但是當大多數人都這麼做的時候，就會產生高度競爭。而且在演算法的重重限制之下，目前企業想免費透過Facebook獲得可觀的曝光量和行銷效益可說是大不如前、越來越困難了。

以Facebook粉絲專頁來說，自然觸及率平均約莫2%～10%左右，也就是說，如果有一萬粉絲數，每次貼文的觸及大概是200～1,000。雖然經營得好可以高得多，但也不會是百分之百，如果想要貼文有更好的觸及曝光，就必須付錢投放廣告，這很現實、很殘酷，不過這就是目前Facebook的強硬規範。

在眾多因素之下，Facebook廣告是迄今為止最受歡迎的社群媒體廣告，也會是本章的主要分享主軸。在我看來，使用廣告加強貼文宣傳是一個很好的曝光方式，好處除了可以有更大量曝光之外，還可以推播內容給特定的用戶，這遠比單純發布一般性貼文有更多好處，並且可以自行決定願意花費多少廣告預算。

投放Facebook廣告看似是一件燒錢的事，但這跟傳統媒體比起來，真是更合乎小資老闆的需求，你有多少預算就下多少廣告，門檻真的比傳統媒體相對低很多。

雖然網站經營、內容行銷、SEO、社群行銷能夠產生非常大的行銷效益，而且對於長期經營相當有利，不過共同缺點就是無法一蹴可幾。當你的事業剛起步的時候，你可能會先開始思考：如何簡單又有大量的曝光度？如何快速提升品牌知名度？要如何先有客人可以存活下來？綜合以上問題而言，花錢投放廣告幾乎是最快速解決的方法，而且是最省力獲取流量的網路推廣方式。

想必大多數人都曾經有過這樣的經驗，在某些時刻都會覺得廣告很煩人，而且廣告普遍不是消費者更喜歡了解產品的方式。不過也不得不說，廣告確實是有效的推廣方式，雖然廣告有一定的干擾性，但也有存在的價值性。

以下是小資老闆需要 Facebook 廣告的 5 個原因

❶ 社群經營等各方面雖然已經投入，不過因為剛投入不久，還沒有獲得顯著的成效。

❷ 粉絲數還不夠多，貼文觸及次數非常有限，不過手中握有廣告預算。

❸ 網路廣告可以彈性制定預算，即使每天的花費只有200元，仍然可以吸引到更多潛在客戶。

❺ 廣告效益是可衡量的，你會知道哪一個廣告是有效的，哪些廣告起不了作用。然後，你還可以隨時調整修改它。

❻ 可以針對特定受眾進行推廣或再行銷，透過廣告將他們引導回網站或粉絲專頁中，而不是持續流失潛在客戶。

	一般性貼文	加強推廣推文	Facebook 廣告管理員
出現在粉絲專頁上	V	V	可選擇
鎖定國家、地區	V	V	V
鎖定年齡	V	V	V
鎖定語言	X	V	V
鎖定興趣行為	X	V	V
廣告時段排程	X	X	V
呼籲行動按鈕	X	V	V
Instagram 廣告	X	X	V
廣告優化（預算最佳化、AB 測試）	X	X	V
完整廣告數據	X	X	V

本節重點速記：寫下你在本節所學習到的重點，並且評估你目前是否需要且適合投放廣告？完成之後，再往下一節邁進。

讓廣告無往不利的 5 個步驟

縱使廣告有諸多優點，但是廣告沒有操作得當也只會耗費預算、增加經營成本。因此，重點不只是投放廣告，而是確保預算是被充分利用的。

投放合適的廣告非常重要，適用於一家企業的廣告設定，可能不適用於其他企業產品。在開始正式投放廣告之前，制定計畫和投放預算才是第一件事情。

40%時間是：
計畫和準備

20%時間是：
廣告投放設定

40%時間是：
分析和調整

計畫和準備可能是你會持續做的一件事情，這得視廣告投放需求而定，無論如何不要指望在一天內就完成，花時間和精力來制定廣告投放策略，才能真正把錢花在刀口上。其次，累積的經驗和數據會給你更清晰的方向。

此外，進行學習和練習也是非常必要的，網路廣告雖然有很多優點，但也不是花錢就能見效的萬靈丹，這和其他行銷手法一樣，都是需要學習才能操作妥當的網路推廣方式。我看到很多廣告主因為忽視計畫和學習的重要性，而無法獲得最佳收益。在沒有合適規劃的情況下，直接投放網路廣告是不明智的，因為這只會導致更大成本而無法創造想創造的結果。

外包給專業人士當然是一個最直接的解決方案，不過小資老闆的預算往往是個問題，與外包相較之下，選擇自行投放是比較合理和可行的方式。

在開始將廣告投放需求外包給代理商之前，我始終非常建議先自己學習，有所了解後才外包。因為外包不是什麼都不管，這仍然是需要計劃和溝通的。

如果你是一位小資老闆，在預算有限的情況之下，了解平臺的運作原理和特點，更有助於做好管理工作。當你將廣告外包出去時，才可以充分地溝通與理解專業建議，你會知道該問什麼、該說什麼，並且你會知道他們在做什麼、說什麼。

如果你現在沒有大筆預算可投資於網路廣告上，那麼外包廣告更不是一個優先事項，自己學習和操作投放，反而是一個更加適合的方式。

事實上，學習如何投放廣告將有助於尋找合適人選，因為你可以知道要問他們哪些問題，也能提出合理的要求，而不是天方夜譚顯得是蠢蛋。

我絕對不是反對外包廣告，但在很多情況下，這確實不是最好的選擇。如果每月廣告預算是數十萬起跳，那麼這完全是值得一做的事情。

在開始正式投放廣告之前，請先釐清或準備好以下事項：

1 廣告戰略目標：廣告跟任何其他行銷方式一樣，都需要制定目標，沒有目標就沒有執行方向。執行這件事情並不難，不過大多數都不會分解為多個執行步驟。

假設打算將新產品推向市場，這可能至少就需要分成3個執行步驟：

▶ 讓人們對品牌、產品有初步認識

▶ 向消費者介紹產品的特色和好處

▶ 引導流量到產品頁，促使購買轉換

2 分配廣告預算：當你明確知道廣告投放目標是什麼之後，接著需要考慮如何分配預算到不同執行步驟之中。如下分配預算比例：

▶ 提升品牌知名度：15%預算

▶ 推廣產品特色：25%預算

▶ 增加產品頁流量：60%預算

3 釐清目標受眾：從行銷規劃的角度來看，第一步是了解目標受眾。想要實現特定目標之前，需要確定與誰溝通交流，他們需要或想要看到什麼、你的產品如何幫助到他們，以及他們具有哪些特質。

例如，有些人會認為，對「星巴克」按讚的人可能會對購買濾掛式咖啡感興趣，也許他們之中存有這樣的機會，但喜歡喝星巴克的有許多不同的人。你可以使用Facebook廣告中的廣告受眾洞察報告（可以參考7-4單元）進行分析，這可以協助你根據受眾興趣集思廣益與深入了解受眾的特點。

很多時候，企業投放廣告只關注於傳遞產品資訊，而忽視了消費者的心態。其實消費者尋找產品的動機原因，對於廣告策劃影響非常大。

4 準備廣告素材：與團隊或外包人員共同商討符合廣告平臺規範的素材，是正式投放廣告的準備工作。事實上，廣告素材對於廣告成效也有莫大影響，因為廣告也是網路的內容來源之一。

基本上，人們會討厭廣告的原因並非那只是企業的產品宣傳，而是大多數廣告內容明顯都太過無聊乏味，或者只是自說自話。廣告素材不僅要考慮到訊息的傳遞，還必須考慮他們偏好看到什麼內容形式。例如在Instagram，用戶更傾向視覺內容（短片、照片）。

❺ 分析數據和優化：假設你已經完成了以上所有步驟，那麼就可以開始廣告投放步驟了。這看似已經完成了，實際上還沒呢，廣告上線後還需要監測和調整！

分析數據或預測推估是提高廣告投資回報率的必備能力之一，慶幸的是，大部分知名廣告平臺都會提供數據和追蹤功能。例如，假設投放了兩種不同類型或渠道的廣告，可以比較這兩個廣告的各自成效，藉此也可以確定哪種類型的內容或廣告平臺可以帶來更好的廣告效益。

本節重點速記：在開始投放網路廣告前，請先做好規劃和準備。在下一個小節中，將會有進一步的探討。

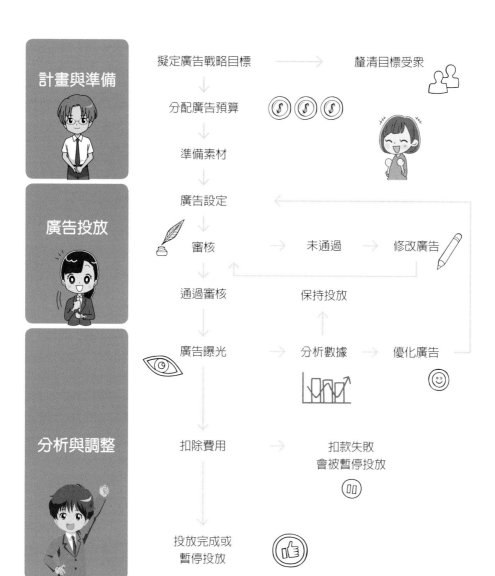

計畫與準備

廣告投放

分析與調整

擬定廣告戰略目標 → 釐清目標受眾

↓

分配廣告預算

↓

準備素材

↓

廣告設定

↓

審核 → 未通過 → 修改廣告

↓

通過審核　　　保持投放

↓

廣告曝光 → 分析數據 → 優化廣告

↓

扣除費用 → 扣款失敗
會被暫停投放

↓

投放完成或
暫停投放

7-3　如何擬定廣告投放預算

　　每當我與客戶針對網路廣告問題進行諮詢，或者在廣告投放講座之中，我最常被問到的問題之一是：如何擬定Facebook或Google 的廣告預算？

　　或者，當我主動詢問這項問題時，他們往往沒有確切的想法，經常得到的回答是：沒有概念、不知道。

　　這確實是一個很好的問題，也是非常實際的層面，這個問題可以從三個方面進行思考。首先，這個問題最常見的擬定方式是：你有多少錢？你願意承擔多少損失？這是非常直接又通用的方式，就像購買任何產品一樣，每個人的購買預算自然有高低不同。

　　另一種常見的方式是：總銷售額或總盈利額的百分比。這種方式不僅適用於廣告，也適用於大多數其他行銷手法的預算擬定。採用去年的總銷售額或總盈利額，亦是個簡單方式，這是根據自身利潤、行業和市場規模而有所不同，大多數企業的廣告預算為總銷售額或總盈利額度的2%～10%。大多數企業喜歡採用這種預算形式，主要原因之一是相對安全。因為這不是以預測未來進行擬定預算的，而是以過去已知的利潤進行提撥。

　　第三種則是測試廣告。假如你的預算確實非常有限，而且事業正開始起步，你可能無法採用百分比擬定預算，我會建議透過小額測試來決定。而且剛開始投放廣告時，小資老闆往往會特別想要控制支出預算，由於預算有限和不熟悉，加上心裡對於廣告效益根本沒有底所致。所以，投入少量預算進行測試是一個通用方式。

　　處於測試模式時，或許廣告測試活動會賺錢，也可能只是收支平衡，或者可能會損失。但至少不應該抱持有賺好幾倍的想法，這種期望是非常不踏實的。相反地，測試心態應該是投資於市場研究。

　　如果測試反應良好，可以試著再投入更多預算進行曝光，這是彈性投資，而不是固定費用支出，這樣可以接著投放更多廣告，企業增長和擴張速度可以更快。另一個好處則是可以對多種產品進行相互測試，並且對轉換更好的產品進行更多推廣，以便獲得更大的成效。

一、測試廣告預算應該要多少？

　　以Facebook和Google來說，廣告成本會因為產業、族群、廣告素材的不同而有所落差，因此這並沒有標準答案。一般來說，至少獲得100～200次點擊流量，這樣才能確定廣告是否能實際產生轉換。

二、專注投資回報率而非成本！

　　換句話說，你不能只關注廣告成本，而是必須將精力、資源集中在最大化廣告投

資回報率（ROI）上。因為沒有任何轉換，再低的成本依舊只是成本，這對小資老闆來說尤其重要。下方就是個典型例子，影片每次觀看成本非常低，但沒有任何連結點擊，自然就無法帶動任何銷售。

觸及人數	曝光次數	每次成果的成本	每次粉絲專頁互動成本	CTR（全部）	CTR（連結點閱率）
10,231	11,917	NT$0.03 影片每觀看3秒	NT$0.03	4.43%	—

當然，降低廣告成本是重要的，但取得最小廣告成本並不是真正的廣告槓桿所在，也不是最初的廣告任務。

無論廣告預算大小，都需要明智地進行規劃，以便從中獲得最大收益。另外，這可能還需要一併考慮額外成本，例如：美工、文案……等，甚至需要你花時間或指派一名員工來投放與管理廣告。

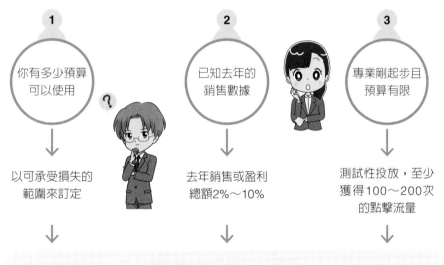

擬定廣告投放預算的三種方式

1 你有多少預算可以使用 → 以可承受損失的範圍來訂定

2 已知去年的銷售數據 → 去年銷售或盈利總額2%～10%

3 專業剛起步且預算有限 → 測試性投放，至少獲得100～200次的點擊流量

本文重點速記

利用本節所提到的擬定預算方式，評估哪一種方式更適合你，並實際分配廣告預算。

7-4 投放廣告前一定要知道的注意事項

　　無論你經營的是電子商務、還是實體店面，Facebook廣告都有可能幫助你達成各種行銷目標，像是：產品銷售、連結潛在客戶、增加會員數、提升知名度……等。當然，四兩撥千斤本身就是社群的一大特點，分享擴散是它最強大的武器，但請不要只把廣告視為銷售工具，而是應將其作為溝通和建立關係的渠道，進而有效提升品牌知名度、忠誠度、美譽度。而且如果缺乏良善的管理與操作觀念，你可能連投放廣告都做不了，因為投放Facebook廣告絕對不是有錢就可以搞定一切！

　　為了防止因為違反規範而被拒絕投放或被停權，在此小節中我會提供你應當知道的注意事項，既有內容在此不再一一贅述，請自行參考此網址 —— https://www.facebook.com/policies/ads/。

　　特別要注意的是，非品牌代理商、經營者，廣告活動或粉專，卻包含了第三方品牌素材，這是非常不明顯卻又違規的行為。官方為了保護消費者和品牌商，一旦有這樣的行為，不只是廣告會被拒絕，可能還會讓粉絲專頁完全無法投放廣告。例如：推廣代購服務不是不行，但廣告素材若用了第三方品牌元素（包含LOGO、產品圖）就不行。

　　如果你真的想要培養Facebook廣告帳號信譽，請把廣告帳號視為一項重要資產，我非常建議使用企業管理平臺進行操作，這對於管理粉絲專頁和廣告帳號都更具靈活性和高度掌控性。

　　當然，從個人帳號改為企業管理平臺是無須另外付費的，但缺點是廣告帳號需要重新養成，個人帳號中的所有紀錄無法全部轉移到企業管理平臺之中。因此，假如你尚未開始投放Facebook廣告，這會是一個很好的選擇與開始：https://business.facebook.com。

　　假如你不是使用企業管理平臺，而有多重廣告帳號時，每個帳號的付款來源請設定不同，這部分就如同個人帳號一樣，一個人就只能有一個帳號，廣告帳號也是一樣的原則。針對個人帳號，最好也是使用自己的信用卡或PayPal進行綁定，表示這的確是真實並合法授權的。換句話說，也就是付款來源持有者最好跟帳號名字一樣，而不是用家人、朋友的信用卡進行綁定。

一、培養有信譽的廣告帳戶

　　有信譽的廣告帳戶就是表現紀錄良好，說白了就是行為舉止都符合規範，沒有違反規範又有穩定花費的紀錄。不過這需要一段時間養成，如果是新帳號請保持耐心和

循序漸進。要達成這一點,很多人會認為廣告預算需要不少才行,其實一開始預算不必太多。關鍵在於持續投放與運行廣告,持續平均投放遠比將廣告費只砸在幾天之中更好。重要的是,請確保你的廣告100%符合規範,不要想著要挑戰極限,保守才是新手帳號明哲保身的王道。

當你有廣告持續不斷透過審核時,Facebook 只會更容易、更快速批准你之後所提交的廣告。相反地,當你的帳戶有一堆被拒絕投放的廣告活動時,他們更會嚴格看待你的每一個廣告。而且當你因為違規被拒絕投放廣告太多次時,這會有極大可能導致廣告帳號被停權。

二、清理不必要的廣告

刪除未被批准的任何廣告活動,並且讓它成為一個習慣,就如前面所提到的,廣告帳號有太多被拒絕投放的廣告活動,對於影響新廣告獲得批准與否會產生一定的作用。記得,若有太多次被拒絕投放,可能導致廣告帳號被停權。

所以,請刪除審核不透過的廣告,當然,如果你認為的確是誤判,你可以向官方提出申請,因為系統確實會誤判,但如果你不申訴,將無法以人工介入為你解決。

> **Sylvia Liang** Facebook 使用說明團隊 ✔
>
> 很抱歉給你帶來不好的使用經驗
> 我們的廣告系統有時候敏感
> 確實是會造成誤判
> 除了申訴的選擇
> 你也可以透過上方"聯絡"我們的支援團隊
> 請他們協助你
> 麻煩了

在警示中,你可以點擊紅色方塊中的「與我們聯絡」提交申訴,或者透過此網址進行申訴(https://imjaylin.com/l/faq),只是官方申訴管道的處理機制並不快速,請務必保持耐心,若遲遲沒有得到回覆,可以再次提交。

> ⚠ Facebook 不允許廣告標榜「可在家工作」、快速致富,以及靠小投資或零投資就能致富等不恰當的賺錢機會,這包含金字塔式傳銷,或難然暗稱任何產品或機會可賺取收入,卻沒有完整說明該舉產品或機會的其他營利能業模式。
>
> 在你再次提交廣告之前,請瀏覽 Facebook 政策網站瞭解更多詳情,並查看符合 Facebook 刊登原則的廣告範例。
>
> 若您已閱讀相關刊登原則,並認為您的廣告符合台規定,應該獲得批准,請 與我們聯絡。

另外,當你的廣告被拒絕時,不要試圖建立一個類似廣告想要碰碰運氣,修改被拒絕的廣告,再次被拒絕的機會還是很高的。與其如此,還不如重新投放新的廣告活動。

三、圖文不符／誤導性圖片

用漂亮的比基尼女孩作為圖片元素會很有吸引力，但前提是，這最好跟你的產品有直接關係或間接關聯，例如你就是賣比基尼、防曬用品，或者開設游泳教學。太過血腥暴力或情色裸露的畫面也是不行的，更容易被用戶檢舉。

文案和圖片中不可觸犯的廣告條例還有：

❶ 指名道姓：嘿～小明！你想要變得更瘦、更帥嗎？

❷ 前後對比：減肥前跟減肥後，或使用前後比對，因為這牽涉了效果保證。

❸ 文字超過20%：雖然20%規範已經移除，但建議確保你的廣告圖片文字比例沒有超過20%還是最好的，因為太多文字比例依然不容易獲得高度曝光。

以上我所提及的資訊，除了可以避免你的廣告帳號被停權之外，其實也跟廣告運作有很大的關係。當你還是廣告新手的時候，Facebook廣告審核往往會比較久。不過不要擔心，如果你遵守規則，這個過程是輕而易舉的。事實上，大多數廣告都會在24小時內得到審核和接受（某些情況下需要更長時間）。

因為新帳戶的信譽度是零，因此，漫長的廣告審查過程是必須經歷的常態，而且很少人會是例外的。而當你的帳號信譽度建立之後，投放廣告後幾分鐘至數十分鐘就能透過，甚至能秒過。

本節重點速記：查看Facebook所公布的廣告規範，並記下特別需要避免違規的重點。

信用良好

培養有信譽的 Facebook 廣告帳戶

企業管理平臺

個人帳號平臺

投放廣告

廣告100%符合規範
且持續有效投放

廣告未被批准

持續投放
有效的廣告

系統誤判
可向官方申訴

刪除未被批准
的廣告

未來官方
更快速審核透過

太多次導致
帳號被停權

　　無論你的產品有多麼優惠，或者花多少錢投放廣告，如果向錯誤的人曝光廣告，依舊不會轉換。WS遇見光早期投放Facebook廣告時，都是直接使用「加強推廣按鈕」，選擇要投放的費用後，就放著不管了，但是成效一直都不是很好。後來才了解到，原來可以透過廣告管理員中的相關功能，找出更準確的潛在客戶，廣告成效才因此大幅提升。WS遇見光提供各類汽車車燈改裝服務，並且是臺南在地商家，鎖定的受眾特質其實可以從全臺灣進行縮限，例如：

▶ 性別：男性

▶ 年齡：20～50

▶ 興趣：汽車

▶ 地區：臺南

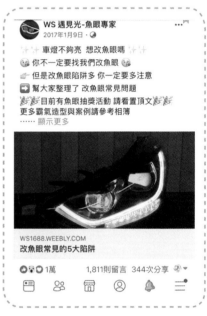

　　以上是一個很基礎的受眾鎖定方式，基於興趣鎖定受眾是最簡單、同時也是最困難的方法，因為這並非是最精準的受眾鎖定方式。但是如果你沒有足夠的網站訪客量、客戶名單或Facebook粉絲，使用特定興趣來鎖定受眾，幾乎是你初期唯一的選擇，因為這是唯一不需要擁有任何數據資產的投放方法。

　　Facebook廣告受眾洞察報告提供大量關於受眾人口和行為數據，而且還是免費的。這個工具是Facebook為了使廣告主能夠更有效地使用廣告功能而附加的分析工具，透過這項工具將能更加了解受眾特質，進而使廣告投放更具效益性。

廣告受眾洞察報告數據主要來自兩個來源

來源1　Facebook本身擁有的數據庫：這是由用戶所提供的資料，也就是來自於用戶的個人資料，包括：年齡、性別、婚姻狀態、地點、喜好……等等。

來源2　第三方合作夥伴數據：家庭收入、購買行為……等，也會透過外部公司匹配用戶數據，只是這些數據並不是全世界通用，大多時候是以美國為主。

　　要使用此工具，只需前往Facebook廣告管理員，並點選左上方選單，再選擇「規劃」行列中的「廣告受眾洞察報告」。

第1步 選擇廣告受眾類別

使用廣告受眾洞察報告時，可以先選擇其一受眾類別。下方我以選項一（所有Facebook用戶）作為說明示範，這只是一個選項，之後依然可以照你的需求再做任意變更。

選項的差別是

❶ 所有Facebook用戶：這會總覽Facebook用戶的資訊（默認是美國，但你可以改變國家）。如果你想廣泛了解某興趣指標或進階數據，那麼你可以選擇此類別。

❷ 連接到你的粉絲專頁的用戶：這個選項可以從你管理的所有Facebook粉絲專頁中直接選擇，這對於了解現有的粉絲受眾非常有幫助。

第2步 選擇篩選參數

如果你想了解臺灣的用戶或任何其他國家，你可以在地點輸入欄位中選擇相對應國家，甚至能排除特定城市。在這裡雖然你可以添加多個國家，不過越是複雜多元的設定值，數據分析自然越困難。

設定條件值上，你還可以細分受眾的年齡與性別、興趣，連接的粉絲專頁，以及更進階的數據，如：行為、語言、教育、工作……等等。這些選項是一個挖掘市場訊息的絕佳來源，務必多加善用。

第3步 探索用戶數據

當你鎖定特定條件之後，就可以開始研究數據了。在右方分析圖表中，包含4個數據類別：人口統計學、粉絲專頁的讚、地點、動態。

▶ 人口統計學：人口統計學包括：年齡、性別、感情狀況、教育程度和職稱。

在數據圖表中，假如你只是想看35～44歲的女性受眾資料，你可以直接點選該區段進行查看。

▶ 粉絲專頁的讚：這個部分數據被分成兩個部分，第一部分是最受這群人歡迎的熱門類別。第二部分是粉絲專頁的讚，這會顯示與廣告受眾最相關的Facebook粉絲專頁。透過以上這兩個部分，可以更加深入了解他們最感興趣的類別有哪些。更重要的是，用於競爭者分析也非常適用，它使你能夠看到潛在的競爭對手有誰，以及受眾喜歡的內容類型。

▶ 地點：在這個選項中，你可以看到熱門城市、國家和語言。而當我只鎖定臺灣用戶時，國家／地區排名自然就只有臺灣，語系也是以繁體中文為大宗。所以，相對而言，這部分只有城市排名具有參考意義，尤其對於實體商店更是如此。

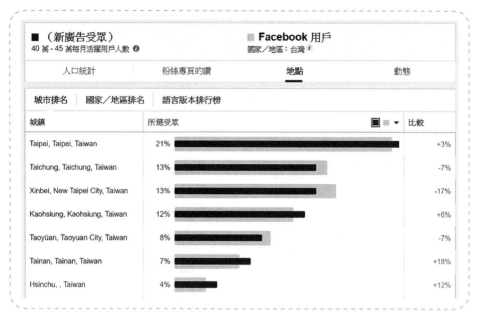

▶ 動態：這裡的資訊有助於了解這群人在Facebook上主要的行為和活動。這個數據類別被分成以下兩個部分：

▶ 活動頻率：該數據會顯示在過去30天內用戶的活動統計。

▶ 裝置用戶：用戶訪問Facebook的裝置類型，並區分為桌面和行動，並且還能知道特定的機型。

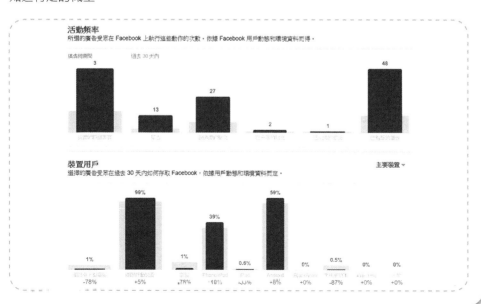

以這份數據報告而言，透過活動頻率，我們可以看到點擊廣告是最多的，表示這群受眾可能對廣告並不反感。而以上網裝置而言，我們可以看到幾乎只使用行動裝置，而且比例上更偏好Android系統。在設定廣告版位與裝置時，這部分的資訊也非常重要。

第4步 儲存廣告受眾

在你分析獲取數據之後，除了能夠讓你更加了解用戶之外，還可以直接儲存為廣告受眾，並用於之後的廣告組合之中。在頁面上方點擊「儲存」並對此受眾命名。也能直接點選「建立廣告」按鈕投放廣告。

Facebook 廣告受眾洞察報告提供非常有價值的人口統計數據功能，能夠更加詳細了解受眾和潛在客戶資訊。所以，如果你希望他們採取某種行動，在投放廣告之前，透過廣告受眾洞察報告可以讓你先了解並確定可行性。

請不要吝嗇花時間了解你的目標受眾，深入了解他們的興趣和行為，非常有助於改善廣告效益並提高投資回報率。

本節重點速記：寫下本節所學到的重點，並實際運用廣告受眾洞察報告分析了解受眾特質，以便運用在廣告受眾設定中。

7-6 投放 Facebook 廣告 第一次就上手

投放Facebook廣告最簡單的方式與Instagram一樣，都能夠在貼文下方直接點選「加強推廣貼文」按鈕進行投放，這種方式雖然最為簡單，不過我並不推薦使用它，因為它並不包含完整的廣告功能，甚至會帶給你錯誤的觀念。

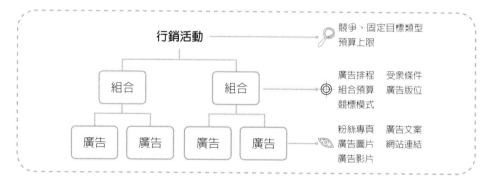

> 👥 已觸及73,951人
>
> 加強推廣貼文
>
> 👍 讚　　💬 留言　　↪ 分享　　👤▾
>
> 👍❤️😆 陳陳、Jack Wu 和其他 431 人　　　最相關 ▾

接下來，我會說明如何投放Facebook廣告，並分成行銷活動、廣告組合和廣告三個設定流程，這部分會同時包含Instagram廣告。

步驟一 首先，登入你的Facebook帳號後，點選右上向下箭頭中的「建立廣告」。或者直接從以下網址進入 —— https://www.facebook.com/ads/manage/campaigns。

```
行銷活動 ────────→ 🔍 競爭、固定目標類型
    │                     預算上限
    ├──────────┐
  組合        組合 ──────→ ◎ 廣告排程    受案條件
    │           │             組合預算    廣告版位
  ┌─┴─┐       ┌─┴─┐           競標模式
 廣告 廣告    廣告 廣告 ─────→ 👁 粉絲專頁   廣告文案
                              廣告圖片    網站連結
                              廣告影片
```

步驟二 建立廣告活動。這個步驟經常令新手無所適從，其實通常下廣告的需求不外乎就是增加網站流量（選擇流量）、優化網站轉換率（選擇轉換次數）、增加貼文觸及率（選擇互動）和增加粉絲專頁的粉絲數（選擇互動）、增加品牌曝光度（品牌知名度或觸及人數）、擁有更多潛在客戶名單（開發潛在顧客）。只要你的目標明確，選擇廣告目標類型是非常清楚的。

因應Instagram的設計緣故，並非所有行銷目標類型都能投放Instagram廣告版位，此處我以「流量」作為操作示範。

選擇行銷目標後進行命名，名稱只限於自己判別使用，建議越明顯越好，這能讓你便於管理多重廣告活動，以免擁有多重廣告時無法判別差異。

▶ 建立分組測試：可以非常方便建立多個廣告組合，針對不同條件進行測試。

▶ 預算最佳化：可以分配預算給最佳廣告組合，適合行銷目標之下有多個組合時使用。

▶ 行銷活動花費上限：這是選填欄位，可以忽略不填，但是如果有特定的預算花費且害怕超標，則可以填寫花費上限。

再點選「繼續」按鈕進入廣告組合。

步驟三 設定廣告組合欄位，包含以下所列。

▶ 自訂廣告受眾：這可以指定特定的受眾，像是網站訪客、現有客戶、粉專互動者……等，也可以用於排除已購買客戶，這是一個非常建議和常用的受眾鎖定功能。

▶ 地點：輸入你要投放的國家、地區，若你是在地商家，你還可以選擇特定自家店面或對手店面地址，鎖定投放範圍。包含：位於此地點的所有人、居住在此地點的人、最近在此地點的人和在此地點旅行的人。此外，也可以透過調整半徑鎖定精準範圍。

▶ 年齡：選擇合適的理想客戶年齡層範圍。

▶ 性別：若有性別區分，可以選擇合適性別。

▶ 語言：在臺灣會有新住民或外籍人士，如果想盡可能避免把錢花在看不懂中文的人身上，建議可以設定繁體中文。

▶ 詳細的目標設定：你的理想客戶會有哪些興趣或條件嗎？可以透過瀏覽或直接輸入進行選擇。此外，還可以進行排除或篩選，使受眾更為精準，例如非素食餐廳可以排除素食料理。

▶ 關係鏈條件：想想你是要針對自有的粉絲專頁的粉絲推廣，或是排除自家粉絲，還是粉絲的朋友呢？確定後選擇合適的關係鏈就對了（這裡只能針對自己擁有權限的粉絲專頁）。

▶ 儲存此廣告受眾：這項功能可以儲存當前受眾條件以便之後再次套用，這可以省下設定時間，可以視需要使用。

Facebook插播影片
此版位無法搭配流量目標使用。

▶ 版位：建議選擇編輯版位，而非自動版位，因為這樣才可以選擇合適投放版位，例如只投放行動動態消息或Instagram。假如不曉得哪一個較為合適，初期可以先採用自動版位進行測試，然後再進行調整。

▶ 裝置類型：可以選擇投放行動裝置或桌上型電腦，或者所有裝置。

▶ 特定行動裝置和作業系統：可以針對特定裝置進行投放，Android、iOS或功能手機。

▶ 只有連線至Wi-Fi時：普遍目前都使用行動上網服務，但如果你發現目標受眾使用Wi-Fi上網居多，或者連線速度差，則可以勾選此選項。

預算和排程
請設定廣告預算與投遞時間。

預算 ⓘ 　　[單日預算 ▼] 　[NT$400]
　　　　　　　　　　　　　　NT$400 TWD

每天花費的實際金額將有所不同。 ⓘ

廣告排程 　　● 由開始日期起持續刊登廣告組合
　　　　　　　○ 設定開始及結束日期

你每週的花費不會超過NT$2,800。

獲得最佳廣告投遞效果 ⓘ 　[連結點擊次數 ▼]

出價策略 ⓘ 　最低成本 - 在現有預算條件下取得最多連結點擊次數 ⓘ
　　　　　　　☐ 設定出價上限

計費標準 ⓘ 　曝光次數
　　　　　　　更多選項

廣告排程 ⓘ 　● 持續刊登廣告
　　　　　　　○ 根據排程刊登廣告

投遞類型 ⓘ 　標準 - 依照所選排程獲得成果
　　　　　　　更多選項

隱藏進階選項 ▲

▶ 預算：單日預算和總經費。選擇總經費可以額外使用根據排程刊登廣告,這將可以在特定時段進行投放。

▶ 廣告排程：可以選擇持續投放或設定投放日期範圍,以及設定特定時段。

▶ 獲得最佳廣告投遞效果：一般採用預設,但需要視不同需求進行變更。例如受眾數量若太小,可以選擇單日不重複觸及人數,以免曝光頻率過高或集中在特定人群。

▶ 出價策略：假如擔心每次成本過高,可以設定出價上限進行控制,但出價上限若設得太低,廣告可能會跑不動或曝光次數太低,因為平臺會賺不到錢,廣告曝光量和順序就會比較差。

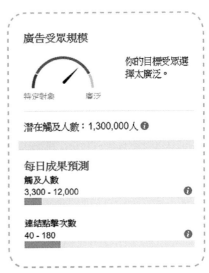

廣告受眾規模

你的目標受眾選擇太廣泛。

特定對象　　廣泛

潛在觸及人數：1,300,000人 ⓘ

每日成果預測
觸及人數
3,300 - 12,000 　　　　　ⓘ

連結點擊次數
40 - 180 　　　　　　　　ⓘ

▶ 計費標準：選擇主要的計費模式，這會因應不同活動類型而有所差異。

▶ 投遞類型：可以選擇標準或快速投放。

完成以上設定可以透過後臺右側廣告受眾規模進行投放前的預測了解，以此為例，每天最多能觸及12,000人，如果希望每天能有更大量的觸及和點擊，可以試著提高預算金額或調整受眾條件。確定無誤之後，再點選「繼續」按鈕，進入最後設定層級：廣告。

步驟四 選擇粉絲專頁或Instagram帳號，並且設定廣告內容。

這部分如果你不想經營Instagram帳號，可以選用粉絲專頁進行顯示。相對地，如果希望能直接增加Instagram帳號的曝光度與追蹤人數，那麼請連結你的Instagram帳號。

廣告內容可以選擇「建立廣告」或「使用現有的貼文」。前者是在廣告後臺建立內容，這不會自動出現於粉絲專頁中，如果你想查看廣告，可以進行預覽或透過廣告連結查看貼文。建立廣告特別適合需要進行廣告測試時使用；後者則是選擇在粉絲專頁中已發布的其一貼文。

建立廣告

如果你想建立新廣告，首先需要先選擇廣告格式，不同格式的Facebook廣告看起來略有不同。Facebook目前提供5種不同的廣告格式：

❶ 輪播：使用2個以上可同時展示的圖片或影片廣告。

❷ 單一圖像：只能使用1張圖片，可以同時建立6種廣告版本進行測試。

❸ 單一影片：使用一部影片作為廣告展示內容。

❹ 輕影片：最多能使用10張圖片而生成的展示影片廣告。

❺ 精選集：透過組合圖像和影片呈現更具吸引力的廣告。

免權利金圖像可以直接搜尋你所需要的廣告圖片，SHUTTERSTOCK是與Facebook合作的圖庫商，在廣告中所使用的圖片不需要額外付錢，也沒有違法使用問題和浮水印，但是無法下載編輯使用。

圖片規格

1. 推薦圖片尺寸：1200×628像素。
2. 圖像比例：1.91：1。
3. 請不要使用有過多文字比例的圖片（文字比例盡可能控制在20%以下）。

影片規格

1. 格式：.MOV或.MP4文件。
2. 解析度：最好是720p。
3. 檔案大小：最大4GB。
4. 推薦寬高比：16：9。

建立廣告還能夠包含行動呼籲按鈕，這可以多一個能夠點擊外部連結的地方，能增加廣告點擊率。

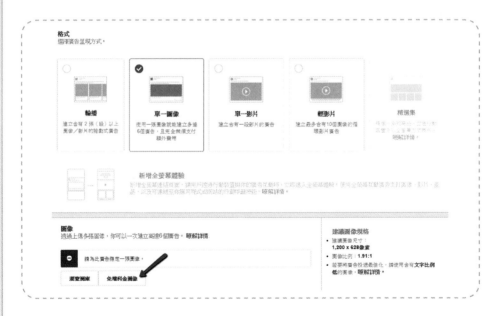

設定完廣告內容後，可以透過預覽畫面進行確認，同時可以透過右上方的預覽按鈕進行實際查看。

步驟五 追蹤廣告成效。如果你有自己的網站並且支援放置像素代碼，就可以善用轉換像素追蹤Facebook廣告成效。此外，你可以使用UTM參數來定義流量來源與媒介，當然你的網站必須安裝Google Analytics才有意義。

廣告追蹤

網址標籤 〔選填〕

utm_source=Instagram&utm_medium=fb&utm_campaign=Ebook

廣告轉換追蹤 ❶

○ 追蹤我自訂廣告受眾像素的所有轉換

● 選擇轉換追蹤像素

❶ 你的廣告將由下列進行中的轉換像素進行追蹤。你可以在下方選擇或取消選擇，以新增或移除要追蹤的像素。

使用目前像素   建立像素

成功訂閱 ●使用中   ✕

步驟六 完成廣告組合和所有設定後，再點選「確認」完成廣告投放過程。

選擇付款方式   ❶ 使用說明

新增新的付款方式至您的 Facebook 廣告帳號，適用條款

○ 信用卡或簽帳卡   VISA MasterCard AMERICAN EXPRESS

卡號   到期日

[   ]   [MM] [YY]

安全碼 ❶

[   ]

○ PayPal   PayPal

🔒 你的付款資料已安全儲存。瞭解詳情。

取消 **繼續**

第一次投放時，將會看到以上視窗，當你完成付款綁定後，才能提交廣告與進行審核。同時也會擁有Facebook廣告後臺：廣告管理員。

別忘了一段時間後回到廣告後臺監測廣告數據和成效，可以參考7-12和7-13單元！

Instagram 廣告投放注意事項

Instagram廣告只是版位選擇的問題，所以，主要還是在於對受眾的了解程度和廣告內容的擬定。以下3點是投放Instagram版位要注意的事情。

❶ 圖片：Instagram不僅在於分享資訊，更相關於分享視覺魅力，基於這一點，你需要更專注於創造視覺素材，以吸引人們願意駐留觀看。

❷ 成本：計價費用跟Facebook相比是有落差的，而且連結到外部網站比較弱勢，因此需要多加測試用戶喜歡看到什麼樣的內容，進而能有更優惠的成本！

❸ 版位：Instagram廣告只會出現在行動版，並不包含桌面版。因此，如果要引流到你的網站，請確保有手機版網站。

本節重點速記：寫下本節所學習到的重點，並依照本節內容進行實際投放練習。放心，如果尚未明確廣告投放計畫，可以在提交後立馬暫停廣告活動或刪除廣告活動。

7-7 節省廣告投放人力的自動化規則

Facebook廣告對於拓展業務來說非常有用，但投放廣告後，並非等著預算花完看結果是好是壞，而是需要不斷監控廣告數據和調整優化，才能持續看到效益。

事實上，不可能投放任何廣告活動只等著收單賺錢。實際上，你會發現某些廣告活動表現很好，某些廣告則表現不佳。所以，廣告上線後是需要花費時間進行數據分析與調整，這會花費不少時間和精力。

如果發現廣告效果不佳，該怎麼辦？如果你設定的目標受眾沒有像你預期的那樣成功轉換怎麼辦？如果獲得轉換的成本過高怎麼辦？你會發現許多諸如此類的問題，然後需要在當下進行調整，否則將會持續耗費預算，直到你採取行動進行調整或暫停廣告活動。

自動化規則顧名思義是可以制定特定規則，自動讓系統對廣告活動進行調整，不需要時時檢查廣告數據並手動調整，所以自動化規則能協助廣告主節省更多精力和金錢。

因此，如果廣告效果不佳，自動化規則能夠更改出價或預算。或者，如果每次轉化成本過高時，自動化規則可以自動暫停或調整廣告活動。

如果你投放為數不少的廣告活動，那麼你會更需要建立一個自動化規則系統，以確定何時需要進行調整，借助Facebook自動化規則，可協助更好地管理廣告活動和預算。

現在，請回到廣告管理員當中，並選擇「建立與管理」中的「自動化規則」，然後再點選「建立規則」按鈕。

建立規則時，將會看到如下圖的畫面，以下個別說明其中的用途與重點。

▶ 將規則套用：選擇要套用規則的執行層級（活動、組合或廣告）。

▶ 動作，符合條件時，希望自動執行的行為。

▶ 條件：選擇自動執行的特定條件，如果需要符合多個條件，可以點選「＋」按鈕，添加更多條件。

▶ 時間範圍：選擇要執行此規則的時間範圍。

▶ 歸因期間：如果要更改規則收集數據的天數，請選擇特定的時間範圍。

▶ 排程：執行是否符合規則條件的檢視頻率，預設是每30分鐘檢查一次。

▶ 通知：選擇是否需要每次執行規則時，就發送電子郵件通知你。

▶ 規則名稱：使用你能清楚辨別的名稱。

完成所有設定後，點選「建立」按鈕。

一個廣告帳戶最多可以擁有100個自動化規則，所以若需要多項自動化規則來減輕人力、時間負擔，可以再次重複以上步驟建立多項規則。

以下我設定的是頻率規則，因為隨著廣告頻率的增加，點擊率會降低，每次點擊費用也容易增加，我通常建議將廣告頻率保持在三到四之間，這也是你可以參考使用的自動化規則。

雖然Facebook提供多種條件，但自動化規則並非是萬能的，只能夠最大化降低管理上的負擔和手動工作的時間。所以，即使有自動化規則的輔助，你仍然需要適時地監控廣告數據。

本節重點速記：寫下本節所學習到的重點，並依照本節的內容與需求，進行實際的自動化規則設定。

使用追蹤像素，廣告效益一把抓

為了使廣告主能夠更精確的追蹤廣告效益，Facebook提供了像素（Pixel）程式碼，只要廣告主在網站上安裝追蹤代碼，就能夠進一步了解廣告的特定轉換效益，這也是投放數位廣告必須要做的事情。這不僅可以追蹤效果，還可以節省廣告費用。

廣告追蹤代碼顧名思義即是具有追蹤分析功能，可以更充分了解透過廣告到網站之後的行為過程，進而更有效評估廣告效益。因為廣告追蹤代碼具有3個主要功用：

❶ 追蹤廣告效果：有效追蹤廣告成效，判別其好壞與留存依據。

❷ 建立自訂廣告受眾：篩選受眾、精準投放和執行再行銷廣告。

❸ 優化廣告活動：讓系統自我學習、數據分析，進而提升廣告效益。

假如你已經擁有網站，並且計畫透過廣告在網路上銷售產品，廣告追蹤代碼可以協助進行更完整的追蹤工作，而不是倚靠一己瞎猜或想像之力。

要獲取你的Facebook追蹤代碼，請先點選廣告後臺左上角的選單，然後選擇「衡量與分析」下的「像素」。

在像素頁面中，點選「建立像素」按鈕。

然後進行命名，或者直接使用預設名稱，這只是單純的辨別名稱之用，你可以命名為想要的任何名稱。

接著選擇你要設定像素的方式，這裡我以「自行手動安裝像素程式碼」進行說明示範。

依照步驟複製完整的像素代碼，並將代碼置入網站中的<head>與</head>之間，這樣才能使網站中的每個頁面都能共用像素代碼。完成此步驟後，再點選「繼續」按鈕。

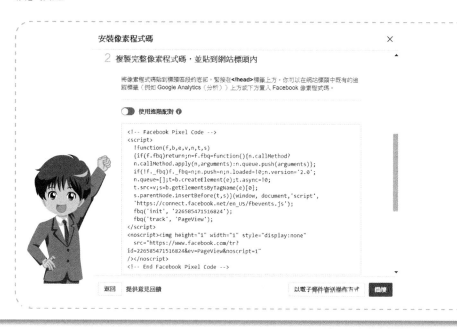

完成基底像素程式碼之後，可以使用步驟3的功能進行測試確認。

3 向像素傳送測試流量

傳送測試流量，以檢查像素程式碼的狀態。如果狀態顯示為**使用中**，表示你已正確安裝程式碼。請注意，系統可能需要幾分鐘來完成這項程序。

● 尚無活動
　最後接收時間：從未發生

輸入這個網站的網址（例如：www.mywebsite.com）　　　　　　　　傳送測試流量

如果測試觸發像素過了 20 多分鐘後，狀態仍顯示為**尚無活動**，可能表示程式碼安裝不正確。**查看使用說明**以瞭解安裝像素的方式，或**安裝 Google Chrome 像素協助工具**來排除個別頁面的問題。

為了進一步追蹤訪客的特定轉換行為，還需要為網站添加事件追蹤程式碼，例如：是否因廣告而加入變成會員或購買。事件追蹤程式碼包含購買、開發潛在顧客、完成註冊、新增付款資料、加到購物車、加到願望清單、開始結帳、搜尋、瀏覽內容等共9種常見轉換行為。

安裝像素程式碼　　　　　　　　　　　　　　　　　　　✕

2 新增你想追蹤的事件

選擇對企業重要的事件類別，再選擇追蹤方式。

　　購買
　　開發潛在顧客
　　完成註冊
　　新增付款資料
　　加到購物車
　　加到願望清單
　　開始結帳
　　搜尋
　　瀏覽內容

沒有看到符合的事件嗎？深入瞭解自訂事件

3 使用像素協助工具驗證事件（選用）。

返回　提供意見回饋　　　　　　　以電子郵件寄送操作方式　完成

例如：如果想要追蹤廣告的購買轉換效果，可以使用購買事件追蹤，事件參數可以依實際情況填寫或保持預設，然後將事件追蹤代碼置入訪客完成購買的感謝頁面中，須置入於<body>與</body>之間。

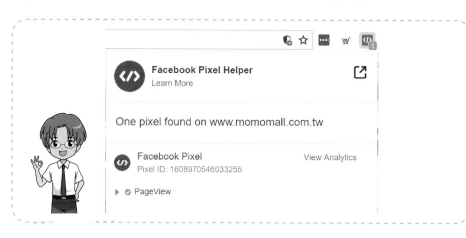

　　最後，可以透過安裝「Facebook Pixel Helper」進行像素檢測，這是Chrome瀏覽器的一項擴充工具，可以免費快速檢測網站是否正確安裝Facebook基底像素與事件追蹤，你可以透過此網址進行安裝與使用——http://bit.ly/2LqBzfK。

　　安裝完成後，可以在瀏覽任何網站時，點選瀏覽器右上角的「Facebook Pixel Helper」，將會馬上知道該網站是否有使用像素，以及是否有安裝正確。

每一位廣告主都希望做到精準投放，創造良好的投資回報率，但是我卻看到很多廣告主沒有善加使用追蹤代碼。雖然忽略廣告追蹤代碼依然可以投放廣告，但這是非常不利於廣告主和錯誤的決定。

　　總結來說，沒有追蹤像素，許多成效分析只能靠猜測，根本沒有真正的統計數據來支持決策，甚至會持續浪費廣告預算。再者，Facebook能透過像素為你優化廣告，協助實現你想要的目標，它會尋找最有可能轉化的用戶，並向他們展示廣告。

本節重點速記：如果目前你已經有網站，請依照本節的內容進行實際的基底像素和事件追蹤設定，並檢測是否有完成正確安裝。

7-9 善用自訂受眾，提高廣告精準度

你可以擁有世界上最好的產品和最酷的產品，但如果你的目標受眾是錯誤的人，那麼也沒有人會購買。然而，Facebook自訂受眾是一種可以讓你向特定人群投放廣告的一項功能，自訂受眾包含以下5種選項。

在本節中，我將分享其中主要3種自訂受眾的類型：顧客檔案、網站流量與互動。

❶ 自訂受眾──顧客檔案

要建立顧客受眾可以將客戶名單（Email或手機號碼）整理為.txt或.csv檔案後上傳，也可以選擇直接複製並貼上。上傳或貼上客戶名單之後，請選擇原始資料來源與命名受眾名稱後，再點選「下一步」按鈕。

接著系統會自動分析比對名單類別，確定無誤後再點選「上傳和建立」。

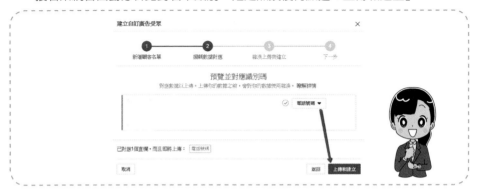

　　如果你的名單數量很大，這可能需要一些處理時間。當自訂受眾名單完成建立後，就能在廣告組合中進行選用並投放廣告。建立好受眾名單之後，也可以再進行編輯更改，能夠選擇新增或移除顧客名單。

> **編輯自訂廣告受眾**   ×
>
> 你想要如何編輯這個自訂廣告受眾？
>
> 　　**新增顧客**
> 　　上傳含有你想要加到廣告受眾中的顧客檔案。
>
> 　　**移除顧客**
> 　　上傳含有你想要從廣告受眾中排除的顧客檔案。
>
> 原始資料來源 ⓘ　來自顧客和合作夥伴　　　　　　　　　▼
>
> 廣告受眾名稱　舊客戶的電話名單　　　　　42　　　顯示說明
>
> 　　　　　　　　　　　　　　　　　　　取消　**完成**

❷ 自訂受眾——網站流量

　　這是使用Facebook像素所帶來的好處之一，訪問過網站的人，顯然是對自家產品更有興趣的一群人，但是沒有像素就無法鎖定特定訪客進行廣告投放。而且在某些情況之下，需要透過建立網站受眾進行排除，沒有排除完成轉換者是個錯誤，因為這會浪費不必要的廣告預算，也會因為增加廣告頻率而提升廣告成本。

要建立網站流量受眾，只需點擊自訂廣告受眾中的「網站流量」。接著可以將「所有網站訪客」選項更改為「曾瀏覽特定網頁的用戶」，還可以選擇希望建立受眾群體的天數，30天是默認選項，最多可到180天。命名受眾名稱後，最後再點選「建立廣告受眾」按鈕！

建立自訂廣告受眾　　　　　　　　　　　　　　　　　　　　　　×

包含滿足以下條件的　任何 ▼　用戶：

　🌐 imjaylin.com ▼

　曾瀏覽特定網頁的用戶 ▼　過去　180　天 ❶

　選擇參數 ▼　包含 ▼　　　　　　　　　　　　　　×

　thank ✕　求

　+ 以及

進一步細分條件

　　　　　　　　　　　　　　　　　　🖺 包含更多　🖺 排除

　廣告受眾名稱　購買過產品的客戶　　　　　　42　　顯示說明

取消　　　　　　　　　　　　　　　返回　　建立廣告受眾

　　你可以透過這項功能建立多個廣告受眾名單，例如：瀏覽過某個網頁的訪客、加到購物車的潛在客戶、停留時間最多的訪客、購買過產品的客戶……等等。

❸ 自訂受眾──互動

　　這是可以建立曾在Facebook或Instagram有所互動的受眾，這會比只是鎖定粉絲來得更精準。在建立自訂廣告受眾中選擇互動後，可以看到下圖中的6種建立方式。

你想要用什麼來建立此廣告受眾？

透過互動廣告受眾，你可以觸及先前曾在 Facebook 上與你的內容互動的用戶。

影片 [已更新]
將曾經在 Facebook 或 Instagram 上花時間觀看你影片的用戶建立或一個清單。
來源：

名單型廣告表單 [已更新]
根據開啟或完成你 Facebook／Instagram 名單型廣告表單的對象建立用戶名單。
來源：

全螢幕體驗 [已更新]
建立已開啟你的 Facebook 精選集廣告或全螢幕互動廣告的用戶名單。
來源：

Facebook 粉絲專頁
建立清單，列出曾在 Facebook 上與你的粉絲專頁互動的用戶。
來源：

Instagram 商業檔案 [新功能]
根據曾與你 Instagram 商業檔案互動的用戶，建立一份名單。
來源：

活動 [新功能]
曾與你 Facebook 活動互動的用戶。
來源：

返回

　　以下我以Facebook粉絲專頁作為示範，你可以視情況選擇與你的粉絲專頁互動的方式，鎖定天數最多可高達365天。命名受眾名稱後，最後再點選「建立廣告受眾」按鈕！

建立自訂廣告受眾 　　　　　　　　　　　　　　　　　×

包含滿足以下條件的　任何 ▼　用戶：

粉絲專頁：🎯 創億學堂　　▼

傳送訊息到粉絲專頁的用戶 ▼　過去　365　天 ⓘ

包含更多　　排除

廣告受眾名稱　私訊過的粉絲受眾　　　　　　42　　顯示說明

取消　　　　　　　　　　　　　　　　返回　　**建立廣告受眾**

❹ Facebook 類似受眾

　　除了以上3種建立受眾名單方式之外，Facebook還提供了非常受用的類似受眾功能，顧名思義是能夠生成與既有名單類似的精準群體，這是擴大廣告受眾與開發潛在客戶的最佳方式之一，因為他們與你自訂受眾中的人很相似。

　　可以在廣告受眾中點選「建立廣告受眾」，然後選擇使用「類似廣告受眾」功能。

　　例如：可以選擇自有粉絲專頁、網站自訂受眾或客戶名單，並讓Facebook廣告系統為你尋找與來源名單相似的用戶群體。

類似受眾規模可以在1%到10%的範圍內移動，其中1%是與受眾來源最相似的建立選擇。因此，我建議從1%開始，然後逐步將其增加1%，直到每次轉化費用超出預期成本。例如：可以針對1%、2%和3%的類似受眾進行廣告投放，然後檢視不同百分比的類似受眾對轉換效益的影響差別。

本節重點速記：寫下本節所學習到的重點，並依照本節內容進行實際的自訂受眾設定練習。

Facebook 再行銷廣告，尋回遺失的潛在客戶

根據統計，平均達到產品頁並加入購物車而放棄完成購買的比例是72%。如果不針對這群潛在客戶做再次行銷推廣，只有8%的人會再主動回過頭來完成結帳購買。然而，如果執行了再行銷廣告，將可從8%提升到26%之多。

而且一般來說，價格越高的產品，人們在第一次就決定要立即購買的比例越低。所以，如果人們第一次到訪網站沒有完成轉換，那也沒關係，也許他們現在沒有錢購買你的產品或當下不方便，他們可能在將來決定購買它。

因此，再行銷廣告可以說是最精準使用Facebook廣告的方式，也是增加銷售額最佳和最簡單的方法之一，因為鎖定的人已經知道你是誰，甚至是喜歡、信任你的。這表示當你向他們投放廣告時，他們更有可能進行轉換。因此，再行銷廣告的平均點擊率也比一般廣告高出數倍之多。換句話說，這可以節省你的花費，更能提高轉換和銷售。

你只要仔細觀察一下就會發現，當你到過某一個大型網站之後，你將很容易看到那個網站的廣告內容。有沒有類似的印象？其實這不見得是該公司砸大錢做了大量廣告，而是你被追蹤了，因此你到哪裡，廣告就會跟著你出現，這也就是典型的再行銷廣告。

雖然有網站並安裝像素可以最大化執行再行銷廣告，不過這並不是網站擁有者的特權，只要你持有客戶名單或粉絲專頁也能做到。例如，如果有人訪問網站，你可以使用自訂受眾中的網站流量建立精準名單，或者使用顧客的購買Email或手機上傳至Facebook建立顧客受眾。說穿了，要投放再行銷廣告，運用自訂受眾是非常關鍵的一環。

瀏覽網路

Facebook
追蹤像素獲
取訪客瀏覽路徑

設定Facebook
自訂廣告受眾

鎖定自訂廣告
受眾投放廣告

將訪客帶回網路或粉專

設定 Facebook 再行銷廣告

　　創建再行銷廣告很容易，具體而言，需要建立自訂受眾，然後再於廣告組合中進行鎖定受眾。例如：建立曾經瀏覽過某件商品的自訂受眾與已經完成購買的客戶受眾，並分別鎖定與排除，如下圖。

　　除了抓住沒有完成結帳的精準客戶，也可以挽回好久不見的舊客戶，向既有客戶銷售遠比開發陌生客戶來得容易許多。這可以建立曾經買過產品而一段時間未再重新購買產品的顧客受眾，並針對他們投放有關產品的再行銷廣告。

　　既可以針對久未重購的舊客戶，當然也能針對現有客戶群讓他們買更多。你可以依照產品或分類建立不同的廣告受眾，這對於包山包海的產品體系來說更是重要，千萬不要認為你的客戶會買你的衣服，就一定會喜歡你賣的飾品。最好的方式還是以同性質為主，並且擬定行銷策略來促使成交，如此一來才能將再行銷廣告的威力發揮到極致。

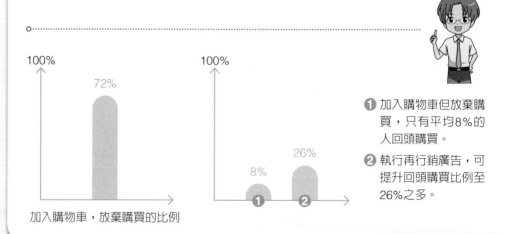

加入購物車，放棄購買的比例

❶ 加入購物車但放棄購買，只有平均8%的人回頭購買。

❷ 執行再行銷廣告，可提升回頭購買比例至26%之多。

本章重點速記：寫下在本節學習到的重點，並依照本節內容進行實際的再行銷廣告設定練習。

Date _____/_____/_____

AB測試的原理是很容易的，這一點都不複雜，但如果你從未真正執行過，它會比你想像的更具有影響力，因為這就是一個不斷優化結果、提升成效的必經過程。

什麼是 A／B Test ？

執行測試時會分成兩個版本（通常稱為A和B）或更多版本，並針對不同版本進行特定測試。測試的目標是要確定不同版本對於理想客戶群來說，哪個最吸引人、點擊率較高或轉換率最好。因此，測試策略完全適合運用於網站、廣告、文案、圖片……等。

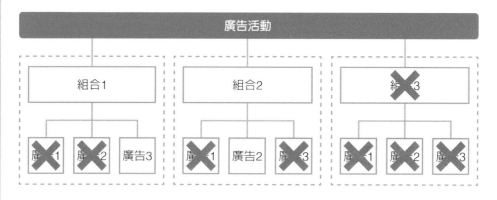

不過，有一個原則是一定要有的，就是不同的測試版本雖然有所不同，但得要一一進行，不能同時進行多個測試點。例如：

▶ 只改變按鈕顏色。
▶ 只改變某張圖片設計。
▶ 只調整部分文案內容。
▶ 只改變廣告目標受眾。

！ 注意事項

透過AB測試的結果通常是肯定的，除非你測試後結果是不相上下，那你可能需要再次做廣告測試。而且如果觀看人次太少，結果可能也不是非常明確且可供參考的，統計分析結果對於行銷測試是很重要的。當你對以上所談論到的資訊有所了解之後，接著來看看測試廣告的常用準則。

❶ 測試廣告圖片：圖片是廣告最重要的組成部分之一，因為它們是吸引用戶注意力的一大來源，這一點對Facebook 廣告極為明顯。因為圖片或影片是最大的廣告版面，也是能有效引發受眾注意力的元素，這部分能透過不同的圖片設計進行測試。

你必須了解 Facebook 廣告會與用戶的朋友和家人所發的貼文進行相互競爭，而且用戶並非看到任何貼文都會一一觀看。

所以，假如廣告運行了一整天，一直都沒有獲得良好的點擊成效，或好的轉換，這可能代表著人們沒有在第一時間受到吸引。因此，請竭盡所能使廣告圖片更搶眼一點吧！

以測試圖片為例，你只需要把其他變數（網頁、標題、描述、受眾）保持一樣，然後藉由兩張設計有所差異的圖片分別下廣告。如此一來，你才能真正知道圖片所帶來的實際成效差異。

❷ 測試廣告標題：廣告標題決定你是否能抓住受眾的心思。突顯獨特賣點是下標與取得信服度的常用方式，這在很多行銷層面上都是值得一用的。也有許多企業會使用自己的產品或名稱作為標題，如果你的品牌辨識度很高，這是沒有問題的。相對地，如果不是，那麼可能要考慮不要這麼做。另一個下標的選擇可以採用免費策略和行動呼籲，像是：「免費參加抽獎活動，百萬名車帶回家！」或「如何減肥後不再復胖，歡迎預約免費諮詢」。

❸ 測試廣告受眾：測試廣告目標受眾是投放廣告的一大重點，這對小企業和個體戶來說更是如此，因為這是讓你的廣告預算能獲得最好運用，不會浪費你辛苦賺來的任何一毛錢。例如可以這麼做：

第一版（年齡與性別）：即便你已經很確信客戶年齡層，你還是可以針對年齡區段做區隔，像是25至35歲和36至45歲。如果年齡區段已經非常狹窄，可以分別針對不同性別進行測試比對效果。

第二版（興趣、行為、其他）：你可以根據婚姻狀況、政治傾向、旅行、工作、居住地點來定位目標受眾，這是一個非常棒的功能，甚至可以針對某個粉絲專頁進行廣告投放。

除非你已經滿意廣告執行的成果，否則真的需要分析數據並且進行廣告測試。如果執行廣告測試工作非常有限，那麼對廣告投放往往也會缺乏方向，尤其預算不足的情況之下更是如此。

在這種情況之下，許多人會去做的事情往往不是從測試中找出可行的方法，而是單純取得便宜的成本支出，或者只是把廣告順利地投放出去。有時候，有人會這樣跟我說，廣告真的沒用，我買了很多次都沒看到成效。在他們帳戶當中，往往看不到他們有做任何測試工作，而是一次定江山。

你需要做的不只是廣告透過審核，而是在花費最低限度之下，找出會賺錢的方向，汰除根本不轉換的廣告活動。換句話說，假如你只有一個廣告活動，萬一它失敗了，你根本無法從中得知為什麼它失敗了，你花了這筆錢不僅沒有得到更多客戶，還連一點學習、調整的機會也沒有。

當你有更多的想法和測試，你才能明白和收集到更多寶貴資訊，像是：

▶ 找到最有購買力的人群、特質。

▶ 最讓受眾有共鳴和觀看的文案。

▶ 發現銷售率最棒的產品或活動。

大多數失敗廣告主的問題心態就是想一舉成功、聞名天下眾人知。也就是妄想投放一個廣告就訂單爆量，盡情享受甜蜜的負擔，但實際上，這不是一蹴可幾的事情。也許你試過兩三次還沒找到方向，請不要放棄，繼續嘗試，但不要繼續做同樣的事情，廣告測試並非使用固定模式嘗試千百遍，然後期待有好結果發生。另外，別忘了測試著陸頁，這也是影響廣告成效的重大關鍵，不要只是把重心放在廣告設定本身，很多問題反倒都是出在網頁上。

測試永遠不會結束

人們有時候會過度簡化網路行銷，認為只要有錢投放廣告就能搞定。雖然投放網路廣告的門檻並不高，但是做得好並且真正最大化投資效益，這是一個持續的學習與優化過程。測試不是一時，更不是只嘗試一次的事，這就是大多數有計畫依然會失敗的原因，因為沒有任何對比就很難知道為什麼。更糟糕的是，還沒得到理想結果之前，根本從不做任何測試。

A／B Test 的好處

 測試不同版本哪個對理想客戶的點擊率最高、點擊率較好。

 同樣花費前提下，可以了解受眾喜好或失敗原因。

 根據受眾喜好，調整廣告設定。

本節重點速記：假如你目前已經有投放廣告，請運用本節重點檢視廣告活動與策劃廣
告測試。

Date _____/_____/_____

7-12 一定要知道的 三大廣告數據指標

付費廣告是快速獲得流量的捷徑，廣告數據亦是操作廣告的重要一環，但是要如何查看數據與分析往往讓很多人有點頭大，也常常不知道它們是什麼意思，或者該如何進行調整。如果你也有這方面的問題，此小節或許能為你做部分解答，我會告訴你如何藉由三大廣告數據指標掌握關鍵訊息與進行優化調整，進而獲得更好的結果。無論你投放的網路廣告渠道是什麼，以下這3個指標都是至關重要的：

▶ 點擊率（CTR）

▶ 每次點擊費用（CPC）

▶ 轉換數和轉換成本

一、CTR 為什麼值得被關注？

CTR代表點擊率，它經常被用於付費廣告數據中，也可以協助決定一些事情。例如能夠用於決定以下兩件事：

（一）點擊率能判斷廣告與目標受眾的相關程度

當用戶在Facebook瀏覽或者在Google搜尋看到廣告時，如果感興趣可能就會選擇點擊它。所以，廣告本身跟市場有很好的匹配程度，CTR一般會不錯，至於多少比例才是不錯的標準呢？在不同平臺、不同產業會有所不同，千萬不要拘泥於一個固定數字。不過，如果廣告不相關、無聊，則沒有人會想要點擊它，這就是為什麼在衡量廣告有效性時，點擊率可以成為一個有用的明顯指標。

（二）點擊率會影響廣告成本之高低不同

對於Facebook廣告平臺而言，較低的點擊率往往會導致更高的點擊成本，因為平臺想保持相關性和高品質內容，所以會給予廣告品質較差的廣告主更高的廣告成本。

二、如何計算 CTR 點擊率？

CTR點擊率＝（點擊廣告的用戶／看到廣告的用戶）×100%。

請想像一下，若有十萬人看到了你的廣告，有兩萬人點擊了廣告，點擊率則為20%。這可能聽起來有點低，但是若以Facebook廣告來看待時，它可能是一個相當不錯的數字。無論如何，你需要記住付費廣告的每種形式都有各自理想的點擊率。因此，應該避免在不同平臺上套用同等的點擊率數據來衡量好與壞。

三、**CTR** 如何應用於廣告投放中？

　　假如有一系列的廣告活動，可以透過提高點擊率來決定優勝者，較高的點擊率有可能降低每個潛在客戶的獲取成本。這個假設的前提是，廣告確實跟著陸頁、產品有高度相關性，那麼自然也會帶來更多的收益。

　　當你進行廣告投放時，重要的是必須有足夠可靠的數據，如果數據樣本太小，你可能無法做出有效的決策。因此，花費大約500元至2,000元是必須的，或者至少有1,000次以上的曝光次數。

　　（一）嘗試不同的素材：為了提高廣告點擊率，可能需要創建多種版本廣告，然後測試差異不同有何影響。

　　在Facebook之中，你的廣告受眾是太廣泛還是太狹隘？如果有太多混雜受眾，廣告容易會有較低的點擊率。但是如果廣告覆蓋範圍太窄，又會無法提供足夠曝光來獲得良好的流量。當點擊率持續低迷時，不要只是處於測試受眾，你還需要改進廣告文案或圖片。

　　（二）嘗試不同的人群：如果你已經驗證過一個可行的廣告內容，可以嘗試使用不同受眾定位再次出發。舉例來說，如果銷售的商品是減肥相關產品，可能可以針對已經訂婚和即將結婚的人，而不是那些喜歡與健身相關的人。

　　（三）嘗試不同的裝置：有些產業在電腦上表現得比行動裝置更好，這一切取決於市場與受眾，也跟廣告內容與網站有關。

　　（四）不定期替換廣告：即使你的廣告設計得非常良好，點擊率也會逐步下降，這是經常會發生的事，因為同一批人看到廣告一段時間後會變得疲乏、不再感興趣或不再需要了。在Facebook上，頻率可以讓你知道有多少人看過你的廣告，隨著這個數字提升，你會發現點擊率正逐步下降。另外，不要只是嘗試引誘點擊來提高點擊率，因為讓用戶點擊廣告並不代表著他們會採取任何行動。

四、**CPC** 的重要性在哪裡？

　　CPC指的是每次點擊費用，它可以讓你知道廣告被點擊時，每次所需付出的平均費用。同時，也可以讓你判斷是否該選擇使用其他計價方式。如果有很多人試圖鎖定同一群人進行廣告投放，CPC價格就會容易上升，因為Facebook廣告平臺是採用即時競價機制。雖然廣告主可以控制出價，不過如果出價過低，廣告就有可能無法被觸發。每次點擊費用可能會發生很大的變化，因為競爭對手、環境並不是一成不變的，因此會導致價格有所波動。

第七章

廣告篇：倍增營收加速器

五、如何得到更好的 CPC ？

如果你嘗試使用太便宜的出價，廣告可能無法獲得最佳效果。當然，不要輕易花費掉預算，但要記住，有時候平臺的建議出價可以帶來最好的結果。不過，可以先對廣告進行一些測試，而不是照單全收。如果點擊率過低，Facebook可能會提高每次點擊費用，為了盡可能地降低廣告價格，需要盡一切所能來保持更高的點擊率。

> 出價測試策略：讓廣告系統自動出價是一個好方式，這可以盡可能獲得最多的廣告展示機會。

當然，你也可以嘗試使用建議出價，然後再慢慢降低出價金額，試圖這樣做直到結果變得更差。這樣做雖然比較費時，不過這樣做可以得到更棒的投資報酬率。

六、轉換數：最重要的評估指標之一

說實話，我認為這是以銷售為目標最重要的廣告數據指標之一，因為這是評估廣告是否賺錢的重要來源。無論點擊成本有多低、CTR有多好，如果沒有任何轉換率，那麼這一切可能都是沒有意義的。

畢竟，如果沒有任何轉換，又何必在乎CTR和CPC是多少呢？也就是說，在沒有轉換的前提下，成本再低也還只是成本（如下圖）。另外，也需要一併關注轉換成本，畢竟這跟實際利潤有非常大的關聯。

觸及人數	曝光次數	每次成果的成本	每次粉絲專頁互動成本	CTR（全部）	CTR（連結點閱率）
35,624	35,912	NT$0.1 每次貼文互動	NT$0.1	13.93%	—
10,231	11,917	NT$0.03 每次貼文互動	NT$0.03	4.43%	—

為了增加轉換率，你需要確保所有的元素都進行了測試，而不是老想著要精準投放廣告，卻根本沒有確實地準備好網頁、文案、圖片、了解受眾……等等。如果你有一個很好的購買轉換率，或許可以考慮花更多的預算在廣告上，甚至提高出價以利獲得更多的曝光效益。不是CPC成本不重要，而是任何優化在某一期間內都是有上限的，有時候讓CPC成本提升一些其實能讓利潤更大化。

CTR 點擊率

▶ CTR點擊率：
（點擊廣告的用戶／看到廣告的用戶）×100%
▶ 點擊率能判斷廣告與目標受眾的相關程度
▶ 點擊率會影響廣告成本之高低不同

CPC 與轉換數

▶ 點擊費用是浮動的，每次可能不同
▶ 轉換是廣告成功與否的重要成功指標

投資回報率

▶ 計算投資回報率：
（廣告總收入／廣告總支出）×100%
▶ 單獨計算每個產品的投資回報率

本節重點速記：寫下本節所學習到的重點，可以搭配7-13一同學習和計畫。

7-13 分析廣告數據，拒絕無效的廣告

　　雖然廣告數據非常有價值，但要充分理解數據對廣告新手來說可能是一項挑戰。在廣告運行一段時間後進行數據分析，對於提高投資報酬率有很大幫助，善加使用廣告追蹤代碼也能提高分析準確性。不過，如果確實地安裝好追蹤代碼，但卻從不去查看和分析數據，或者不知道如何做，那麼這也只是浪費了寶貴有用的數據資料罷了。然而，數據指標關注錯誤也是一大問題，我經常被問到這些問題，例如：點擊費用多少才不算過高？點擊率多少才是理想值？相關性分數或品質分數要多少才是好的？

　　這些數據指標都是重要的，但Facebook廣告並非只提供這些數據指標，或者說，它們不是用於評斷廣告成敗的唯一關鍵。舉例來說，如果你的廣告目標是銷售產品，你真正需要優先關注轉換率和每次轉化費用，而不只是看點擊率或相關性。

　　關於廣告投放的另一個常見問題是：投放廣告為什麼沒有成效？我常說投放廣告最糟糕的情況並不是沒有看到效益，而是有成效不知道為什麼，沒有成效也不知道為什麼。所以，即便現階段有成效，也無法持續複製，面對問題也不知道如何採取行動。不知道為什麼就是要反覆測試，驗證問題關鍵點。

　　無論你做什麼，都不要時時刻刻查看數據結果，因為這種做法可能會導致判斷錯誤。在廣告預算不夠充足或曝光量不夠大的情況下，最好等待一段時間，以便能積累準確的數據資訊，然後依照統計數據進行調整更改。這可能是每天一次，也可能是半天一次，但定期檢查是一個很好、也是應有的行為。

　　在Facebook廣告管理員中，可以看到所有廣告活動，在預設情況下會直接顯示以下數據：

▶ 投遞狀態：廣告是否正在投放。

▶ 成果：此廣告活動得到多少結果（點擊次數、安裝次數、粉絲數……等）。

▶ 觸及人數：有多少人看過廣告。

▶ 曝光人數：廣告曝光多少次數。

▶ 每次成果的成本：得到每次成果的平均費用。

▶ 花費的金額：目前為止花了多少錢。

▶ 結束日期：何時結束投放。

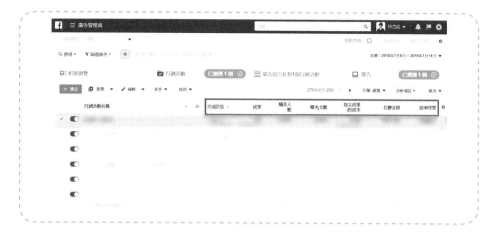

還可以透過直接點擊某個廣告活動，查看該活動的狀態與相關數據，例如可以勾選廣告活動來查看特定廣告數據，勾選後可以點選廣告組合或廣告頁籤查看效果。

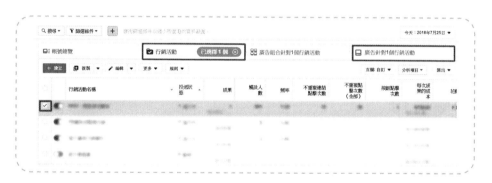

計算投資回報率

投放廣告的最終目標還是希望從中獲得正向的投資報酬，點擊費用、點擊次數、曝光次數和其他指標經常容易使人迷失方向，但是歸根結柢，投資回報率（ROI）還是最重要的。

那麼如何判斷廣告是否對投資回報率有幫助呢？要計算投資回報率，可以將廣告產生的總收入除以總廣告支出，再計算為百分比。例如：假設付費投放Facebook廣告總共花了$50,000元，並從廣告中獲得了$100,000元的銷售額，那麼投資回報率為（$100,000 / $50,000）×100%＝200%。

這裡有一個重要的注意事項，如果有多個產品，最好能單獨計算每個產品的廣告投資回報率，這樣才能針對不同產品投放相對應的廣告，並給予合適的預算，

既然你已經了解計算廣告投資回報率的方式與重要性，接下來，我們進一步了解如何從數據確定是否需要調整廣告。

曝光次數太少

如果廣告沒有獲得很多曝光，除了被拒絕投放的原因之外，可能是因為受眾條件太過於狹窄，這會需要檢視所設定的受眾條件是否合宜；第二個原因可能是出價過低，導致無法有太多廣告曝光。

如果不是以上其一原因造成，那麼可能是廣告預算太少，此時需要增加預算來提高曝光量。

廣告點擊率太低

廣告獲得了足夠的曝光次數，但點擊率卻很低？這需要分析和測試的部分會較複雜，除了思考受眾條件是否合宜之外，也要評估廣告素材、產品是否和目標受眾高度相關？能否引起他們的注意力？最怕就是成效不好卻依然使用一成不變的方式投放廣告。

廣告沒有轉換數

這取決於廣告目標是什麼，請先檢查廣告是否使用了最佳做法，另一方面，如果成功吸引許多網站流量，但這些流量卻無法順利轉換，請檢查網頁內容或設計是否有足夠的力道。

選定數據時間

檢視廣告數據時，請不要忘記設置正確的日期範圍！時間選不對，數據查看不到位，甚至無法顯示任何數據。此外，還可以選擇不同的日期範圍進行對比，不過最好時間不要選擇過長，可以7天為準則。因為過長的時間相對較難理解最近的廣告表現，除非數據量過少才放大時間天數。Facebook廣告後臺都有時段比較功能，只需開啓「比較」功能，如下圖所示：

在Facebook廣告後臺雖然會顯示預設數據，但這並不能通用於所有情形中，因此系統也有提供自訂數據的功能選項。透過自訂功能可以顯示更多數據指標之外，也能設為預設顯示畫面，省去每次需要再重新設定的困擾。Facebook廣告後臺則可以透過「自訂欄位」進行數據挑選與顯示，請不要忘記進行儲存，這樣可以設為預設指標，避免每一次都需要重複這麼做。

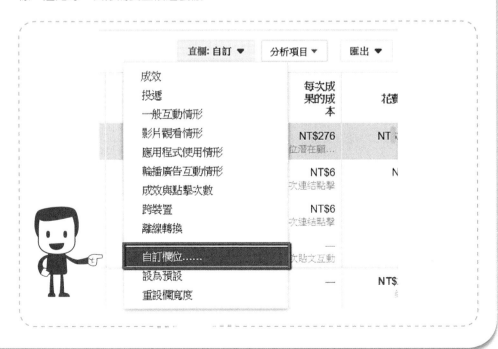

選擇所需要的數據指標後，可以在右側進行拖放重新排序。選擇並調整好之後，可以點擊左下角的「另存為預設」，然後完成命名並套用。

除了在廣告報表中可以自訂要顯示的數據指標之外，還可以進行細部分析，可以按照以下方式分析廣告數據，例如：年齡、性別、地區、裝置、時間……等。Facebook廣告後臺可以透過「分析項目」進行細分數據的查看。

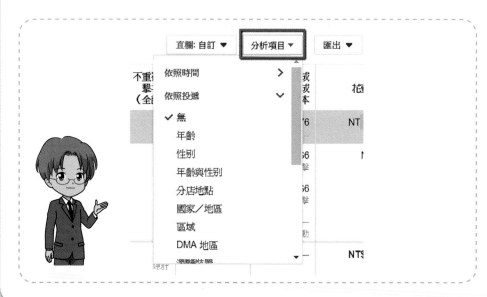

透過分析項目可以快速分析結果，例如：不同的國家、年齡、性別和位置……等。還有更多分析項目可以尋找隱藏的商機，這個部分每一次最多只能選擇一個指標進行細部數據分析，使用廣告數據細分可以找到許多問題的答案，例如：

- 哪些廣告版位效果最佳？
- 一天中的哪個時段能以最低成本得到最多的轉換？
- 哪一個是表現最好的城市？

● 年齡：尋找最佳轉換年齡層，並將整個預算做更合適的分配。如果受眾群體足夠大，並且有多個年齡段都表現良好時，可以將其拆分為多個廣告組合，以便進行明確的測試。例如：18～24歲和35～44歲年齡層範圍都有很好轉換時，這種情況下就可以拆分成兩個廣告組合。

● 性別：當發現男性或女性能產生更多轉換時，則可以選擇其一性別，或一樣分為兩個廣告組合。

● 版位：可以知道哪個版位的點擊率或轉換率更好。

監測廣告是非常必備的任務，因此你必須懂得分析數據，除了解如何讓既有的廣告轉換率變得更好之外，還要知道失敗與成功的原因究竟在哪裡，你才能有針對性的優化和改善。

透過查看各種數據決定廣告是否暫停、調整或繼續，另外，廣告的實際成效還是取決於你的網站品質和產品，而不只是廣告設定或數據分析。總結來說，在執行廣告數據分析時，可以參照以下4個步驟進行與探討。

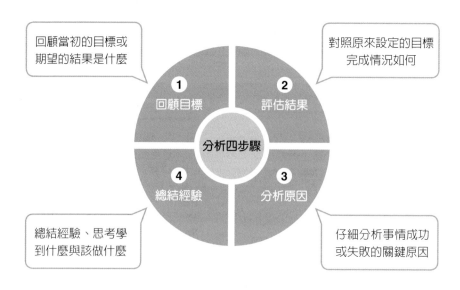

回顧當初的目標或
期望的結果是什麼

對照原來設定的目標
完成情況如何

① 回顧目標

② 評估結果

分析四步驟

④ 總結經驗

③ 分析原因

總結經驗、思考學
到什麼與該做什麼

仔細分析事情成功
或失敗的關鍵原因

　　假如你尚未有經驗，數據分析可能會需要你花費一些時間才能上手和掌握訣竅，但經歷一段時間之後，你將可以更好地解讀廣告數據，最重要的是，能從各項數據指標中得到優化廣告的做法或方向。

本節重點速記：寫下本節學習到的重點，並使用自訂欄位設定你所需要的數據指標作為預設顯示，以及嘗試在廣告投放一段時間後進行數據分析練習。

7-14 常見廣告投放迷思和錯誤

沒有人願意投錢在無效的廣告上，所以就算成功觸及到一群潛在客戶，但潛在客戶卻沒有採取任何你期望的行動，那又有什麼用呢？真正的問題不會只出現在廣告設定本身，造成廣告無效有許多原因，缺乏經驗是一個我最常看到的主因，也是造成許多行銷手法無效的來由。他們可能是自己產業領域的行家，有不錯的產品或服務，但是網路廣告不是單純地放上企業或產品資訊就能成功，這個發生機率是很低的。此外，還有兩個原因：

1 某些市場競爭度很高，不具有優勢之下，投放廣告還是贏不了對手。

2 沒有掌握到正確的操作觀念、技巧和策略，只是單純花錢投放廣告。

為什麼許多廣告主無法透過投放廣告就能獲利增長或有更高的知名度？這有許多原因，不過我們可以從以下常見問題中盡可能避免。

錯誤 1 忽略廣告素材的重要性

好廣告並不是單一環節，從專業的角度來看這是一個系統工程，需要每個部分緊密相連、環環相扣。因此，我常說所有的一切都是內容、都是產品。所以只是了解受眾群體是遠遠不夠的，因為好廣告不只是投給對的人，還需要對的素材來吸引受眾注意力和引發點擊。

對於不同的目標，你需要有多個廣告活動，以及對應不同意圖的目標受眾，這些廣告都能協助廣告主去達成。但是廣告素材卻是自己需要額外下工夫的重點，而且也會大幅影響廣告效益與成本。

右上圖這則廣告就是一個很明顯的錯誤案例，這張圖片和貨運公司一句話，實在很難讓人明白為什麼要選用這家公司所提供的貨運服務，甚至可能不會注意到而快速滑過。

錯誤 2 沒有任何廣告投放策略

如果要說最大的錯誤是什麼？那麼我一定會說沒有擬定任何策略與計畫。

287

廣告的行銷作用確實很大，但如果缺乏清楚的認識和理解，那麼失敗的機會終究還是很大的，廣告絕對不是花錢就能帶來成效的魔法工具。大部分的廣告主都希望藉由廣告提高品牌知名度和銷售額，即便如此，在開始之前，你必須要弄清楚目標是什麼，實現目標的計畫和重點又是什麼。這是一個看似老生常談的問題，但是這些事情是否真的有去做又是另一回事。

唯有知道目標，然後才能對應追蹤與數據分析、調整，畢竟廣告數據太多樣化了。同時，你才會知道廣告要設定給誰看，設定受眾是既簡單又快速的事情，不過當你沒有計畫又不知道誰才是你的客戶時，你可能會不知道要如何下手才是好的決定。

所以，在擬定任何策略、目標之前，你需要深入了解市場、目標受眾、競爭對手，這將有助於創建更有效的廣告活動。請記住，對於不同受眾來說，需要以不同方式進行推廣，而不是試圖只用一則廣告活動打動所有的人。

錯誤 3 沒有投入足夠的時間

許多無效廣告經常是因為只把重點放在設定廣告活動上，很少跳離廣告設定，不過影響廣告成效的關鍵卻經常是在設定值之外。如果只是著重在那些生硬的廣告設定欄位，那麼廣告可能一直都很難從競爭激烈的環境中跳脫出來。請試著思考一下，如果你只是想著受眾要如何設定才能表現得更好，卻不願意投入其他廣告相關環節，你能做的優化與測試是不是很有限呢？

事前的投入不會比廣告設定與事後的分析調整更不重要，如果你是這樣想的，那麼就算受眾都測試過一輪，你可能還是沒有任何答案。當你想讓廣告為你帶來行銷成效，就必須改變舊觀點，你要把它當作合作夥伴來對待，願意投入時間、金錢和學習。

錯誤 4 沒有分配合理的預算

很多企業、老闆是不想花錢買廣告的，但在聽說、試試看或逼不得已的情況下，還是選擇了投放廣告，不過往往只是提撥小預算。而且當他們發現沒有任何效果時，就馬上停住了，不願意再做任何投資與學習。雖然廣告沒有辦法一擊必中，不過可以在投放廣告前，先在粉專發文了解反應度。如果某則貼文帶來了大量的觸及與互動，那麼再投放廣告可能是一個更好的決定，而不是沒來由地投放廣告。

即便如此，只提撥上千元廣告預算就想獲得驚人成效的機率依舊是很低的，雖然不是廣告預算更多就會更有效，但是在廣告預算不多的情況下，能觸及的受眾人數本身就很有限，能帶動的效益自然也是有限的。這部分可以從小預算開始執行，但不能不給合理的預算分配，卻又想達成不合理的目標。

錯誤 5　沒有定期分析廣告數據

　　投放廣告時，如果根本不看廣告數據，一切的調整和想法就沒有依據，也很難更好地了解廣告效果。受眾、圖片、文案、成效⋯⋯等都需要數據來佐證，而不是靠感覺和猜測。

　　定期追蹤廣告可以讓你隨時掌握廣告成效，還能讓你將預算做更有效的應用，因為你隨時能在第一時間停掉表現糟糕的廣告，或者即時做出調整修改。再者，這除了能夠了解廣告表現如何之外，也是避免浪費預算和找出原因的絕佳方式。

　　當你的廣告數量或投放預算非常多的時候，這個錯誤更是千萬不能犯，因為造就的損失可是不小。對於老闆來說，你可以不會廣告投放技巧，但強烈建議要懂得看報表，這樣你才知道如何和部屬討論以及下決策。

錯誤 6　缺乏經驗不願學習

　　有時候，還沒準備就緒就投放廣告是最大的問題。許多老闆對自家產品都抱持著很浪漫的樂觀態度，他們認為自己有最好的產品。所以，單純地認為他們需要做的就是投放廣告，只要有曝光就會有人購買。

　　但是事實卻不是這樣，他們不去學習或沒經驗，因而忽略很多事情的準備，像是素材、網頁、定位、價格、受眾⋯⋯等。你可以花費許多廣告費用引導流量到產品頁，但如果無法在對的時間給對的人看到對的資訊，廣告根本無法發揮效用。

　　這就像只是單純站在馬路邊，要求陌生人拿了DM就走進店內消費一樣，這種單純性的曝光方法很難奏效，網路廣告當然也不例外。廣告投放易學難精，也確實需要一些時間才能獲得好的經驗和觀念，一切請勿操之過急，有時候慢就是快！

本節重點速記：寫下你在本節學習到的重點，並避免犯下本節所提到的錯誤做法。

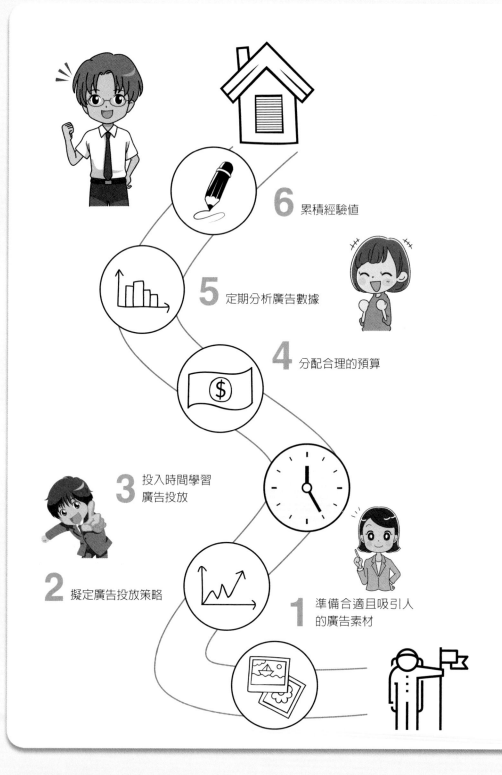

6 累積經驗值

5 定期分析廣告數據

4 分配合理的預算

3 投入時間學習
廣告投放

2 擬定廣告投放策略

1 準備合適且吸引人
的廣告素材

廣告要精準有效，必須迎合潛在客戶需求

雲長藝術精彫坊（https://www.facebook.com/yunchungart/）提供的是玻璃藝術雕刻服務，因為家庭信仰拜關公，從小就對宗教盛事耳濡目染，發現敬神活動總是少不了使用酒，因此開始將神像雕刻在酒瓶身上，首創「神明精彫紀念酒」。專門在酒瓶上做玻璃藝術雕刻，使酒瓶適合作為禮贈精品，這個定位也與其他相關業者做出了明顯區隔。

宗教市場與一般市場有一個很大的差異性，就是神佛聖誕的季節性，客群也有很顯著的購買行為，就是在神佛聖誕前夕約2個月，才會開始準備訂購禮品，因此往往不會有當下立即購買的衝動。

在廣告充斥之下，如何讓用戶產生共鳴並願意停留下來是非常關鍵的一環，礙於很多用戶只會看文字前三行，甚至是不看文字，而且為了因應宗教市場客戶的季節性採購行為，在Facebook廣告文案中會把即將祝壽的神佛列出，傳達與引導潛在客戶可以訂製雕刻酒用於祝壽。

在圖片上亦會選用即將聖壽的神佛作品，以及製作過程照片、曾經做過的神佛作品和服務過的知名宮廟，以引發注意力與購買慾望。

廣告短期要能對銷售起到作用，長期需要有助於建立品牌高度，因此文案中會直接提及「雲長藝術」，以便加深品牌印象，同時也會告知自家雕刻服務的特點，包含：雕刻師與設計師的專業、細膩繁複的手工工法、多年豐富的經驗。

很多時候，廣告主太理所當然地認為用戶看到廣告就應該買單，而忽略他們的心理狀態、購買行為與需求是否能與自家產品成功連結在一起，就只是希望別人看了就要買。這種只考慮自己的廣告投放方式，通常容易導致廣告有曝光卻沒有獲得太多關注與點擊，經常是被一滑而過。

雲長藝術則是透過廣告連結潛在客群，經由測試確立方向，透過圖像引發注意力，藉由文案與見證建立信任，再針對客戶需求進行引導和給予合理報價，最終促使客戶做出購買決策。

Date _____/_____/_____

第 8 章
策略篇：攻心收錢驅動力

　　無論你從事的是什麼樣的行業、銷售什麼樣的產品、使用哪種行銷手法，轉換率都是非常重要的關鍵。除非能產生轉換，否則所採取的任何行銷方式都是無用的，只是單純增加營運成本的做法。那麼，購買轉化率是什麼呢？要如何得知這個數據？

　　轉化率的計算公式非常簡單：（成交筆數／不重複流量）×100％＝購買轉化率！例如：產品頁有3,000次造訪次數，有150人轉換為客戶。轉換率為（150／3,000）×100％＝5％。講白了，購買轉換率就是人們掏錢購買你的產品比率有多少。

　　所以，可想而知的是，想從「不好的生意」變成「好的生意」，要不提升網站流量，要不提升轉化率。兩者一起提高是最理想的情況，因為這可以最大化將流量轉換成客戶。

　　任何企業的運作說到底都是為了賺錢，不論它的存在什麼樣的使命或目標，它都必須要有錢支持著它走下去，而錢的根本來源就是產品或服務進行價值轉換。所以，流量並不是成功的保證，重點是要有轉換率！轉換率不高，流量反而白費了，而且精準的流量來源才是發揮最高轉換率的基礎關鍵。即使你只是產品代理商、聯盟行銷商，依然可以透過掌握轉換率提高你的行銷成效，也能應用於電子郵件行銷、影片、社群，或者你使用的任何行銷渠道。

　　不幸的是，很多人忽視了轉換率的重要性。說真的，它影響的程度絕對不是輕微的，假如你一直本末倒置，相信你的行銷效益是一直無法有效提升的。然後，還一直怪罪是技術不夠好、廣告根本無效、經濟景氣太差了……等，或者根本不知道且沒有任何頭緒。

　　讓我們先來看看轉換率的微小變化是如何影響著利潤的大小差異。我先假設做了一個小變動，讓銷售轉化率從4％到5％，聽起來似乎不怎麼樣。但是，4％表示著每1,000名訪客來到你的網站後，會產生40筆銷售訂單。產品價格若是2,000元，那麼你能得到8萬元臺幣的營收。

　　但轉化率如果是在5％，你的營收則是10萬元。1％的差異似乎並不大，不過，提升1％轉換率能讓你多賺兩萬元，甚至更多，你要還是不要？

　　如果你每單的銷售額更大的話，這個結果差異會更加明顯，而且這還沒有把後續的重複購買考慮進來喔。而且當企業有更好的轉換率時，就能夠更放膽地投放廣告，行銷就是一種投資，而不是只能碰運氣賭一把。

　　在這個章節中，你將學習到一些簡單但能夠有效提高轉換率或提升銷售量的技巧、策略，不管你所處的行業是什麼，我想多少都能夠讓你派上用場。

　　不過前提你要能夠掌控流量精準度，你一定要相信，你的產品沒有辦法滿足所

有人的需求。因此，除了要提升自己各方面的競爭力之外，也要知道精準買家到底是誰？他們又真正需要什麼、想要什麼、有哪些期望跟問題？

而且這跟購買轉換率息息相關，亂槍打鳥的方式是很難知道確切的購買轉換率，也無法有依據做出高轉換率的銷售頁！

假設你的頁面轉換率連1%都無法達標，這可能是在某些方面做得不夠完善，在接下來的小節中，我會介紹小資老闆都能夠應用並提升轉換率的行銷策略。

轉換率改善評估表

每個項目請客觀地依照自己的情況在對應的分數進行打勾，並依情況排定順序進行改善。

項目	說明	評分
品牌	相對於競爭對手而言，市場吸引力和魅力有多少？	1 2 3 4 5 ○ ○ ○ ○ ○
產品	比較自家產品與競爭對手產品之間的優劣勢。	1 2 3 4 5 ○ ○ ○ ○ ○
行銷	市場推廣是否充足與精準到位？	1 2 3 4 5 ○ ○ ○ ○ ○
服務	售前售後服務滿意度。	1 2 3 4 5 ○ ○ ○ ○ ○
網站設計	網站視覺是否合乎品牌形象，以及有沒有行動版網站？	1 2 3 4 5 ○ ○ ○ ○ ○
內容素材	內容排版是否容易瀏覽閱讀？相關圖片、影音是否清晰、美觀？	1 2 3 4 5 ○ ○ ○ ○ ○
用戶體驗	用戶對於網站的使用滿意度如何？包含載入速度、網站安全性、購買便利性……等方面。	1 2 3 4 5 ○ ○ ○ ○ ○
網路口碑	客戶給予的評價高低、正評和負評的相對比例如何，是否有好的網路聲量？	1 2 3 4 5 ○ ○ ○ ○ ○
購買障礙	影響客戶購買的程度是否很大？例如：客戶更偏愛大品牌、價格考量……等。	1 2 3 4 5 ○ ○ ○ ○ ○

本文重點速記

如果你現在還不知道自己的轉換率是多少，又繼續做一樣的事情，可能只會造成更低的轉換率。試著計算目前商品的轉換率，並著手在以下章節中評估能使用哪些策略，以便提升銷售轉換率。

　　免費聽起來只是徒增企業成本的方式，其實免費行銷並不是真的免費無償。相對地，這是作為一種打入市場的行銷手段，在許多不同產業中，都能看到這項策略的應用。所以，這只是藉由提供免費產品讓更多人願意了解或嘗試，甚至養成消費習慣或偏好。

　　因此，免費行銷可以是一種產品組合或銷售的應用，是作為提高成交率的一種方法，像是買一送一、包含贈品、現金回饋、免手續費、免費諮詢、買產品送服務…等等，還可以跟限量、限時同時運用。

　　免費行銷也是贏得新客戶的方法，尤其是選擇該類產品需要高度信任為購買前提時，像是高單價或專業性產品。這種情況之下，可以先給予客戶試用體驗來建立信任度，讓他們先感受到結果或體驗，然後才收費。這是從免費引導成為付費客戶的手法，例如：可以提供免費索取7天試用包、免費試用30天，第二個月才需付款。

　　不過這並非只適用於特定產品，比如許多手機應用程式也都採用這樣的行銷策略，讓用戶先免費安裝和使用，然後某些功能需要付費升級才能啟用。當然，價格屬於一般的產品依然可以採用免費行銷策略，例如很常見的試吃、試用、優惠券。

　　鮮蒸霸蒸氣海鮮塔（https://www.facebook.com/otbaristro/）提供100元折價券，這看似是損失利潤的做法，不過這除了可以獲取潛在客戶名單之外，也是增加消費動機的推動方法，更有可能一試成主顧。

鮮蒸霸蒸氣海鮮塔
折價卷
NT$ **100** 元

本折價券使用說明
1.消費滿500元以上可使用一張,1000元以上使用2張以此類推…。
2.本券不可與店內其他優惠並用。
3.本店不收服務費。
4.本券使用日期:至　　　　止。

高雄市新興區六合路83、85號
訂位專線：(07)224-8899
營業時間：17:30-24:30
f 鮮蒸霸蒸氣海鮮塔

免費行銷在某種策略之下，其實是變相的廣告，第3章所提及的內容行銷，其實也是一種免費行銷策略的實踐方式。因此，只要做好策略的擬定與銷售流程的設計，免費行銷絕對不會只是單方面的損失，反倒是創造業績的大功臣。

只限老客戶專屬

免費行銷可以是回饋老客戶與給予驚喜的方式，所以並不是不能設定條件，更不是漫無目的亂送。例如目的是增加客戶回購率，那麼可以祭出滿額回購禮來吸引舊客戶；若要推廣上市新品，則可以讓舊客戶消費享優惠，或者是買小變大。

另外，當某些產品已經過時落伍，或者難以再銷售出清時，假設原本售價並不低，或許可以考慮作為低價加購品，或者作為老客戶的專屬好禮，例如：壽星好禮、回購禮。這樣的免費行銷不僅能降低庫存成本，也會顯得更加具有誠意與充滿吸引力。

免費行銷確實具有強大威力，因為可以說只要是消費者，對於免費都是有所期待的，因為占便宜是一種人性反應，也是對自身的一種好處。使用免費行銷策略時，除了說明原因和塑造價值之外，可以因應自我資源設定限時或限量供應，或是針對特定客戶群體。

重要的是，所採取的免費策略必須能夠與付費產品銜接，讓人們獲得或使用免費產品後感知到價值，然後能夠成功轉換為付費客戶，而非只是讓人們享受免費而無所付出。如果只是這樣，那麼所採用的免費行銷策略就是一個失敗的策略，也必須快速進行調整，以免造成持續性的虧損。

本節重點速記：思考免費行銷策略是否適合你的事業體？你所能採用的免費行銷策略又是什麼？請將想法先寫下來並嘗試去執行。

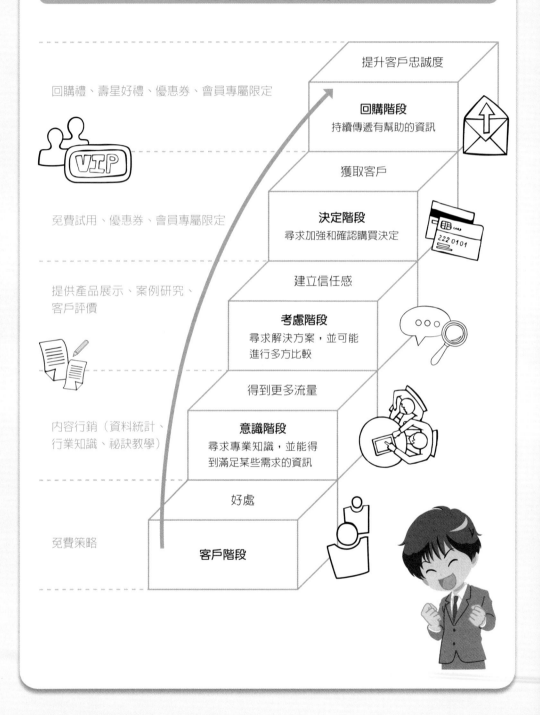

提升客戶忠誠度

回購禮、壽星好禮、優惠券、會員專屬限定

回購階段
持續傳遞有幫助的資訊

獲取客戶

免費試用、優惠券、會員專屬限定

決定階段
尋求加強和確認購買決定

建立信任感

提供產品展示、案例研究、客戶評價

考慮階段
尋求解決方案，並可能進行多方比較

得到更多流量

內容行銷（資料統計、行業知識、祕訣教學）

意識階段
尋求專業知識，並能得到滿足某些需求的資訊

好處

免費策略

客戶階段

8-3 激發客戶購買慾望的心理戰略

　　雖然使用某些策略仍然會有所限制，但卻可以產生最極致化的轉換效益，也可以讓你避免只做價格上的競爭，除了免費策略和滿意保證之外，營造稀缺性購買氛圍，也是一種激發購買慾望的方式。

　　稀缺性肯定是你曾經見過的行銷策略，甚至你曾經或經常因此被收買，有許多能夠達成稀缺性的不同方法，但它們的原理基本上都是相同的。你可以告訴你的潛在客戶，必須在特定的時間內完成購買，否則他們將失去一些好處。譬如宣告只剩最後一天的限時折扣，消費者會因擔心失去而更願意在短時間之內採取行動。

　　利用稀缺性策略可以突出緊迫、欲購從速的氛圍！人們總是嚮往很難得到的東西或存有撿便宜的心態。你應該曾經看過清倉大拍賣或限時購買方案吧，路過的人總會忍不住被吸引進去看一看、買一買。那麼你要如何使用這項策略呢？

　　這裡我提出4個方法，也是能夠簡單運用的方式：

❶ 價格優惠：可以享有特定購買優惠、免運費，或者本身提供市場最低價。

❷ 限時搶購：對於容易猶豫不決、考慮再三的消費者而言，限時策略可以促使消費者更快地下決定，尤其是跟其他策略搭配時，更容易見效。

❸ 限量出售：告知數量有限，或者某產品是全球量產、售完為止，限量對於喜歡享有獨特感或尊榮感的消費者往往能產生更大的購買慾望，感到更珍貴有價值。另一方面，也能讓人們產生錯失的心理壓迫，促使更快下決定。

❹ 產品升級：只需要花基本套裝的價錢，就可以享有進階套裝產品，滿足人們大大占便宜的心理。

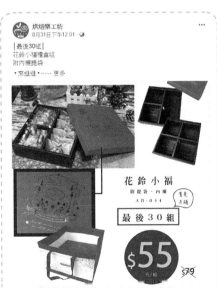

　　基本上，你需要給潛在客戶一個當下就想購買的強烈動機，以上這4個策略並不是只能擇一而行，而是可以互相搭配的。例如以下烘焙樂工坊（https://www.facebook.com/foodkmd/）就同時用了限量與優惠策略。

　　當然，使用這些策略之後，某些比例

299

的人們還是會離開你的網站，或者考慮清楚後才會購買。但你要知道，大多數人可能會因為考慮、猶豫不決而沒有立即完成購買，不過使用這項策略可以有效加速決定或衝動。如果你想在短期內獲得更好的銷售轉換率，這項策略是非常好用的，因為這是基於人的本性。什麼都能被改變，唯獨人性很困難。

通常還能使用倒數計時器來輔助執行這項策略，這是很加分的呈現方式之一，因為這能充分增加真實度，例如hotels.com不僅會突出優惠活動，還會同時倒數結束時間！

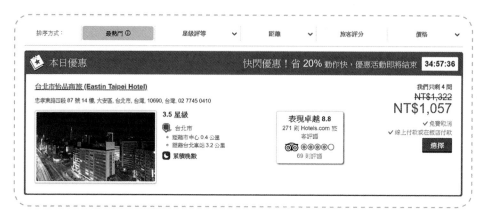

假設網站本身沒有設計這項功能，也沒有額外預算可以這麼做，可以改為使用這項工具來輕易達成──https://www.tickcounter.com/。

另外，還可以使用一次性加購戰略來加深稀缺性購買氛圍。一次性加購戰略通常使用於購買成交的當下，例如許多品牌會有所謂的加購性商品或小額升級加大。雖然這項策略對於前端產品的轉換率不會有太大改變，不過對於推廣更高價或相關產品是非常有效的，而且不需要額外做太多事。

也就是一旦客戶願意購買某產品之後，你只需要把一次性優惠的消息告訴他們。

換句話說，只要你願意稍微做些改變，就能使用一樣的銷售流程和成本獲得更多利潤。

本節重點速記：思考如何應用本節所提到的稀缺性與一次性加購策略，以利提升購買轉換率或增加客戶終生價值。

激發客人購買慾望的心理戰略

分析消費者心態

選用
策略

| 價格考量 | → | 價格優惠、最低價保證、分期零利率 |

| 品質考量 | → | 滿意保證、免費退換貨 |

| 信任考量 | → | 信用背書 |

| 猶豫不決 | → | 限時限量策略 |

| 錯失恐懼 | → | 限時限量策略 |

| 占便宜、搶划算 | → | 產品升級、低價加購 |

避免客戶討價還價的價格策略

現今的消費者擁有比以往更多的購買選擇，每個型業類別的選擇和品種範圍不斷擴大，網路科技和電商的發展，也使消費者能夠輕易地進行比較和研究，這促使消費者的購買行為越來越聰明。

這確實創造了一個更競爭激烈的環境，在這種環境中，對消費者和企業都是有利的，只是企業方必須採取正確的方式，才能夠脫穎而出。其中一個勝出關鍵是產品定價策略，這是潛在客戶在點擊「購買」按鈕之前，說服客戶選擇你，而不是投向競爭對手懷抱。

一、誘餌效應

當展示兩種不同價格的類似產品時，許多客戶會更直觀地選擇更便宜的產品。如果增加第三個購買選項，這會使購買決策變得更加複雜，卻也會使某些客戶選擇更昂貴、感覺更值得的產品，這是一種定價誘餌效應。

《天下雜誌》（https://www.cw.com.tw/）的訂閱計畫就是採用這種方法：

全閱讀方案是2,490元、全閱讀＋紙本雜誌方案是3,480元、紙本方案是3,480元。如果忽略紙本方案不看，全閱讀＋紙本雜誌方案似乎不是一個明顯的購買選擇，然而一旦有紙本方案時，全閱讀＋紙本雜誌方案就非常值得考慮了，反倒不會去考慮紙本方案。

二、減去一塊錢

研究表明，同樣的產品，99元的銷售量會優於100元，990元會優於1,000元。在扣除1元或10元後，對利潤的影響一般可以忽略不計，但對於大部分目標客戶而言，這種價格的微降會產生相當大的心理影響。畢竟，990元仍然在900元的價格範圍內，而1,000元則不是。

三、刻意突顯展示

目標客戶訪問網站時，實際上幾乎不會只查看一個產品。因此，你可以利用這項特性幫助客戶特別注意到某項商品。例如：將某項產品放在更昂貴的產品旁邊，使其成為更經濟實惠的選擇，或者使用「熱銷」、「限時下殺」……等文字來標註突顯某些商品。

四、有原因的折扣

促銷是一種很好的行銷工具，在某種程度上容易影響銷售成果，首先將促銷活動與特定活動連結起來很重要，例如：假期、紀念日、新品上市……等。但無論如何，你不能讓客戶覺得可以隨時獲得產品折扣，這樣不僅會降低品牌聲譽，還會產生反效果。

其次，可以透過截止日期來限制銷售的可用性，不要使促銷折扣持續太久，可以是一個星期的時間，甚至24～48小時更好。這個時間限制促使立即採取行動，所以如果你給目標客群太久的考慮時間，這會增加他們流失的機會，或者忘記了你。

五、價格從高到低

產品展示不建議完全隨機展示，如果你擁有許多產品，建議從最高價格產品開始陳列，然後再到價格較低的產品。先向客戶展示昂貴的產品，會使中間價格產品看起來更優惠，這種做法更有可能使客戶被吸引到中間價格範圍。

最後，請記得在網頁中多談論好處而非價格。對大多數人來說，花錢並不是令人愉快的事情，然而，能獲得好處總能令人滿意和開心。在網站和整個行銷過程中，需要盡可能將目標客戶的想法引向好處，幫助他們專注於個人利益而不是購買成本。

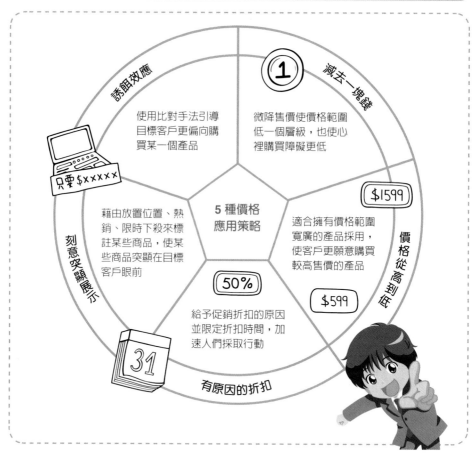

誘餌效應
使用比對手法引導目標客戶更偏向購買某一個產品

① 減去一塊錢
微降售價使價格範圍低一個層級，也使心裡購買障礙更低

$1599

刻意突顯展示
藉由放置位置、熱銷、限時下殺來標註某些商品，使某些商品突顯在目標客戶眼前

5 種價格應用策略

價格從高到低
適合擁有價格範圍寬廣的產品採用，使客戶更願意購買較高售價的產品

$599

50%
給予促銷折扣的原因並限定折扣時間，加速人們採取行動

有原因的折扣

本節重點速記：思考本節所提到的價格策略如何應用在你現有的行銷流程中？並請實際做出調整。

8-5 巧用信用背書 快速建立信任感

　　無論你的產品有多好，採用什麼樣的行銷手法，潛在客戶都不免會有所抗拒，因為這關乎到潛在客戶如何評價你？他們信任你的程度有多高？會輕易相信你說的嗎？他們有足夠的判斷能力嗎？

　　現在消費者有太多選擇，因此他們必須聰明抉擇，而不是對所有的資訊都照單全收。因此企業必須提供值得被相信的證明，一個簡單且能快速提升信任感的方式就是提高品牌信用評級。例如可以在網站放上一些認證標誌、得獎紀錄、專利、機構認證……等等，同時也能分享報章雜誌等媒體報導。

　　信用背書能夠真正幫助別人對你更加信任與縮短建立品牌信譽的時間，尤其當你的競爭對手根本沒有這麼做的時候更是有效。然而，當消費者對你有所信任時，心理抗拒跟懷疑就會降低，更容易被說服後，自然就能提高銷售轉換率！

　　因為人們在網路上購物最擔心的莫過於買到假貨和被騙，而品牌信譽正是能夠解決消費者恐懼的良藥！所以，只要你能夠增加更多誠信感，事實上，就等同於能有更多成交量，等於能賺取更多利潤！

　　除了認證標章、媒體之外，客戶也是能大幅增加信任感的應用來源，這部分提供以下3種使用方式，包括：

　　❶ 客戶見證 —— 見證不要只有文字，有照片會使這一切更加真實，理想情況下，見證者是具有一定知名度的，這會讓見證影響力更具大。採用影片見證的威力更是如虎添翼，因為網友可以看到他們是真正的人，而且是親身說出這些話。當然難度會更高，因為一般人都會羞於面對鏡頭。

　　❷ 站外評論 —— 如果你能讓客戶在自己的網站、部落格上發表使用心得，這對於社會認同來說是很有幫助的，這也能夠讓喜歡比價或研究的潛在消費者進行評估，並且增加搜尋可信度。

　　❸ 案例研究 —— 另一種非常強大的信用背書策略就是案例研究，這是更為仔細的呈現方法。如果你能找到真實使用你的產品的人，並且受惠良多的實際案例，請把使用前和使用後的差異分享出來吧，這對於消費者來說，無疑是打了一劑強心針！

　　當然，要做到這一點最好能有鼓勵機制和執行計畫，而不是隨緣等著機會出現。再來見證內容也是一大關鍵，這包含兩個重點：講述產品賣點和釐清客戶疑問點。

第八章

策略篇：攻心收錢驅動力

305

當你取得這些信用背書之後，能夠應用的場合並非只有在網站、粉絲專頁或網路上，也可以使用在DM、產品手冊或包裝設計上，這對於銷售人員或業務來說，也是一大助力與支援。

如果很難收集到或現階段還沒有任何信用背書，也可以展現熱銷狀況來建立信任感，這可以營造銷售氛圍和引發從眾心理，使消費者產生更高度的認同，例如年銷量可環繞地球3圈、年銷量等於190棟101。

雲長藝術精彫坊在社群媒體中使用的是告知合作客戶數量（承製宮廟超過500餘間）以及展現部分知名客戶，當你的合作廠商足夠知名或有口碑的時候，這也是一種可以借力的信用背書。

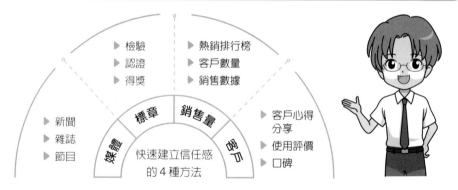

本節重點速記：思考你目前有哪一些信用背書資源可以運用，並計劃開始實際運用在你的事業體系裡。

大幅增強購買意願的滿意保證

　　當潛在客戶想購買產品時，心中多少都會存有風險考量，這也是人們不願意立即購買的原因之一，他們可能會擔心：如果買了不適用怎麼辦？如果沒有像官方說的那麼好呢？如果洗了之後就變形退色呢？萬一買來覺得不方便就糟糕了？……等等。

　　人們在購買產品時會遇到許多風險，克服這些風險的策略就是提供堅如磐石的滿意保證來降低購買障礙和疑慮，使消費者購買沒有風險，或至少盡可能降低風險。

　　採用全額退費的滿意保證，是一個非常有效的方法，並且是展現對自家產品充滿信心的方式。全額退款可以使客戶在不喜歡的情況下，獲得全額退費，所以人們會更願意嘗試購買，慾望更容易被引發出來。知名美式賣場Costco好市多最為人稱道的特點之一，就是即使已經拆封使用過，只要不滿意還是可以全額退貨。

　　但是如果產品種類並不適用或者沒有權限，你可能無法做到無條件退費，這種情形下，可以使用其他方法來達成滿意保證的風險轉嫁作用！例如你只是產品代理商，你可以變相這麼做：買了產品卻不滿意，可以再換取相同價格的其他產品，而且你會再給予額外的超值補償。例如：不滿意可以等值換貨，而且免運費。

　　除了無條件退款或換貨的滿意保證作法之外，以下我還有3種保證做法可供參考使用：

不達結果無條件退款

　　這是以產品能達成的功效作為保證來源的做法，這同時也是在向潛在客戶宣告產品能夠帶來的好處，而且極具信心。例如：90天沒有提高多益英文成績，可以全額退費，或者加入會員30天內找不到工作，即可全額退費。

免費售後輔導

　　某些產品礙於成本考量可能不適合提供換貨條款，不過卻能提供售後輔導，例如：美甲師培訓班可以提供課後輔導，直到學會為止，或者一年內不限次數免費複訊、免費線上諮詢。

退款且保留產品

　　大體而言，全額退款是最能夠降低購買風險的做法，但比全額退款更好的做法是，即使退款仍可讓消費者保留產品或所贈送的物品，這真是非常強大的滿意保證。

無論你打算採用哪一種做法，重點是你所提供的滿意保證一定要是你能做得到，並且是能承擔後果的事情，否則這將是欺騙，也是對自我的傷害！另外，擔保的程度差別也是可以再次提高轉換率的關鍵。例如：7天不滿意全額退費就比免費換貨更強大、30天不滿意全額退款比7天不滿意全額退款更有力。

等一下，請不要過度驚慌！

許多老闆不願意提出強而有力的滿意擔保，因為他們認為這樣會造成很多退換貨的問題。其實這種看法是錯誤的，只要你的產品真的夠好，只有少數人會來鑽漏洞（買了就說不滿意要退款或要換貨），一般大約只有1～2%的客戶會這麼做。

說真的奧客還是會有的，但是這依然是雙贏的策略。

你可以先問問自己以下問題：

▶ 過去一個月，有多少客戶向我抱怨過產品或服務？

▶ 過去一年裡，有多少客戶要求退款或更換產品？

你會發現如果產品質量沒問題，投訴、負評應該只是少許比例，如果抱怨數量夠多，那你需要的不是使用策略，而是先集中精力進行產品或服務改善！

假設你發現使用這項策略之後導致退貨率明顯拉高，你可以加設門檻或調整方式，以免因此損失慘重而得不償失。比如：好市多雖然有全額退款保證，不過電器類只限購買日起算90天內才接受退貨，客製化商品更是不可退貨。

假設你不夠有自信，可以先進行少數測試，或者先使用較低風險的保證策略。

本節重點速記：思考如何應用本節所提到的滿意保證策略，讓你原有的銷售方案具有更難以抗拒的成交誘因。

創建滿意保證的 6 個步驟（請寫下評估）

① 檢視你的競爭對手

你所處的行業有許多滿意保證嗎？
有哪些類型的滿意保證？

② 找出你的競爭優勢

相對你的對手有哪些優勢？安裝收納
更容易嗎？售後保固更久嗎？能為客
戶省錢嗎？6小時快速到貨……等。

③ 確定客戶實際需求

想一下客戶購買產品想要的具體結果，
不要只是提出滿意保證，而是協助達成
客戶的需求。
改善關係？有更多錢？減輕壓力？享受
尊榮感？詳細記下答案。

④ 選擇滿意保證方式

理想情況下，滿意保證能解除客戶
風險，有更高的感知價值和信任
度。同時不會使你過度承擔而損失
巨大利潤。

⑤ 測試並追蹤反應

將滿意保證作為永久行銷部分之前，必
須知道這項策略的實際執行情況。可以
只先提供部分給潛在客戶，例如：發送
電子報、簡訊、DM……等，接著追蹤銷
售結果。在提供滿意保證後，銷售額比
之前增加了多少？

⑥ 決定使用或否決

一旦進行測試並找到適合的滿意保
證後，請公開全面地宣傳，把它放
入廣告、網站、名片、宣傳、手
冊……等等。

第八章

策略篇：攻心收錢驅動力

除了可以借助客戶評論、認證、得獎……等第三方來源為自己加分之外，與意見領袖（部落客、專家學者、明星藝人、網路紅人……等，只要具有正向影響力者都在此範圍）建立合作關係，也是一種快速建立信任感的方式，在第6章中我也有略微提到這項行銷策略。

品牌代言人是最為常見的模式，不過這種合作模式對品牌的幫助已經不如以往高，甚至還存有負面連帶影響的風險。相對來說，採用階段性代言人對小資老闆而言是更棒的合作方式，這不僅可以讓意見領袖為自家產品加分，讓他們用自己的風格或專業去介紹推薦產品，也會比傳統代言廣告更為自然。

雖然企業可能會擁有無數的品牌擁護者，但影響力行銷重點在於挑選對潛在客戶有強大正面影響作用的合作對象，並與他們建立雙贏關係，共同創建成功的行銷活動。簡單的說，影響力行銷是利用口碑行銷最聰明又有威力的策略之一。

然而與意見領袖合作往往需要投入預算，而且似乎是一種具有風險的手段，但影響力行銷也能為品牌提供非常具有潛力的銷售機會，而且確實比找品牌代言人更為省錢，能造就的效益也不容小覷。在評估誰是理想合作對象時，與受眾的互動度是最重要的因素，其次是追蹤者數量和行業相關屬性。

在開始與意見領袖進行合作活動之前，花時間思考自己的戰略和活動目標非常重要，也可以詢問意見領袖一個問題：打算採用什麼方式進行這次合作？或者有什麼建議？

透過類似的問題，也能幫助你確定誰是最適合的合作對象。當你對個別意見領袖的專業、風格和習慣了解得越多，你就越能夠選擇合適對象並迎合你的需求。

在與意見領袖合作時，讓對方盡可能自然去表現是很重要的，不要讓成品內容看起來像是一個傳統的典型廣告，這會很難取得粉絲的信任與好感。

選擇意見領袖的四個評估要點

❶ 目標客戶是否會關注並信任你所選擇的意見領袖的推薦？

隨著影響力行銷開始變得越來越流行，企業遇到的兩大挑戰是如何找到合適的合作夥伴和管理合作關係。如果你足夠了解潛在客戶，回答這個問題應該是小菜一碟。毫無疑問，清楚了解目標消費者習慣，乃是制定整體行銷策略和選擇合作對象的先決條件。

2 是否合乎你的合作預算？

你肯定需要擬定預算，對於小資老闆來說，爭奪最有影響力、知名度的意見領袖，可能不是一個最主要的評估方式。相對來說，更適合採用選擇有好口碑、CP值高的對象，甚至可以有空間和多位意見領袖合作。幸運的是，隨著品牌知名度的日益普及，你可以再根據各種標準、資源不斷研究和選擇適合合作的意見領袖。

3 意見領袖可以配合你的要求嗎？

如果你需要他進行使用說明，那麼顯然他也需要是能使用該產品或服務的潛在客戶。意見領袖有不同的風格，不過根據目標受眾的喜好選擇合適對象比較恰當。這還有更多需要考慮的部分，但重點是你想要什麼類型的意見領袖，以及需要他做什麼事情？花些時間思考一下你想要透過影響力行銷實現什麼，直接與意見領袖合作有很多好處，而不僅僅是投放廣告。

4 意見領袖能否為你增加商業價值？

為了能夠增加實際的商業價值，意見領袖必須擁有一定數量的粉絲，這是一個很明顯的選擇。然而，擁有大量粉絲並不是選擇意見領袖的唯一標準。雖說與擁有更多粉絲的人合作可能聽起來不錯，但如果無法產生理想的結果，這就不是什麼有意思的事，因此真正的考量重點還是在於能否幫助你實現目標。

互動度也是一個非常重要的指標，意見領袖的內容在多大程度上可以觸發粉絲的互動？意見領袖是否會與他的粉絲進行回覆交流？按讚、留言、分享的比例是多少？此外，最好是找一位對你所在行業有一定了解的意見領袖。這也與第一個問題有關聯，意見領袖影響力＝曝光量（粉絲數量）×品牌親和力（專業知識和可信度）×與粉絲之間的關係強度。

如果你沒有預算能與高知名度的意見領袖合作，可以考慮找一般性的意見領袖。這樣的意見領袖雖然沒有大規模的粉絲、追蹤者，通常可能擁有1,000到10,000個粉絲，知名度較低通常會更願意達成部分協議。如果你是一位小資老闆，初期採用這樣的方式是比較理想的，而且有可能可以同時跟多位意見領袖合作，積累的效應或許會比一位大牌意見領袖來得更棒喔。

善用意見領袖為品牌開路、拓展商機

初見True ME，希望客人能在這裡找到童真的自己，吃到真實健康的調味與食材；同時也有臺語「促咪」的涵義，希望客人能在這裡找到快樂及有趣的事物，能療癒到心靈。

當初只想做好餐點及服務，想把特別尋找到的好食材與大家分享，因此一開始不希望太多人來，深怕太多人來也會照顧不到顧客。所以，初見在經營初期，其實完全沒有打算要做廣告推廣自家餐廳，只想靠自己一步一腳印好好經營，但後來發現這是斷了自己另一條路的決定。

後來找了美食部落客合作業配文之後，不僅讓更多潛在客戶知道，也因此增加了餐廳可信度，並成功帶動更多客人到店用餐。

在網路時代，以餐廳屬性而言，餐點、環境值不值得拍照上傳非常重要，尋找合作對象在這方面也是一大重點，有好的拍攝搭配對的文字敘述，才更能吸引與貼近顧客需求。

初見沒有製作網站，但透過業配合作累積更多搜尋能見度與網路口碑，讓陌生客也能藉由搜尋而有更多接觸初見的機會；另一方面，有時候帶來的效益大過於自身所能承受的能力，導致顧客的觀感有些落差和產生客訴。

因此，不能夠只關注能帶來多少曝光和客人，做好應對準備和計畫也是非常重要的部分，以免招致反效果。

借助意見領袖的影響力行銷

1 目標客戶TA為：_____

☐ 意見領袖的粉絲是否涵蓋一定比例的目標客群？

☐ 意見領袖的形象和專業是否適合這個產品？

2 預算為：_____

☐ 合作價格與影響力成正比。

☐ 可以有多的盈餘多做其他事情嗎？

3 我想要告訴潛在客戶：_____

☐ 意見領袖是否願意配合你的特定需求？

☐ 是否能發揮自己的特點並為產品加分？

4 我想要達成的目標：_____

☐ 目標客群信任這位意見領袖的推薦嗎？

☐ 意見領袖協助達成的目標比例高嗎？

本節重點速記：與意見領袖合作是一個很好的途徑，能夠建立更大的品牌知名度，最重要的是，也可以推動銷售量。除了記下本節學習到的重點之外，請思考你是否適合採用這種行銷策略，並評估誰是值得合作的意見領袖？

發展聯盟合作計畫，讓別人為你推一把

　　無論你賣什麼樣的產品或服務，擁有合作夥伴肯定能有所幫助，在不同行業中，你也幾乎能找到與自己有所關聯或有合作意願的夥伴。執行合作計畫雖然表示你要分出利潤或做部分協商，但也表示有更多發展空間的可能性。只是你需要評估合作模式，千萬不要因為對方比你更具知名度或出資經銷而興高采烈，這或許是好事一件，也有可能是壞事一樁。

　　我們經常會看到不同品牌之間聯名合作的例子，這是很好的借力使力，或許小資老闆不易跟大品牌、知名人物搭上線，但依舊可以使用合作策略來推動自家業務，這個策略就是聯盟行銷！

　　聯盟行銷在1996年起源於亞馬遜（Amazon.com），他們透過建立這種方式，為數以萬計的網站提供了額外的收入來源。聯盟行銷是透過讓人們推廣自家產品賺取佣金的合作方式，你可以自行找到適合的合作對象，或完全開放給所有人參與，只是後者需要有技術支援。這部分可以考慮自行架設，或者使用臺灣目前最大的聯盟行銷平臺——通路王（https://www.ichannels.com.tw/），付費使用既有平臺解決技術問題是最快的方式。

提供聯盟機制　→　引導人們加入　→　主動推廣產品　→　追蹤銷售業績　→　發放業績獎金

　　許多小資老闆還不知道聯盟行銷模式對自己業務的影響潛力，事實上，大多數微型企業不僅沒有使用這項合作策略，甚至從未聽說過。

　　請想像一下，讓別人協助推廣你的產品，卻無需預付任何費用給對方，只有在獲得銷售結果時才需要付費的感覺如何呢？對你來說有沒有值得採用的價值？

　　聯盟行銷不僅讓人們願意主動談論你的產品、協助銷售產品，幾乎可說是無風險的廣告方式，除了系統建置或使用費用之外，因為這是一種只為結果而付帳的行銷方式。所以，這對於任何企業來說都是有幫助的，因為等同於有一群不領底薪、只為爭取業績獎金而努力的業務團隊。因此，聯盟行銷被公認為是最有效的低成本、零風險的網路行銷模式，也提供企業增長的可能性！

　　另一種合作模式就是找有資源的人合作，俗稱JV（Joint Venture）。這很類似聯盟行銷，卻又不必大費周章、大張旗鼓地去宣傳聯盟計畫，甚至也不用挪出一筆預算架設聯盟行銷網站。

　　你需要做的就是列出你想要的資源的對象，然後主動找他們洽談合作，請他們幫

你推廣產品。在某些情況之下，這種方式會比單純給付業配費用更值得一做，或者可以說是另一種取代業配的合作模式。例如你銷售的產品是烘焙相關用品，就可以找烘焙老師合作，因為你們並非是直接的競爭對手，但潛在客戶可能是一樣或類似的。

　　然而，的確不見得每個人都會願意跟你合作、甚至不理你，即使你提供很高額的利潤分配比例。但你要做的是，找到願意跟你合作和相信你的人，而不是在乎有人不理你這種事。

　　聯繫合作對象除了要包含自我介紹之外，還需要介紹產品和獨特賣點，以及說明合作方案，而且最好提供產品（體驗過產品並覺得好，可以增加合作意願）。聯繫其實並不難，重要的是要給對方一個無法抗拒的合作提案，至於無法抗拒的吸引點是什麼，則取決於你願意捨棄什麼！

　　做這件事我希望你不要有太多得失心和計較，有捨才有得。在某方面，其實你是花錢買客戶，也會增長品牌信譽。這不僅是賣產品賺錢而已，同時更是建立自己的品牌和權威，這是想長期發展事業不可或缺的，也能讓日後的產品更好賣。

　　此外，行銷策略並不是選其一的事情，例如不一定只能選影響力行銷或聯盟行銷，實際上可以一起搭配使用，重點是嘗試找到有效但又靈活的方法。

影響力行銷	VS.	聯盟行銷
具有一定粉絲、讀者的意見領袖推薦分享你的產品	定義	聯盟夥伴主動推薦你的產品，依照個人銷售業績給予相對應的獎金
提升品牌可信度與銷量	目的	免費增加更多品牌曝光與銷量
部落客、專家學者、網紅、明星藝人	合作對象	從一般網友乃至企業端都可以
社群媒體平臺、部落客平臺、部落客社團、外包行銷公司	如何找到合作對象	聯盟平臺、發文告知、主動尋找相關合作人選
影響力行銷可以透過多種方式進行合作：業配費用、以免費的產品作為交換、抽佣金	費用	以產品銷售的百分比作為回饋

本節重點速記：思考如何能使用合作策略來協助推動你的事業，並做出計畫與採取行動。

　　口碑是最好的行銷方式，因為這不僅有助於提高信任感，更能建立品牌知名度，這是因為消費者彼此間的信任程度是比企業方來得更多的，而且能創造一種羊群效應。即使企業做了很多事，但是朋友講述他的故事和經驗遠比企業的一面之詞更有力道，換句話說，客戶口碑遠比企業自己說最專業或品質最好更具可信度。

　　我一向認為產品是1，行銷是0。如果產品的1不成立的話，做再多的行銷可能還是無用武之地，仍然是會失敗的。所以行銷的首要任務是先做好產品，也是行銷成敗的關鍵，有好產品才會持續有好口碑，這可以說是一種完全免費，且轉化率最高的行銷方式。根據尼爾森（Nielsen——http://www.nielsen.com）的統計，92%的人信任朋友和家人的推薦，比任何其他類型的廣告都來得高。

To what extent do you trust the following forms of advertising?

Global Average	Trust Completely/ Somewhat	Don't Trust Much/ At All
Recommendations from people I know	92%	8%
Consumer opinions posted online	70%	30%
Editorial content such as newspaper articles	58%	42%
Branded Websites	58%	42%
Emails I signed up for	50%	50%
Ads on TV	47%	53%
Brand sponsorships	47%	53%
Ads in magazines	47%	53%
Billboards and other outdoor advertising	47%	53%
Ads in newspapers	46%	54%
Ads on radio	42%	58%
Ads before movies	41%	59%
TV program product placements	40%	60%
Ads served in search engine results	40%	60%
Online video ads	36%	64%
Ads on social networks	36%	64%
Online banner ads	33%	67%
Display ads on mobile devices	33%	67%
Text ads on mobile phones	29%	71%

Source: Nielsen Global Trust in Advertising Survey, Q3 2011

　　所以，來自客戶的口碑行銷本身，也是影響力行銷的一種，雖然相對影響力比較低，不過口碑比找意見領袖更能帶來長期銷售量，以及建立高度的品牌信任感。畢竟小資老闆不可能經常花錢生產大量的業配文，不過滿意的客戶卻能夠持續為你創造口碑，進而在沒有廣告支出的情況下依舊增加銷售額。

　　比如看海長大的芒果乾因為堅持不加任何一滴糖的健康特點和純天然風味，得到眾多客戶、網友的喜愛，而在PTT、社群媒體上有熱烈的討論與推薦，使得每年都有很好的銷售業績與節省許多廣告費用。

```
【板主:rainbowbaby/nami..】[合購] 板規都在哭了啊~~T□T      系列《BuyTogether》
[←]離開 [→]閱讀 [Ctrl-P]發表文章 [d]刪除 [z]精華區 [i]看板資訊/設定 [h]說明
 編號   日 期 作 者    文 章 標 題             人氣:713
● 20 + 3 6/20 toonoisy    [食物] 看海長大的芒果乾-師大路
  21 燦  6/20 cherry82    [無主] 看海長大的芒果乾顏-EZ
  22 +56 6/20 cherry82    [截止] 看海長大的芒果之芒果乾-EZ/郵寄
  23 +35 6/20 fm          [無主] 看海長大的芒果-賣家直寄/台中南區
  24 +25 6/20 crabyyy     [食物] 看海長大的芒果水果乾-郵寄
  25 +13 6/20 emma85      [食物] 看海長大的芒果乾-郵寄
  26 +16 6/20 unreality   [截止] 看海長大的芒果乾-EZ
  27 +29 6/21 fm          [截止] 看海長大的芒果乾-賣家直寄/台中南區
  28 +11 6/21 abaibai     [截止] 看海長大的芒果乾-台北/頂溪
  29 + 3 6/21 toonoisy    [截止] 看海長大的芒果乾-師大路
  30 +37 6/22 yashin      [截止] 看海長大的芒果-賣家直寄
  31 +10 6/22 rainbow2274 [截止] 看海長大的芒果乾-台中西屯/植物園/郵寄
  32 +27 6/22 j0002c      [無主] 看海長大的芒果乾-台大/公館
  33 +49 6/23 dolphinbest [截止] 看海長大的芒果乾-郵寄
  34 +16 6/23 j0002c      [截止] 看海長大的芒果果乾-台大/公館
  35 +10 6/24 air5103     [截止] 看海長大的芒果果乾-郵寄/EZ
  36 +50 6/26 qicongjem   [無主] 看海長大的芒果乾-郵寄
  37 ~22 6/27 ithinksoiam [食物] 看海長大的芒果和芒果乾-賣家直寄
  38 +11 6/28 ithinksoiam [截止] 看海長大的芒果乾-賣家直寄
  39 +67 6/30 TangAn      [無主] 看海長大的芒果乾-台北/台中/蝦皮
文章選項 (y)回應(X)推文(^X)轉錄 (=[]◇)相關主題(/?a)找標題/作者 (b)進板畫面
```

　　客戶一般都期望獲得優質的產品以及合理的價格，但這還不夠，他們還希望獲得愉快的購買體驗和客戶服務，滿足理性之餘，感性層面也需要被溫暖地照顧。因此，在努力造就好口碑的同時，請別忘了妥善處理負面評價、感到氣憤的客戶，這是表現企業格局和對待客戶的好機會。雖然這會需要做得更多，但滿意的客戶有更大機會能成為長期的忠誠客戶，而且他們會更願意介紹或推薦你的產品給他們的朋友，這表示你可以擁有更好的利潤來源，而不只是浪費時間。

　　詢問、要求客戶給予評價並非什麼創新手法，但卻是簡單有效的方式。而且當你為客戶帶來良好滿意度和驚喜時，你甚至可以直接詢問是否能幫你推薦或分享產品給需要的朋友，雖然這無法百分之百讓每一位滿意的客戶都願意這麼做，但卻能簡單提升免費轉介紹的機會，請化被動為主動吧。

　　此外，可以為客戶提供與他人分享的理由，也就是使他們能獲得某種價值的回報，這可以使口碑行銷有更明顯的激增。因此，可以考慮給予客戶折扣或免費禮物來換取口碑推薦。關於口碑行銷，一言以蔽之就是：解決客戶問題和提升客戶滿意度是創造口碑的核心，也是最強大的行銷方式！

本節重點速記：思考在產品、服務上如何能夠創造更好的客戶滿意度，也請思考現階段有哪些客戶可能願意幫你轉介紹，列出名單後，試著主動與他們聯絡。

客戶口碑行銷就是最好的行銷渠道

口碑造就者
▶ 客戶群中誰最有可能協助你進行口碑行銷：

回饋機制
▶ 獎勵機制可以向客戶展示你對他們的分享推薦有多讚賞，而不是只有口頭表達感激之情：

推薦方式
▶ 必須假設客戶很忙，而且完全不知道該怎麼做，你需要有簡單的方法讓他們知道該如何為你推薦：

詢問與請求
▶ 所要做的就是提出分享意願，可以口頭、電子報、簡訊……等方式告知：

感謝與兌換
▶ 感謝客戶的推薦，若有回饋機制，請快速提供承諾給他們的獎勵，這會使他們感覺做對了一件事，並增強下一次的推薦意願：

擬定成功行銷策略之道

行銷策略的選擇來自於洞察究竟是什麼影響了消費者的選擇，也就是憑什麼可以讓潛在客戶願意掏錢購買，以及潛在客戶為什麼不買。唯有明白這兩點的時候，才能擬定對的行銷策略去擊破消費者的購買防線。

某些行銷策略或方式對某些企業根本無效，是因為某些行銷策略並不適合某些產品，因為消費者在購買不同產品時，心理的決策思考點並非都是一樣的。

例如：人們需要購買禮品送人時，在乎的是包裝是否美觀、品質有沒有保證、送禮看起來是否大器、是否能迎合對方喜好⋯⋯等，但如果強調的卻是市場最低價時，可能很難帶動人們願意購買該產品作為送人禮品。因為最低價的產品拿來送給長輩或客戶，會顯得自己不夠尊重對方、不夠看重對方。

行銷策略非常多，沒有哪種行銷策略最有效，只有適不適合，因此需要因應不同情況進行選用和調整。所以，成功的行銷策略在於確定目標客戶和市場的需求，以及你可以採取哪些措施來協助解決他們的問題，而不是去違逆潛在客戶的心理與思考，試圖想要有所顛覆。

例如：如果你是一名健身教練，目標客戶真正需要達成的目標是減肥、增加肌肉、增加體能或看起來線條感更好；如果你是一名形象顧問，目標客戶真正想要的可能是如何給別人留下良好的第一印象、如何透過服裝建立自信、在不同場合的適合穿著。

此外，你需要確定問題的根源。作為健身教練，是什麼導致目標客戶體重增加？是飲食問題、健康問題、還是什麼其他原因？形象顧問可能會發現，真正的關鍵在於目標客戶不夠了解自己的特質，也從未有機會學習如何搭配衣服。

當你可以確定目標客群的需求以及他們尋求幫助的觸發點時，行銷策略才能起作用，接著要做的就是曝光在他們眼前，並提供解決方案給他們。

測試、分析和調整

無論初步測試結果是好或壞，你都需要快速地去應變，甚至要願意為了獲取有用的數據而花費一些錢。隨著時間和經驗的增加，你可以更清晰地知道如何避免失敗、提升成功機會。

在網路時代，小品牌比過去有更多的發展機會，因為許多領導品牌越來越難掌控市場的資訊動向，要壟斷市場難度非常高，只要用對方法，小企業也能成功闖出自己的一條路。

擬定行銷策略要素

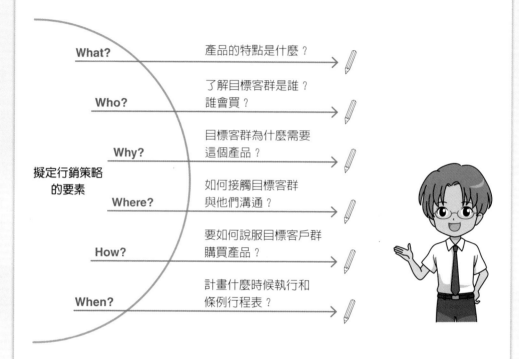

擬定行銷策略的要素		
What?	產品的特點是什麼？	
Who?	了解目標客群是誰？誰會買？	
Why?	目標客群為什麼需要這個產品？	
Where?	如何接觸目標客群與他們溝通？	
How?	要如何說服目標客戶群購買產品？	
When?	計畫什麼時候執行和條例行程表？	

本節重點速記：思考你的目標客群的需求、問題根源有哪些？是否願意花錢購買解決方案？市場上有哪些選擇？什麼樣的行銷策略有助於使目標客群更願意選擇你？

8-11 外包任務專注於你的核心優勢

　　這個小節其實是額外附加的，但卻也是企業經營管理的一項策略。礙於人力的缺乏，導致企業經營在某些層面有所瓶頸，因此很多企業都選擇性的外包部分工作，就連全球百大企業也不例外，只要保留你的核心優勢，採用外包並沒有什麼不妥當的地方。前提是，你需要多付出一些金錢。同樣的，如果你處於缺乏團隊支援時，每天還需要工作8至10小時，那麼你能花在執行行銷的時間可能是非常有限的，你可能非常想做好網路行銷，但是卻會心有餘而力不足！

　　想招募專業人才，但卻又礙於高昂薪資而負擔不了，或者根本招募不到；想培育人才，需要找到合適人選之外，還需要投資教育費用和時間，一旦養成還有可能流失人才。無論哪一種都是小資老闆所不樂見的情況，所幸的是，並非只有這兩種解決方式。所以，在執行行銷計畫時也能使用外包原則，你可以把希望外包的行銷工作發包出去，可能是文案、網頁、SEO或廣告投放。你可以外包任何一切，唯一的限制是你的預算。當然在外包上，你需要評估對方是否符合你的需求，而不只是單純考量預算上的高低，這是許多小資老闆經常犯的錯誤，因為要符合緊縮的預算反而造成了浪費。

　　首先，我強烈建議你先自己學習與嘗試任何你能做的部分，然後再開始外包。為什麼呢？有些老闆或企業外包時，如果發現沒有得到預期的行銷效益，就會取消合作並另尋對象，直到找到能讓他們滿意的對象，或者就放棄希望了。但其實他們就像賭徒一樣無法分辨判斷，只是憑感覺碰運氣，甚至不願意去改善自己的問題。所以，小資老闆若要採用外包，建議先從自己學起、做起。當你跑過一遍流程，你大概已經知道你不擅長什麼事了，也能夠了解不同的行銷手法包含哪些重點、該做什麼、怎麼做會更好。這麼做雖然無法用最快的時間完成理想目標，但至少你能把預算做最有效的應用。

　　透過聘請外部專家可以節省時間，也能把事情做對做好，但是當產品售價太低加上外包費用時，將很難有好的投資回報率，經濟上根本沒有辦法落實這件事情。當你正白手起家或資金不足的時候，要全部外包所有的工作真是不現實的。外包這種方式可以說是最理想，卻也很殘酷。而且就算你有大筆預算可以發揮運用，如果缺乏妥善的規劃與預算配置，那麼依舊容易導致無效的外包，只是單純的增加成本。

若你現階段需要且適合外包某些工作，以下這些網站是你可以尋找外包專才的地方：

▶ 1111外包網──http://case.1111.com.tw/

▶ 104外包網──https://case.104.com.tw/

▶ 518外包網──https://case.518.com.tw/

此外，也可以自行透過搜尋引擎找尋專業人才與公司進行協助。

擬定行銷策略要素

外包的優點

➤ 不必僱用更多員工，提高經濟效益

➤ 獲得專業人才協助，有效完成任務

➤ 節省管理時間，使公司專注核心力

➤ 不會因員工問題或年假而受到影響

➤ 可以更客觀的了解自身問題

外包的缺點

➤ 缺少專業知識而造成溝通問題

➤ 有暴露企業機密數據的風險

➤ 可能會嚴重地過度依賴外包

➤ 外包給專業不足之人的風險

➤ 對你的行業了解相對比較少

本節重點速記：思考你現在的事業是否需要使用外包策略，如果是需要的，依照發展階段做出合理的規劃與預算分配。

　　網路時代在走，經營工具要有。附錄篇為你整理了各大章節所提及的行銷工具，同時也附加了沒有收錄在本書中的推薦工具。

★網域購買平臺
　　以下5個是國內外購買網域的知名平臺，可以依照個人偏好進行購買與管理，不同平臺主要在管理操作介面和優惠上有差異，並不會影響網域本身功能。

Godaddy──https://godaddy.com/
簡介：全球最大的網域註冊平臺，經常有優惠折扣活動，容易買到最便宜的網域。

Gandi──https://gandi.net/
簡介：Gandi雖然來自一家法國公司，不過在臺北有辦公室，而且跟Godaddy一樣有提供中文介面，對於不熟悉外語的人來說並不會有操作上的障礙。

Hinet──https://domain.hinet.net/
簡介：這是由中華電信所提供的網域註冊服務，在臺灣有很高的知名度，不過操作介面跟國外平臺相較之下陽春很多，相對的，操作功能上也簡單很多。

PC home──http://myname.pchome.com.tw/
簡介：PC home是很多人買網域名稱的選擇，價格比其他臺灣平臺便宜，且操作介面更友善。

捕夢網──https://www.pumo.com.tw/www/domains/
簡介：捕夢網是臺灣網域購買最多的網站之一，24小時客服是一項很便利的服務，可以解決售前售後的即時疑問。

★網路銷售平臺
　　適合個人、企業上架產品，且門檻很低的知名拍賣平臺，適合作為練功基礎，增加經驗值，可以多多益善：Yahoo 拍賣（https://tw.bid.yahoo.com/）、商店街個人賣場（http://seller.pcstore.com.tw/）、露天拍賣（https://www.ruten.com.tw/）、蝦皮購物（https://shopee.tw/）、愛合購（https://www.ihergo.com/）……等。
　　適合企業進駐的網路銷售平臺，有更完善的機制與功能，加入門檻限制比較高。可以在選擇前多參加招商說明會，以便挑選合適的平臺，畢竟同時進駐也是不

少費用：Yahoo超級商城（https://tw.mall.yahoo.com/）、PChome 商店街（www.pcstore.com.tw/）、momo摩天商城（https://www.momomall.com.tw/）、蝦皮商城（https://shopee.tw/mall/）、樂天市場（https://www.rakuten.com.tw/）⋯⋯等。

　　以上只是一小部分，不過這些已經是占據臺灣網購的主要來源了。另外，以上很多平臺還有提供B2C通路平臺（Yahoo購物中心、MOMO購物⋯⋯等），在此不列出，因為這是門檻更高、抽成更重的方式，小資老闆一開始會吃不消。

★網站建置工具

　　若需要建置品牌官網擁有更多主導權，可以使用以下其中之一的平臺或工具。

　　網路開店平臺（可以快速上線，所需技術能力較低）：EasyStore（https://www.easystore.co/）、91APP（https://www.91app.com/）、meepshop（https://www.meepshop.com/）、SHOPLINE（https://shopline.tw/）、Waca（https://www.waca.net/）⋯⋯等。

　　開源建站系統（無須支付系統年費，需要技術支援或外包，使用應變彈性最高）：WordPress（https://wordpress.org/）、Joomla（https://www.joomla.org/）、OpenCart（https://www.opencart.com/）、Magento（https://magento.com/）⋯⋯等。

★低成本建站工具

　　如果沒有充足的預算而想擁有自己的品牌網站時，可以購買網域後，再使用下方其中一項工具進行綁定。

痞客邦──https://www.pixnet.net/

簡介：痞客邦現為臺灣最大的部落格平臺，每日有非常高的流量，一旦上首頁，將有非常高的曝光量。簡易操作好上手，適合不喜歡太過複雜、技術難度太高的人使用，只是某些功能需要額外付費才能使用。

Blogger──https://www.blogger.com/

簡介：Blogger是Google旗下所提供的免費服務，完全不需要額外付費就可使用完整功能，最大的好處是提供HTML模版編輯功能，對於擅長語法的高手而言，可以利用Blogger以低成本打造看起來非常專業的網站。

Wix──http://bit.ly/2D33hLH/

簡介：Wix曾經一天就有3萬以上的新用戶註冊，它的實用性跟便利性不必言喻就夠清楚了。Wix提供非常多的應用功能，還提供操作教學影片，而且 Wix 一直在改進它的使用功能，實惠的價格很適合預算有限的企業主。

Weebly —— http://bit.ly/2xos86H/

簡介：Weebly在2007年《時代》週刊上，被評選獲得第四最佳網站。特點是透過拖
曳方式來完成網站製作，設定操作方式完全不需要學會寫程式、不需要了解艱
深難懂的技術。

Strikingly —— http://bit.ly/2pecbwm/

簡介：一款簡潔、清爽的操作介面，因為創辦人是中國人，所以Strikingly提供了繁體
中文版。除了有免費試用版之外，新會員還能體驗使用專業版一個月。

★ 網站 SEO 應用工具

行動裝置相容性測試 —— http://bit.ly/2D0EQic/

簡介：可以簡單快速測試網站是否有合宜的行動版體驗，以及是否有需要調整修正的地
方。

PageSpeed Insights —— http://bit.ly/2MCB5ij/

簡介：網站載入時間是轉換率和用戶體驗最關鍵的因素之一，使用PageSpeed
Insights可以分析得知如何改善網站缺失，進而取得更好的網站速度。

think with Google —— https://testmysite.thinkwithgoogle.com/

簡介：這是用於測試網站實際載入時間的檢測工具，可以得知網站的載入秒數，以及
得知同業比較的情況。

Website Grader —— https://website.grader.com/

簡介：根據行動上網、搜尋引擎優化、安全性、速度和性能進行快速整體分析，以及
給予改進網站的建議。

結構化資料測試工具 —— http://bit.ly/2peoyIM/

簡介：可以協助網站擁有者和開發者確定網站資料結構是否正確，也會指出錯誤及需
要調整的地方，以便達到最佳結構化資料。

複合式資訊卡測試 —— http://bit.ly/2OurqfE/

簡介：檢測網站是否支援複合式搜尋結果，同時也能協助修正錯誤。

關鍵字規劃工具 —— http://bit.ly/2OtBV2G/

簡介：這是Google Ads裡頭的一項功能，可以用於調查不同關鍵字的搜尋量，以便用
於執行SEO，使獲得的搜尋排名具有意義並能帶來流量。

小資老闆的必備工具箱

Google 我的商家——https://business.google.com/

簡介：可以免費在Google 我的商家登錄商家資訊，以便在Google地圖和Google搜尋，提高商家的曝光度和知名度。

Google Search Console——https://www.google.com/webmasters/

簡介：透過Search Console 可以協助網站管理者監控及維持網站在Google搜尋結果中的排名結果，包含追蹤搜尋排名、曝光次數、點擊率……等數據。

Open Graph debug——http://bit.ly/2D21yGp/

簡介：如果你有網站或部落格，當你在FB上分享連結的時候，往往會顯示標題、描述與圖片，但顯示的結果跟你所設定的內容有所不同時，你可以透過此工具進行重新抓取，這會比自動更新來得更快速、避免瞎等待。

Google 網站提交——http://bit.ly/2xhJWB3

Bing 網站提交——https://binged.it/2peeiAi/

簡介：可以把網站提交到Google和Bing搜尋引擎中，提升網站被收錄的時間和效率！

Awoo SEO——https://www.awoo.org/

簡介：透過此工具可以幫助檢測網站SEO做得如何，並給予改善建議，也有相關工具能進行市場調查，藉此讓搜尋排名有更好的競爭力。

★數據分析工具

LikeAlyzer——http://likealyzer.com/

簡介：可以簡單快速地了解粉絲專頁的重要指標數據，免於查看較為複雜的洞察報告。

Fanpage Karma——http://www.fanpagekarma.com/

簡介：功能和LikeAlyzer非常類似，只是這項工具有更詳細的數據，並且能同時比較不同的粉絲專頁，查看哪個部分各自表現得比較好。

Google Analytics——http://www.google.com/analytics/

簡介：GA理當成為網站數據分析的必用工具，透過它將可以監測你的網站，了解人們如何在你的網站上活動，以及多項分析數據。

Google Analytics URL Builder——http://bit.ly/2CZOp0J

簡介：這是Chrome的擴充工具，可以用於快速生成UTM網址標籤，並使Google Analytics有更細分化的流量數據。

Archie──https://www.archie.ai/

簡介：Archie是一款人工智能數據分析工具，可以整合Google Analytics，並更簡單了解相關數據。

Google Data Studio──https://datastudio.google.com/

簡介：Google Data Studio可以將數據轉化為圖表報表，使數據分析更易於理解和共享數據報表。

Alexa──http://www.alexa.com/

簡介：這是隸屬於Amazon底下的一款網站分析工具，雖然只能免費試用7天，但是在Alexa上可以免費查看網站的全球與當地國家流量排名情況，雖然它不完全準確，但可以掌握大致情況。

SimilarWeb──https://www.similarweb.com/

簡介：使用SimilarWeb可以知道許多網站數據，同時還能比較不同網站之間的優劣勢，是一款非常簡單好用的網站分析工具。

Google Trends 搜尋趨勢──http://www.google.com/trends/

簡介：Google搜尋趨勢可以顯示最近或某段時期的搜尋排行榜，搜尋趨勢也可以依你所輸入的關鍵字，告訴你在該國家的搜尋趨勢，同時可以比較不同的關鍵字。（若搜尋量太低，則不會顯示。）

Inspectlet – http://www.inspectlet.com/

簡介：透過Inspectlet提供的網站熱力圖和訪客活動影片，可以得知訪客的興趣、使用行為，這是一個很有趣又強大的工具。

★ 社群媒體工具

Facebook──https://www.facebook.com/

簡介：是目前全球最大的社群媒體平臺，在臺灣也是最主要的社群行銷平臺，可以建立粉絲專頁、社團和投放廣告。

Instagram──https://www.instagram.com/

簡介：這是以圖像和影片吸引人們關注和作為使用主軸的社群媒體，目前大多數用戶以年輕族群為主體，是鎖定年輕受眾的企業不可或缺的社群媒體。

YouTube——https://www.youtube.com/

簡介：是分享影片內容的主要網路戰場，將影片上傳到YouTube還能夠有機會獲取不
　　　錯的搜尋排名。

企業管理平臺——https://business.facebook.com/

簡介：可以讓企業更妥善管理粉絲專頁，並且能建立多個廣告帳戶，和分配不同的使
　　　用權限。

玩粉絲——http://tsaiyitech.com/fans_play/

簡介：提供多種不同的互動模組功能，透過模組能提升粉絲互動率、趣味性之外，也
　　　能達成回饋粉絲和吸引潛在客戶的目的。

Later——https://later.com/

簡介：Later可以補充Instagram目前發文所欠缺的排程功能，使經營管理更加省時有
　　　效率。

Linktree——https://linktr.ee/

簡介：可以設定多個網站連結，使Instagram個人檔案連結可以展示多個網站並曝光
　　　導流。

Facebook Pixel Helper——http://bit.ly/2LqBzfK/

簡介：這是一款用於Chrome瀏覽器的擴充工具，可以協助檢測Facebook Pixel是否
　　　安裝正確。

PTT 批踢踢——https://www.ptt.cc/bbs/

簡介：批踢踢是臺灣早期存留並依然保持活躍的電子布告欄，是臺灣使用人次最多的
　　　網路論壇媒體之一，也是許多訊息傳播和議題討論的集中地。

★通訊應用工具

LINE@ 生活圈——https://at.line.me/tw/（電腦版——https://admin-official.line.me/）

簡介：LINE是臺灣使用率最高的網路通訊工具，而LINE@生活圈是讓企業可以搭上
　　　LINE做行銷的應用整合工具。

Chatisfy——https://www.chatisfy.com/

簡介：Facebook聊天機器人是搭載粉絲專頁和Messenger的應用整合工具，Chatisfy
　　　是由臺灣所創辦的聊天機器人工具，可以協助粉專達成自動化客服、群發、下
　　　訂單……等功能，建立更完善、更好的社群行銷模式。

電子豹──http://www.newsleopard.com/

簡介：免費會員每月可以免費發送2,000封Email、每日200封，操作介面非常簡易好
上手，不需要支付月費、年費，只需要依照寄送封數付費。對於微型企業主和
事業開始起步的朋友來說，是個不錯的選擇。

MailChimp──https://mailchimp.com/

簡介：是更為全面的電子郵件發送系統，而且具有電子報訂閱功能，不超過2,000個
訂閱者都可以持續免費使用部分功能，每月可以免費發送12,000封電子郵件。

簡訊王──http://www.kotsms.com.tw/

簡介：可以更低成本大量發送簡訊，並且有諸多簡訊功能可以協助提升更好的客戶關係。

★綜合應用工具

Canva──https://www.canva.com/

簡介：Canva有許多不同用途的設計模版，包含Facebook封面、Facebook廣告圖、
海報、名片、Instagram貼文……等，不需要懂任何美編軟體就可以快速輕鬆
做出美觀又尺寸合適的圖片，這會是你的美編小幫手。

OBS──https://obsproject.com/

簡介：OBS是一款被廣泛應用的社群直播應用工具，透過此輔助工具可以讓社群直播
有更完善的功能和視覺效果。

iChannels 通路王──https://www.ichannels.com.tw/

簡介：通路王是全國最大的聯盟行銷網站，通路王提供一站式服務，讓廠商無須自行
開發平臺就能發展聯盟計畫，只需負擔費用就能使用諸多功能和增加聯盟夥
伴，以利創造共同的效益。

Google 快訊──https://www.google.com/alerts/

簡介：通過Google快訊訂閱功能，可以即時收到關於品牌或關鍵字的資訊通知。

Jing──https://www.techsmith.com/jing.html/

簡介：這是一款免費的畫面截圖與錄影工具，可以進行桌面截圖、桌面錄影（上限5
分鐘），並且有簡單的圖片編輯功能。

Camtasia──https://www.techsmith.com/camtasia.html/

簡介：與Jing同一家公司出品的進階付費錄影工具，非常適合作為簡易型的影片後製
軟體。

Jotform——http://www.jotform.com/

簡介：比Google表單實用性高數倍的表單系統，具有響應式設計、填表後雙方都能收到通知訊息、填表資料能輕鬆匯出Excel檔、填表後能顯示訊息或導向網頁……等功能。

Mailtrack——https://mailtrack.io/en/

簡介：電子郵件並沒辦法得知對方有無收到，有時候明明已經寄出，對方卻表示沒有收到，甚至耽誤時間。只要你是Gmail用戶，都能夠輕易透過這項工具完成查看追蹤。

QR Code 生成器——http://bit.ly/2OvwPD2/

簡介：一般的QR Code總是黑白配，現在透過這款生成工具，完全可以輕鬆製作出很不一樣、更具視覺力的QR Code。

線上會議系統 Zoom——https://zoomnow.net/index.php/

簡介：大多數線上會議系統都是來自國外，因此語系上的親和度並不高，即便有中文化，介面的使用往往還是不親和。Zoom在語系和操作介面上都很容易上手，也不需要其他與會者註冊帳號才能加入會議室。

Powtoon——https://www.powtoon.com

簡介：PowToon結合了動畫和類似Power Point的方式進行製作，可以輕易添加文字、圖片、轉場特效和其他內容，並透過時間設定和動態效果來製作動畫影片。

Sharelike——http://sharelike.asia

簡介：簡單易用的會員集點工具，只要輸入手機號碼就能加入會員，是取代紙本集點卡並提升顧客回流率的簡便工具。

TickCounter——https://www.tickcounter.com/

簡介：可以不增加任何功能和開發預算之下，在網站輕鬆增加倒數計時器，藉此增加限時活動的急迫感。

OneSignal——https://onesignal.com/

簡介：這是一款瀏覽器通知服務，用戶可以即時接收網站的最新更新，這也是一種新型態的行銷渠道，可以在不知道任何聯繫方式的情況下，將訊息傳遞給目標受眾。

Google Tag Manager —— http://bit.ly/2QB8Q6T/

簡介：如果你想在網站使用許多不同的工具，那麼就需要放置許多代碼，GTM可以協助你輕鬆、免費管理所有代碼。

Bitly —— https://bitly.com/

簡介：這是一款免費縮網址工具，可以將太長的網址縮略成較短網址，使網址更利於分享和美觀。

★線上金流系統

　　當你想在網路上自行銷售產品時，第三方線上金流系統將是非常便捷的收款工具，因為要與銀行合作得有一定的能力條件，第三方金流則免除了眾多申請條件與限制，非常適合小資老闆選用。你可以依照銷售的地區與需求，申請合適的第三方金流系統。

綠界 —— https://www.ecpay.com.tw/

簡介：綠界科技為臺灣第三方支付業者中，最早成立的金融科技服務公司，目前已被歐付寶併購，提供超商繳款、信用卡刷卡、ATM轉帳等多種收款功能（歐付寶 —— https://www.opay.tw/）。

智付通 —— https://www.spgateway.com/

簡介：由遊戲軟體龍頭大廠智冠所提供的第三方支付平臺，一樣具有多種付款方式，而且每個月可享有4次手續費免收優惠。

紅陽 —— https://www.esafe.com.tw/

簡介：紅陽是臺灣另一家老字號第三方支付平臺，除了多種付款方式，行動支付功能是一大特色，適合需要實體收款的企業使用，只是使用門檻較高。

PayPal —— https://www.paypal.com/

簡介：PayPal是國際中最知名的第三方支付平臺，對於跨國購物和收款都是非常必備的方便工具之一，只是PayPal不適用於臺灣對臺灣收款。

支付寶 —— https://www.alipay.com/

簡介：支付寶是中國大陸地區的主要支付系統，已經成為中國大多數的主流付款方式之一，是經營內地市場不可或缺的第三方金流工具。

★外包發案網站

　　若你現階段需要且適合外包某些工作，以下這些網站是你可以尋找外包專才的地方，它們都是以人力銀行起家，運作方式也大同小異，僱主發案是免費的，所以可以多方評估找出合適者。

　　1111外包網——http://case.1111.com.tw/

　　104外包網——https://case.104.com.tw/

　　518外包網——https://case.518.com.tw/

總結&致謝

　　這本書有許多尚未完善的部分，在篇幅有限之下，我盡可能分享小資老闆所需要知道和適合運用的網路行銷方式，然而這並不是結束，只是起頭，不過這必須由你開始身體力行做起。

　　很多人在一開始的學習與執行上，經常是興沖沖、卯足了全力，一心只想快速達到他們所想要的理想目標，但一段時間之後，就再次回到原點了。

　　成功的行銷往往不是偶然發生的機率事件，而是透過學習、計畫和相關知識技巧所產生的結果，學習和執行同等重要，這一點對於新手來說尤為關鍵。

　　放棄只需要一秒鐘，堅持卻需要反覆不斷地執行！凡事貴在有對的方向、對的方式、做對的事情與努力堅持！

　　對於某些觀看此書的朋友而言，或許你正是毫無經驗的新手，而且身為小資老闆的你可能還有很多事情要等著你去做，比如：研發、財務、出貨、跑客戶、籌資金……等等。但是，我希望你不會被眾多因素打敗，或因為有太多任務要執行，而讓你產生行動的恐懼或怠惰。

　　我想說的是，即使你每日只有 30 分鐘可以學習和執行你的行銷計畫，也不要半途而廢；即便你對本書內容感到陌生，也要告訴自己要有耐心、要積極不要心急。

　　假設部分內容對你而言是有些困難的，你可以根據你的情況給予更多學習、執行的時間或外包給專業人才，讓你的執行計畫符合實際情況，然後堅持下去並逐一完成！

　　每個人都有著不同的背景和優劣勢，我知道有些人可能會需要幫助，若你在觀念或理解上感到疑惑，歡迎加入此書的專屬 Facebook 社團，你可以在裡頭進行發問，我會盡可能為你解答，我也會不定期在社團裡做一些資訊補充。

　　小資老闆集客行銷術 Facebook 社團網址：https://www.facebook.com/groups/imjaylin/（加入時，請務必回答入社問題的正確答案喔！）。

　　網路是非常有利於企業發展的工具，臺灣網路環境的發展之路還長得很，我們仍然需要一起學習、一同成長，接觸越久、了解越深入，越發覺這是一個永無止境的領域與過程。我希望你會喜歡這本書所分享的內容，並且覺得有所助益和真正落實在工作或事業上。

　　最後，除了感謝正在閱讀的你之外，也感謝一同協助完成此書的所有人，謝謝我的客戶、學員與朋友前輩們給予的任何支持，因為有你們的協助與付出，才能讓我更順利地完成此書的出版，再次感謝你們。

林杰銘

五南圖書商管財經系列

小資族的天空　想創業卻沒頭緒？這些成功關鍵你絕對不能錯過！

1F0F
圖解創業管理
定價：280元

3M83
圖解臉書內容行銷有撇步！
突破 Facebook 粉絲團社群經營瓶頸
定價：360元

1FRM
圖解人力資源管理
定價：380元

1FW1
圖解顧客關係管理
定價：380元

給自己加薪　你不理財，財不理你！投資規劃看過來！

3M59
超強房地產行銷術
定價：390元

3GA6
聰明選股即刻上手：
創造1,700萬退休金不是夢
定價：380元

3GA5
認購權證神準精通
（三版）
定價：380元

3GA4
24小時外匯煉金術
定價：250元

  五南文化事業機構
WU-NAN CULTURE ENTERPRISE
地址：106 臺北市和平東路二段 339 號 4 樓
電話：02-27055066 轉 824、889 業務助理 林小姐

  f 五南財經異想世界

五南圖書商管財經系列

生活規劃　早一步準備，自學理財好輕鬆！

1FW3
理財規劃不求人
定價：350元

1FTP
圖解個人與家庭
理財
定價：350元

1FTL
個人理財與投資
規劃
定價：380元

1FR8
生涯理財規劃
定價：450元

3M39
看緊荷包．
節稅高手
定價：250元

1M0C
超圖解金融用語
定價：550元

職場必修班　職場上位大作戰！ 強化能力永遠不嫌晚！

3M47
祕書力：主管的
全能幫手就是你
定價：350元

3M71
真想立刻去上班：
悠遊職場16式
定價：280元

3M70
薪水算什麼？
機會才重要！
定價：250元

3M68
圖解會計學精華
定價：350元

1G89
圖解會計學
定價：350元

3M85
圖解財務管理
定價：380元

五南文化事業機構
WU-NAN CULTURE ENTERPRISE
地址：106 臺北市和平東路二段 339 號 4 樓
電話：02-27055066 轉 824、889 業務助理 林小姐

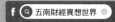
f 五南財經異想世界

國家圖書館出版品預行編目（CIP）資料

圖解小資老闆集客行銷術：不必花大錢也能做
好行銷/ 林杰銘著. -- 初版. -- 臺北市 ：
書泉, 2019.01
　面； 公分
ISBN 978-986-451-149-5(平裝)

1.網路行銷

496　　　　　　　　107019111

3M84

圖解小資老闆集客行銷術
不必花大錢也能做好行銷

作　　　者－林杰銘

發 行 人－楊榮川

總 經 理－楊士清

主　　　編－侯家嵐

責 任 編 輯－侯家嵐

文 字 校 對－侯蕙珍、石曉蓉

出 版 者－書泉出版社

地　　　址：106臺北市和平東路二段339號4樓

電　　　話：(02) 2705-5066

傳　　　真：(02) 2706-6100

網　　　址：http://www.wunan.com.tw

電 子 郵 件：shuchuan@shuchuan.com.tw

劃 撥 帳 號：01303853

戶　　　名：書泉出版社

總 經 銷：貿騰發賣股份有限公司

地　　　址：23586新北市中和區中正路880號14樓

電　　　話：886-2-82275988

傳　　　真：886-2-82275989

網　　　址：www.namode.com

法 律 顧 問　林勝安律師事務所　林勝安律師

出 版 日 期　2019年1月初版一刷
　　　　　　　2019年4月初版二刷

定　　　價　新臺幣400元